积极应对气候变化　推进绿色低碳发展

调查研究报告

（2012—2022）

国家应对气候变化战略研究和国际合作中心　编

中国环境出版集团·北京

图书在版编目（CIP）数据

积极应对气候变化　推进绿色低碳发展调查研究报告：2012—2022/国家应对气候变化战略研究和国际合作中心编.
—北京：中国环境出版集团，2022.9
　　ISBN 978-7-5111-5262-6

　　Ⅰ.①积…　Ⅱ.①国…　Ⅲ.①二氧化碳—排气—调查报告—中国—2012-2022　Ⅳ.①X511

　　中国版本图书馆 CIP 数据核字（2022）第 148961 号

出 版 人　武德凯
责任编辑　曹　玮
责任校对　薄军霞
封面设计　宋　瑞

出版发行　中国环境出版集团
　　　　　（100062　北京市东城区广渠门内大街 16 号）
　　　　　网　　　址：http://www.cesp.com.cn
　　　　　电子邮箱：bjgl@cesp.com.cn
　　　　　联系电话：010-67112765（编辑管理部）
　　　　　　　　　　010-67113412（第二分社）
　　　　　发行热线：010-67125803，010-67113405（传真）
印　　刷　北京中科印刷有限公司
经　　销　各地新华书店
版　　次　2022 年 9 月第 1 版
印　　次　2022 年 9 月第 1 次印刷
开　　本　880×1230　1/16
印　　张　14.25
字　　数　365 千字
定　　价　58.00 元

编委会

徐华清　马爱民　苏明山　张　昕

于　萌　柴麒敏　曹　颖　马翠梅

于胜民　高　翔　张志强

序 言

　　党的十八大以来，以习近平同志为核心的党中央高度重视应对气候变化工作，明确指出应对气候变化是人类共同的事业，也是中国可持续发展的内在要求，不是别人要我们做，而是我们自己要做。要实施积极应对气候变化国家战略，将应对气候变化全面融入国家经济社会发展的总战略，积极探索符合中国国情的低碳发展道路。习近平总书记多次强调，实现碳达峰碳中和是贯彻新发展理念、构建新发展格局、推动高质量发展的内在要求，是党中央统筹国内国际两个大局作出的重大战略决策。我们必须深入分析推进碳达峰碳中和工作面临的形势和任务，充分认识实现"双碳"目标的紧迫性和艰巨性，研究需要做好的重点工作，统一思想和认识，扎扎实实把党中央决策部署落到实处。

　　调查研究不仅是一种工作方法，也是关系党和人民事业得失成败的大问题。习近平总书记重视调查研究一以贯之，并身体力行、亲力亲为。早在 1984 在正定工作的习近平同志在写给同事的一封信中指出："凡事务求贯彻，到基层调查，要一下到底，亲自摸清情况，直接听反映，寻求'源头活水'。"2013 年 7 月，在湖北武汉主持召开部分省市负责人座谈会时，习近平总书记明确指出，调查研究是谋事之基、成事之道。没有调查，就没有发言权，更没有决策权。2018 年 12 月，习近平总书记在庆祝改革开放 40 周年大会上强调，前进道路上，我们要增强战略思维、辩证思维、创新思维、法治思维、底线思维，加强宏观思考和顶层设计，坚持问题导向，聚焦我国发展面临的突出矛盾和问题，深入调查研究。2021 年 12 月，习近平总书记主持中共中央党外人士座谈会并发表重要讲话时提出，希望大家把工作重点聚焦到中共中央决策部署上来，围绕碳达峰碳中和、数字经济等重大问题，深入调查研究，积极建言献策。

国家应对气候变化战略研究和国际合作中心（以下简称中心）自 2012 年 6 月正式挂牌成立以来，在国家发展改革委、生态环境部的直接领导下，在应对气候变化司等相关单位的指导和支持下，围绕组织开展应对气候变化政策、法规、战略、规划等方面研究，承担国内履约、清单编制、统计核算与考核、碳排放权交易管理的技术支持等主责主业，结合形势分析、重大问题研究及重要专项活动等，持续开展了大量调查研究工作。本书选编了由中心领导和研究人员共同完成、并在中心《气候战略研究简报》及年度报告上发表的主要调研报告，较为全面地展示了中心成立十年来开展的调查研究工作全貌，本书的出版对于大力弘扬调查研究的优良传统、不断提高调查研究能力和水平、更好服务于科学决策和有效施策等具有重要意义。

衷心希望作为国家应对气候变化战略研究机构，中心在围绕碳达峰碳中和等国家重大战略、坚持问题导向、深入开展调查、研究提出更多有针对性和可操作性的政策举措等方面作出新贡献，推动我国应对气候变化工作迈上新台阶。

特此为序。

2022 年 5 月

前　言

　　积极应对气候变化，不仅是我国保障经济安全、能源安全、生态安全、粮食安全以及人民生命财产安全，促进可持续发展的重要方面，也是深度参与全球治理、构建人类命运共同体、推动共同发展的责任担当。党的十八大以来，以习近平同志为核心的党中央统筹国内国际两个大局，明确提出实施积极应对气候变化国家战略，将应对气候变化作为加强生态文明建设、推动经济高质量发展和构建人类命运共同体的重要内容，融入国家经济社会发展中长期规划，通过法律、行政、技术、市场等多种手段，大力推进各项工作，并取得显著成效，为"十四五"时期更好地推动应对气候变化工作以及确保实现碳达峰碳中和目标奠定了良好的基础。

　　为科学研判我国经济形势及其对碳排放强度目标完成情况的可能影响，深入了解地方温室气体清单编制、碳排放数据管理、碳排放目标评价考核等相关工作进展，总结梳理国家低碳试点城市、碳排放权交易试点地区等先行先试方面好的做法及存在的问题，跟踪分析地方低碳发展战略，应对气候变化规划、政策法规以及做好碳达峰碳中和等相关研究及支撑工作的典型案例，结合党的群众路线教育实践活动、"不忘初心、牢记使命"主题教育、大气强化监督定点帮扶工作等统一部署以及相关课题研究需要，配合应对气候变化司做好相关重大问题调研帮扶等工作，国家应对气候变化战略研究和国际合作中心（以下简称中心）自成立以来，开展了大量的调查研究工作，并完成了一批质量较高的调研报告，借中心成立十周年之际汇编成册。本书收录了已在内部刊物和公开报告中发表的 35 篇调研报告，力求比较客观地反映中心调研工作基本认识与结论建议。限于作者的认识和研究水平，对于报告中可能出现的问题，敬请读者予以批评指正。

衷心感谢中国气候变化事务特使、国家发展改革委原副主任解振华同志，国家发展改革委原副主任张勇同志，生态环境部副部长赵英明同志作为分管领导对中心的关心与厚爱，感谢生态环境部应对气候变化司以及地方相关部门等对中心调研工作的支持与帮助。希望本书的出版既能"以点带面"系统展示优秀案例和最佳实践，又能"解剖麻雀"客观反映存在问题和短板不足，不断加深对国情、世情的认识，持续增强分析问题和解决问题的能力，切实提高支撑决策科学化的水平。

徐华清

2022 年 5 月

目 录

第一部分

综　合

浙江省控制温室气体排放工作调研报告①

为进一步了解地方温室气体清单编制和碳排放管理现状，总结低碳试点城市先行先试方面好的做法，跟踪地方低碳发展战略和应对气候变化规划研究，征求地方对国家碳排放强度目标责任试评价考核后续工作意见，结合深入开展党的群众路线教育实践活动和相关课题研究，国家应对气候变化战略研究和国际合作中心（全书以下简称中心）组织中心统计考核部、政策法规部和战略规划部有关人员组成调研组，于2013年9—11月分三次赴浙江省开展调研。其间走访了浙江省发展改革委、温州市发展改革委、浙江省应对气候变化和低碳发展合作中心，并与浙江省发展改革委、杭州市发展改革委、宁波市发展改革委、温州市发展改革委、浙江省发展规划研究院、浙江省经济信息中心等单位的领导和专家就上述问题举行了三次专题座谈会，现将调研情况总结如下。

一、温室气体清单编制和数据库系统建设情况

作为全国7个省级温室气体清单编制试点地区之一，浙江省将温室气体清单编制作为应对气候变化的重要基础工作，浙江省政府对此高度重视，浙江省发展改革委狠抓落实，相关工作已走在全国前列。调研发现，浙江省的温室气体清单编制以及碳排放管理工作有以下三个显著特点。

一是制定了《浙江省温室气体清单编制工作方案》，有效推动了清单编制常态化开展。浙江省人民政府办公厅按照《国家发改委办公厅关于启动省级温室气体排放清单编制工作有关事项的通知》精神，结合《浙江省应对气候变化方案》（浙政发〔2010〕50号）的有关要求，于2011年12月转发了浙江省应对气候变化领导小组办公室（以下简称省气候办）《关于浙江省温室气体清单编制工作方案的通知》（浙政办发〔2011〕140号），明确了全省清单编制工作的主要任务、基本要求、组织分工、进度安排及保障措施。省气候办成立了浙江省温室气体清单编制工作协调小组和专题工作小组，形成了由浙江省发展规划研究院、浙江工业大学、浙江省农科院、浙江省林科院、浙江省环科院和浙江省经济信息中心专家组成的编制团队。浙江省财政厅对年度清单编制和数据库建设安排专项工作经费。到目前为止，2005年度省级温室气体清单报告已通过审核验收，2006—2011年省级温室气体清单编制也已完成，杭州、宁波和温州三个国家低碳试点城市的温室气体清单编制工作也已部分完成，初步形成了常态化清单编制管理体制和工作机制。

二是建立了浙江省碳排放管理平台，有效提升了全省温室气体排放信息化管理水平。在浙江省经济信息中心基础上专门成立的浙江省应对气候变化和低碳发展合作中心负责开发浙江省碳排放管理平台。浙江省碳排放管理平台作为浙江省发展改革委重点建设的五大信息平台之一——"浙江省气候变化研究交流平台"的三大核心内容之一，其主要内容包括：省、市温室气体清单编制及企业排放核算和报告信息化支撑系统；省、市温室气体排放控制目标责任评价考核支撑系统；全省碳排

---

① 摘自2013年第22期《气候战略研究简报》。

放峰值预测、减排潜力识别、路径设计及成本分析等决策支持系统。目前已完成体系建设总体框架、清单编制支撑系统、省级清单数据库、杭州市清单数据库等相关工作。浙江省碳排放管理平台的建设，有效解决了全省温室气体排放数据集成、分析、管理及服务等问题，实现了数据的可核算、可评估、可预测、可查询和可报告，对于强化碳资源的精细化管理、转变管理职能具有重要意义。

三是摸清了浙江省温室气体排放总体情况，为科学研判未来排放趋势奠定了基础。根据浙江省温室气体清单的初步结果：2010 年全省温室气体排放总量（不包括土地利用变化与林业，下同）约为 5 亿吨二氧化碳（CO_2）当量，人均温室气体排放量超过 9 吨 CO_2 当量；"十一五"期间，全省地区生产总值增长了 75.3%，全省能源消费总量增长了 40.2%，全省常住人口数量增长了 9.1%，全省温室气体排放总量增长了 28.2%（其中二氧化碳排放增长占 30.1%），全省人均温室气体排放量增长了 16.9%，全省单位地区生产总值二氧化碳排放量下降了 25.8%，全省单位能源消费二氧化碳排放量下降了 3%。从分领域看，农业部门温室气体排放自 2005 年以来呈现下降趋势，工业生产过程温室气体排放较 2006 年高峰也已出现下降的迹象，但能源活动和废弃物处理温室气体排放还处于较快增长阶段，年均增长率分别达到 6.3% 和 5.3%；从能源活动分部门看，电力生产温室气体排放增长了 69.3%，交通运输温室气体排放增长了 58.5%，工业和建筑业温室气体排放下降了 2.8%。

二、三个国家低碳试点城市先行先试进展情况

作为全国少数几个国家低碳试点城市比较集中的省之一，浙江省把推进低碳试点示范作为控制温室气体排放的重要抓手，杭州、宁波和温州三个国家低碳试点城市结合自身发展特点开展的相关工作也已走在全国前列。调研发现，上述三个城市低碳试点工作也各具特色。

杭州市作为第一批国家低碳试点城市，积极探索"六位一体"低碳发展模式，努力打造绿色低碳"生活品质之城"。一是加强政策引导，培育发展战略性新兴产业，加快构筑低碳产业体系。通过制定分类考核管理制度、取消对部分县市唯地区生产总值（GDP）的考核办法等多种手段，大力发展文化创意、旅游休闲、金融服务、电子商务等产业。2012 年，全市服务业增加值占 GDP 的比重首次超过 50%，比 2010 年上升了 3.5 个百分点，其中文创产值占 GDP 的比重达到 13.6%。二是积极开展低碳试点示范，初步形成全民参与的低碳生活方式。例如，率先在全市 30 个低碳试点社区开展了"十万家庭低碳行动"，建设了全国首个以低碳为主题的大型科技馆——中国杭州低碳科技馆，建成了全球规模最大的公共自行车系统，目前全市投运公共自行车已接近 8 万辆，有近 3 000 个服务点每天为市民和旅客提供超过 20 万人次的服务。三是大力推进碳排放管理体系建设，提升城市碳排放管理水平。杭州市率先完成了 2005—2010 年全市温室气体清单编制，构建了全市统一的碳排放综合管理平台，并启动了重点企业碳排放核算与报告工作。

宁波市作为第二批国家低碳试点城市，紧紧围绕峰值目标，积极探索港口城市的低碳发展之路。一是统一思想，明确低碳发展峰值目标。在《中共宁波市委关于加快发展生态文明努力建设美丽宁波的决定》中率先提出到 2020 年全市碳排放总量与 2015 年基本持平、单位地区生产总值碳排放强度比 2005 年累计下降 50% 以上的目标，并专门组织了以"低碳发展"为主题的宁波论坛，邀请时任国家发展改革委副主任解振华同志就低碳发展与生态文明对相关领导同志进行专题辅导。二是围绕

峰值目标，倒逼三大高排放行业结构调整和能源结构优化。宁波市委、市政府明确提出，到2016年，全市煤炭消费控制在2011年水平，并规定不再新上燃煤电厂，钢铁行业着力调整优化产品结构，石化重大装置必须在近期完成布局。三是强化体制创新，积极探索促进低碳发展的市场化长效机制。宁波市发展改革委研究提出"宁波市节能低碳产业市场化金融服务创新项目"，拟申请亚洲开发银行1.5亿美元主权贷款，为碳减排效果显著的合同能源管理项目提供贷款和担保，实现节能融资机制在低碳项目上的再创新，并积极争取列入国家电力需求侧管理城市综合试点，努力实现市场化节能机制在低碳试点方面的新拓展。

温州市作为第二批国家低碳试点城市，正在努力探索一条以低碳产业为主导、低碳金融为特色、低碳能力建设为支撑、低碳社会为基础的温州特色低碳发展道路。一是以金融中心为依托，开展低碳领域金融创新。温州市率先在全国地级市中建立了中国绿色碳基金专项基金，抓住温州国家金融综合改革试验区建设机遇，积极探索建立政府性低碳产业投资基金和低碳创业引导基金，并引进国内低碳领域投资基金及基金管理公司，探索低碳产业多元化融资模式。二是以低碳试点工作需求为导向，探索财政支持低碳发展能力建设新模式。温州市每年安排2 000万元财政经费作为温州市低碳城市建设专项资金；此外，温州市发展改革委会同温州市财政局联合发文向全社会公开遴选研究项目服务。三是加强低碳宣传，引导全社会形成低碳消费模式。组建温州市低碳发展宣讲团，作为建设低碳乡镇和企业试点的推动者。举办以低碳生活为主题的贺卡创作大赛，让中小学生成为低碳城市建设的宣传者。通过手机报形式征集低碳生活小窍门，使市民成为低碳生活的实践者。

三、地区目标分解落实及浙江省碳排放峰值情况

作为我国东部沿海经济发达地区，浙江省应将"十二五"碳排放强度下降目标纳入本省社会经济发展规划和年度计划，将各项工作任务分解落实到基层，并研究制定2020年应对气候变化中长期规划，率先研究提出浙江省温室气体排放总量控制和排放峰值目标。调研发现，上述几项工作的落实与推进尚面临一些困境。

一是尽管分解落实了地区"十二五"碳排放强度下降目标，但仍未出台地市碳排放强度目标责任评价考核办法。浙江省发展改革委通过组织力量，开展了浙江省"十二五"控制温室气体排放实施方案、浙江省"十二五"二氧化碳排放强度下降指标分解落实方案等专题研究，浙江省人民政府办公厅下发了《浙江省控制温室气体排放实施方案》（浙政办发〔2013〕144号），明确了各市"十二五"期间单位地区生产总值二氧化碳排放下降指标，并且将推进低碳发展纳入了2013年度设区市生态省建设工作任务考核评分标准。但限于一些地市尚未开展温室气体清单编制，排放家底不清；浙江省统计部门缺乏地市分品种的能源消费统计数据，难以对碳排放强度核算提供及时有效的支持；浙江省发展改革委和浙江省经信委在节能降耗与碳排放控制评价考核方面需要进一步协调等原因，地市碳排放强度下降目标责任评价考核办法至今仍未正式下发。

二是尽管编制完成了地区应对气候变化中长期规划，但并未明确提出2020年温室气体排放总量控制目标。浙江省发展改革委虽然组织力量编制完成了《浙江省应对气候变化规划（2013—2020年）》，该规划也通过了国家发展改革委气候司组织的专家验收。但考虑到国家应对气候变化中长期规划尚

未发布，"十三五"期间国家对东部发达地区在控制温室气体排放目标上的总体要求尚不明确，而且至今为止，北京、上海、广东等碳排放交易试点地区也未按要求明确提出与配额分配相匹配的地区"十二五"温室气体排放总量控制目标等，在现有应对气候变化中长期规划中并未提出具有战略意图、体现先进性的 2020 年全省温室气体排放总量控制目标。

三是尽管研究提出了地区能源消耗强度和总量双控意见，但尚未就全省的排放峰值达成共识。尽管浙江省下发了《浙江省人民政府关于在全省开展单位地区生产总值能耗和能源消费总量"双控"工作的实施意见》（浙政发〔2011〕83 号），宁波、温州、杭州省内三个国家低碳试点城市也已经初步提出了排放峰值时间表，但由于缺乏全省范围内有关二氧化碳排放情景分析和减排潜力的研究，且存在国际上对我国控制温室气体排放的压力以及国家有关低碳发展的总体战略目标并没有清晰地传递到省级层面等因素，在有关领导和专家层面尚没有制定比较清晰的全省碳排放峰值目标及其路线图。

四、对于加强地方控制温室气体排放工作的几点建议

完善碳排放管理制度，着力推进低碳发展，强化碳排放刚性约束作用，既是加快建设生态文明的内在要求，也是积极履行国际义务的必然选择。有关部门需要在加快推进低碳发展制度体系顶层设计的同时，充分吸收浙江省等东部发达地区好的做法，加强对地方控制温室气体排放工作的指导和支持，提升碳排放这种战略性、全局性、导向性、特殊性资源在管理、配置及监管方面的公平、效率与透明。

一是加快建立和完善温室气体排放基础统计体系，积极推进地方温室气体排放管理平台系统化建设。应根据国家发展改革委和国家统计局《关于加强应对气候变化统计工作的意见》的有关要求及分工，尽快将温室气体排放基础统计指标纳入政府统计指标体系，将全国及分地区能源消费结构等相关数据分别在《2014 年国民经济和社会发展统计公报》和《中国统计摘要（2014）》中予以公布，并在建立国家应对气候变化基础统计报表制度和应对气候变化部门统计报表制度的基础上，尽快明确地方不同层级政府统计部门以及企业的相关职责及具体报表制度，加快构建国家、地方和企业的温室气体排放基础统计体系。应组织专家加强对拟由 2013 年度中国清洁发展机制基金支持的全国 31 个省（区、市）应对气候变化统计核算工作方案研究项目的指导，进一步明确各地区拟定期开展统计调查的活动水平及相应排放特性参数指标，做好活动水平、排放因子数据测算和数据质量控制，确保数据真实性。应在各地区 2005 年和 2010 年省级温室气体清单编制工作的基础上，加快建立地方温室气体排放数据信息系统，推动地方温室气体清单编制和二氧化碳排放核算工作常态化。

二是加大地方碳排放峰值战略及应对气候变化规划研究，充分发挥碳排放总量控制目标的倒逼作用。应确保 2013 年度中国清洁发展机制基金赠款项目对东部地区率先实现二氧化碳排放峰值相关研究的支持，并加强与国家低碳发展宏观战略研究之间的沟通与协调，尽快研究提出东部地区碳排放峰值可能的时间表、路线图及支撑体系，推动并强化东部地区控制温室气体排放的责任意识和危机意识。应加强对地方应对气候变化中长期规划研究及评审工作的指导，确保规划提出的 2020 年地区控制温室气体目标的先进性和贡献度。对于东部经济发达地区及国家低碳发展试点省（区、市），

尤其要在"十三五"期间带头从碳排放强度控制转向碳排放总量控制，从"鞭打快牛"转向先行先试，探索以低碳发展战略和应对气候变化中长期规划为导向的应对气候变化宏观调控体系，充分发挥温室气体排放总量控制对东部地区经济结构和能源结构转型升级可能形成的倒逼机制。应在总结2012 年度控制温室气体排放目标责任试评价考核工作的基础上，进一步完善"十二五"省级人民政府控制温室气体排放目标责任评价考核指标及评分标准，并从 2013 年起启动正式考核，推动省级控制温室气体排放主要目标和任务分解落实到地市，强化地方政府主要领导的责任意识。

三是加强对第二批国家低碳试点城市的指导，有效探索地方控制温室气体排放制度创新及配套财政政策。应根据《国家发展改革委关于开展低碳省区和低碳城市试点工作的通知》（发改气候〔2010〕1587 号）要求，全面落实第二批国家低碳试点城市在编制低碳发展规划、加快建立以低碳排放为特征的产业体系、积极倡导低碳绿色生活方式和消费模式等方面的规定任务。应根据《中共中央关于全面深化改革若干重大问题的决定》中有关建立生态文明制度体系的要求，加强对试点城市探索建立地区碳排放总量控制制度、碳排放许可制度、碳排放权交易制度、县区控制温室气体排放目标责任评价考核制度、项目碳排放评价制度、企业温室气体排放核算和报告制度以及低碳产品标准、标识和认证制度等方面的指导，为加快构建促进低碳发展的制度体系奠定坚实基础。应根据碳排放峰值时间表及 2020 年低碳发展目标，结合当前淘汰落后产能、节能减排、发展可再生能源、植树造林等工作，加强对试点城市在设立包括生态文明建设的财政预算科目、建立低碳发展专项资金、创立低碳产业投资基金等促进低碳产业发展的财政和金融创新工作方面的支持和配套服务，切实加大资金投入，确保各项工作落实。

（徐华清供稿）

广东省国家低碳省区试点工作调研报告①

为进一步梳理国家低碳试点地区低碳发展模式及制度创新方面好的做法，推动试点地区研究提出碳排放峰值目标及分解落实机制，为国家低碳发展相关立法研究、制度设计和"十三五"时期深化低碳试点工作提供技术支撑，笔者日前赴广东省进行调研，与广东省发展改革委气候处、中山大学低碳科技与经济研究中心等单位领导和专家进行了交流和讨论，并参加了中英（广东）低碳周有关活动。结合中心对广东省低碳省区和碳排放权交易试点工作的跟踪等相关信息，现将调研情况总结如下。

一、广东省低碳试点工作进展与成效

广东省是首批开展国家低碳省区和低碳城市试点、国家碳排放权交易试点的地区，在广东省委、省政府的领导下，广东省充分发挥规划和政策引导作用，探索构建多层次的低碳试点网络，加强温室气体统计核算等能力建设，努力创新低碳发展路径和机制，试点工作迈出了实质性步伐。

强化规划引导，加快构建促进低碳发展的配套政策与法规体系。广东省是 2010 年 7 月被国家发展改革委确定为全国首批低碳试点的省，广东省政府及有关部门高度重视规划引导及政策联动，制定并公布了一系列相关规划、实施方案及配套政策。2012 年 8 月，广东省人民政府率先印发了《"十二五"温室气体排放工作实施方案》，明确提出了 2015 年全省单位地区生产总值温室气体排放工作的总体要求和目标、重点工作部门分工和目标责任的评价考核；印发了《广东省应对气候变化"十二五"规划》，从控制温室气体排放、适应气候变化、创新体制机制等方面提出了"十二五"应对气候变化的规划目标、主要任务和政策措施；制定了《广东省低碳试点工作实施方案》和《广东省碳排放权交易试点工作实施方案》，从产业低碳化发展、优化能源结构、节能和提高能效、创新体制机制等 8 个方面部署实施 36 项重点行动，确定了广东碳交易试点的工作目标、纳入范围、工作阶段、交易主体、交易平台、碳排放权管理机制、报告核查机制等重点内容；研究提出了《关于广东省主体功能区规划配套应对气候变化政策的意见》，包括完善防灾减灾体系、加强生态保护和建设、推动低碳发展等三大政策。与此同时，还发布了《广东省碳排放管理试行办法》（粤府令第 197 号），明确了广东省实行碳排放信息报告与核查制度、配额管理制度和配额交易制度，出台了《广东省发展改革委关于碳排放配额管理实施细则》《广东省发展改革委关于企业碳排放信息报告与核查实施细则》《广东省企业（单位）二氧化碳排放信息报告指南（2014 年版）》等配套文件。

注重试点示范，初步形成多层次、多领域的低碳试点网络。广东省开展了多层次的低碳试点，包括低碳城市、低碳城镇、低碳县区、低碳社区、低碳园区、低碳企业、低碳产品等，低碳试点工作涵盖面十分宽广，涉及产业、交通、建筑、森林等多个领域。深圳、广州成功入选国家低碳试点

---

① 摘自 2015 年第 7 期《气候战略研究简报》。

城市，珠海、河源等 4 个城市成为广东省低碳试点城市，佛山禅城、梅州兴宁等 8 个县（区）成为广东省低碳试点县（区）；佛山市南海区西樵镇成功入选国家第一批试点示范绿色低碳重点小城镇；东莞市松山湖国家高新技术产业开发区成功列入首批国家低碳工业园区，广东状元谷电子商务产业园和广东乳源经济开发区列为广东省低碳园区试点；中山市开展了中山小榄低碳社区、鹤市镇低碳社区等试点工作，并研究提出了低碳社区评价指标体系；中山市编制了低碳产品认证实施方案，完成了指定铝合金型材低碳产品评价技术规范，并在中小型三相异步电动机和铝合金型材两类产品中开展低碳产品认证示范工作，在电冰箱和空调两类产品中完成低碳产品评价试点工作，还与香港开展复印纸、饮用瓶装水、玩具等产品的碳标识互认研究。

加强能力建设，低碳发展管理体制和工作机制不断得到夯实。广东省作为全国 7 个试点省（区、市）之一，率先开展了 2005 年温室气体清单编制工作，2005 年、2010 年温室气体清单编制成果先后通过国家发展改革委气候司组织的评估验收。2014 年，《广东省发展改革委　广东省统计局关于加强应对气候变化统计工作的实施意见》明确将应对气候变化指标纳入政府统计指标体系，科学设置了反映广东省气候变化情况及工作成效的指标体系，确立了涵盖五大领域的温室气体基础统计和调查制度，健全了省级、地级以上市和重点企业的温室气体基础统计报表制度。与此同时，进一步加强组织领导，建立了低碳发展管理体制和工作机制。2010 年，广东省成立了应对气候变化和节能减排工作领导小组，组长由省长担任；2011 年，建立了广东省低碳试点工作联席会议制度，时任常务副省长徐少华为第一召集人。2014 年，广东省发展改革委将原资源节约与环境气候处分设为应对气候变化处、资源节约与环境保护处，由应对气候变化处专门负责应对气候变化和低碳发展的日常工作。经广东省政府领导同意，2010 年首届广东省低碳发展专家委员会成立，2013 年进行了委员会换届，并聘请了 24 名省内外权威专家和学者。为加强相关工作的科学技术支撑，广东省发展改革委和中山大学共同组建了广东省应对气候变化研究中心。广东省财政厅还设立了低碳发展专项资金，每年安排 3 000 万元资金重点支持低碳发展基础性和示范性工作，目前已累计投入 1.2 亿元，安排超过 130 个研究课题与示范项目。

落实目标任务，产业低碳转型及温室气体排放控制成效显著。广东省是全国"十二五"期间碳排放强度下降目标最高的地区，省政府将碳强度下降率作为约束性指标纳入了《广东省国民经济和社会发展第十二个五年规划纲要》，并通过广东省《"十二五"温室气体排放工作实施方案》及时调整目标，将单位地区生产总值二氧化碳排放由降低 17% 的指标提升到降低 19.5%，并在全国率先将二氧化碳排放降低目标分解落实到各个地市，明确提出要加快形成以低碳产业为核心，以低碳技术为支撑，以低碳能源、低碳交通、低碳建筑和低碳生活为基础的低碳发展新格局。一是产业低碳化发展趋势明显，能源消耗强度下降较大。2013 年，全省服务业增加值占地区生产总值（GDP）的比重为 47.8%，比 2010 年提高了 2.8 个百分点，服务业对经济增长的贡献显著提高；单位 GDP 能耗下降 4.55%，超额完成年度单位 GDP 能耗下降 3.5% 的目标任务，"十二五"期间前三年已累计下降 13.16%。二是低碳能源供应体系加快推进，能源结构不断得到优化。截至 2014 年年底，全省核电装机容量已达 720 万千瓦，居全国首位；2013 年非化石能源消费量占一次能源消费比重提升到 16.52%，比 2010 年提高了 2.5 个百分点。三是加快推进植树造林，碳汇建设成效显著。2013 年全省森林覆盖率达 58.2%，提前实现 2015 年目标，完成森林碳汇工程 362.18 万亩①，完成中幼林抚育面积 661.2 万亩，建设生态景观林带 3 160 千米。经初步核算，2013 年广东省碳排放强度比 2012 年下降 5.14%，相对于 2010 年碳排放强度累计下降 14.42%，已完成国家下达的"十二五"下降 19.5%总目标的 73.95%。在国家对广东省的碳排放强度目标评价考核中，连续两年获得优秀。

二、广东省低碳试点工作特色与亮点

广东省在国家低碳省市试点工作中大胆创新、勇于实践，注重协同推进低碳试点、碳交易试点和低碳产品认证试点工作，探索利用低碳发展基金，创新低碳金融手段，加强低碳发展数字化管理平台建设，初步形成了独具特色的低碳发展"广东创新模式"，为全国低碳发展的协同创新、制度创新和管理创新等提供了新的思路。

在全国率先探索低碳省市、产品认证和碳交易试点的衔接，实现协同创新。一是在目标与任务层面实现统筹考虑。《广东省低碳试点工作实施方案》明确提出将推动碳排放权交易工作列为五大主要任务之一，并提出推动碳标识等低碳认证制度的研究和实践。另外，通过碳排放权交易试点、低碳产品认证试点等工作，有效推动了广东低碳发展模式的探索，促进了广东低碳试点工作目标的实现。二是在组织层面实现统筹管理。广东省低碳试点、碳排放权交易试点和低碳产品认证试点工作都是由广东应对气候变化和节能减排工作领导小组及广东低碳试点工作联席会议总体统筹，由广东省发展改革委应对气候变化处专门负责实施管理，实现了三项试点组织管理工作的有机统一。三是在资金层面实现统筹安排。广东省各试点工作配套资金相互补充与支撑，其中，低碳专项资金部分用于支持碳排放权交易、低碳产品认证等体制机制研究及工作体系建设等项目，2014 年安排资金近 2 000 万元。与此同时，广东省利用碳交易有偿配额收入设立全国首个低碳发展基金，计划采用政府和社会资本合作（PPP）融资模式进行运作，撬动社会资金共同支持企业低碳化升级和改造。四是在信息层面实现统筹衔接。广东省初步建立了与低碳试点和碳排放权交易试点工作相适应的碳排放管理信息系统，且不同系统之间实现了信息共享；其中，支撑低碳试点工作的广东省温室气体排放综合性数据库系统实现了与碳交易试点企业碳排放信息报告与核查系统的信息共享，并可对相关信息进行综合分析。五是在政策层面实现统筹协调。广东省低碳试点工作要求将加强森林碳汇项目建设作为主要任务之一，以期建设"绿色广东"，与此相呼应的是在广东省碳排放权交易试点中，为了鼓励森林碳汇项目的发展，允许并鼓励企业使用包括森林碳汇项目在内的国家核证自愿减排量。

在全国率先探索利用低碳发展基金拓展低碳发展金融模式，实现制度创新。一是确立一个原则。广东省坚持"取之于碳、用之于碳"的原则，利用碳排放权配额拍卖收入设立低碳发展基金，拓宽低碳产业投融资渠道，引导社会资本促进低碳产业的发展。二是实行两种注资方式。低碳发展基金采用一次性出资和滚动注资两种方式，一次性出资是指基金代持出资主体在基金设立时一次性全额缴付认缴资金，滚动注资是指以后每年的有偿配额收入按三大资金池的比例划拨到资金池。三是分设三大资金池。低碳发展基金设立政策性项目、市场化项目和碳市场调节储备金三大资金池，资金比例原则上为 4.5：4.5：1。政策性项目主要投资低碳化技术改造、低碳技术推广和示范等领域；市

---

① 1 亩≈666.7 m²。

场化项目主要投资新能源、低碳交通、碳金融创新等领域。四是强化四大功能。加强对企业开展节能降碳改造和低碳技术研发能力的支持力度，探索建立财政资金市场化运作推动节能减碳的长效机制，拓宽低碳产业的投融资渠道，推动碳金融的发展。五是明确五大资金来源。碳基金的资金来源广泛，包括配额有偿收入、基金合法经营收入、孳息收入、国内外机构组织和个人的合法捐赠、国内外机构投资资金及其他合法合规资金来源。

在全国率先探索多层级应对气候变化工作与信息化的融合，实现管理创新。一是体系完整。广东省围绕低碳发展管理需求，先后建立了五大信息化平台，包括温室气体综合性数据库、碳排放信息报告与核查系统、登记注册系统、交易平台系统、重点企事业报告系统，这五大平台实现了政府监管、重点企业数据报送、配额登记与交易、核查机构核查等过程的信息化。二是功能齐全。综合性数据库实现了数据录入、综合数据管理、统计分析、排放清单等六大功能，并录入了约 40 类核算方法学。报告与核查系统涵盖了企业报告、管理和核查等全部功能，既满足了碳交易制度的履约需要，也可支撑企业碳排放内部管理。三是数据丰富。信息平台数据类型涵盖地方、行业及企业排放数据，企业交易数据和企业配额等。其中，排放数据包括广东省和 21 个地市 2005—2012 年能源活动、工业生产过程、农业、土地利用变化与林业、废弃物处理等五大排放领域清单及综合数据，以及企业年度活动水平、排放因子及参数、排放量等碳排放信息。四是信息互通。五大信息平台实现数据对接，如报告核查系统为综合性数据库提供基础数据，交易平台系统为登记注册系统提供结算信息，报告核查系统为登记注册系统的配额分配、履约提供数据支撑。五是层级管理。根据低碳工作的管理需求，五大碳排放管理信息系统可实现多层级管理，如广东省温室气体综合性数据库可实现省级、市级、县（区）三级管理，广东省重点企业碳排放报告与核查系统可实现省级、市级、企业级、排放单元级、排放设施级五级管理。

三、广东省低碳试点工作挑战与建议

通过调研发现，由于广东省委、省政府对低碳试点工作高度重视，省领导亲自部署推动，低碳试点工作中的一些基本问题都得到了很好的化解。但随着低碳试点工作的不断推进，一些深层次的问题、矛盾和挑战逐渐显现，需要进一步加强研究、凝聚共识、大胆探索，力争取得重大突破，为分解落实全国碳排放峰值目标、推动建立全国碳排放权交易市场先行先试积累经验。

关于尽快研究提出广东省碳排放峰值目标及分解落实机制。广东省作为全国改革开放的领军地区，经过三十余年的高速发展，全省经济发展已率先进入新常态，预计 2020 年左右进入后工业化阶段，相应的城镇化率也将达到 73% 左右。根据国家低碳发展的总体战略目标及区域布局，考虑到广东省的区域发展实际，建议广东省应抓紧研究提出 2020 年左右碳排放峰值目标及分解落实机制。一是明确分地区、分部门的碳排放峰值目标及路径。要求珠三角发达地区在"十三五"期间率先达峰，为广东省其他相对落后区域预留一定的排放空间，并要求工业部门率先达峰，为交通和居民生活让出一定的排放空间。二是率先探索省域内实现差异化峰值目标的创新机制。广东省社会发展的区域性差异为全省实现碳排放峰值目标添加了不确定性，例如，如何结合主体功能区的规划要求，通过碳排放峰值目标形成倒逼机制，利用市场手段引导经济发达地区有效降低二氧化碳排放控制成本，利用补偿等手段鼓励后发地区探索因地制宜的低碳发展之路。

关于加快总量控制下的广东省区域碳排放权交易体系建设。广东作为全国最大的碳排放权交易试点地区，在试点工作中最早尝试碳排放配额的有偿发放，第一个探索新建项目在碳排放评估基础上纳入配额管理，并积极探索碳普惠制，激励生活减碳。结合新形势和新要求，建议广东省将碳排放总量控制目标作为约束性指标纳入"十三五"国民经济和社会发展规划中，加快建立碳排放总量控制制度，加快全省区域碳排放权交易体系建设。一是建立总量控制目标约束下的配额总量分配及调整机制。探索基于地区、行业和企业差异化考虑的科学、公平、合理的配额分配方法，探索基于经济活动、配额余量和配额价格的配额弹性管理机制，提升配额分配政策在时间维度以及预期效果上的适用性，引导技术和资金向企业低碳发展集聚，提升碳价有效性。二是建立配额、交易和价格"三统一"的广东全省区域碳交易市场。以建立区域统一市场为目标，围绕解决重大问题，加快实现广东碳市场与深圳碳市场对接。注重一级、二级市场平衡发展，允许机构投资者适度参与一级市场拍卖，通过参与者的有效连通以及有偿配额拍卖底价与二级市场价格连通机制，提振碳市场活力。

（徐华清供稿）

让应对气候变化成为连接东亚地区的绿色桥梁[①]
——东亚气候中心项目调研报告

气候变化是当今人类社会面临的共同挑战，应对气候变化是人类共同的事业。在 2007 年召开的第三届东亚峰会上，与会领导人签署并发表了《气候变化、能源和环境新加坡宣言》，宣言强调要关注气候变化对社会经济发展、人类健康和自然环境的不利影响，并将气候变化问题列为东亚峰会的重要议题。2010 年 10 月，时任国务院总理温家宝同志在第五届东亚峰会上提出中国将成立"东亚应对气候变化区域研究与合作中心"（以下简称东亚气候中心）的倡议。2014 年 10 月，李克强总理在第九届东亚峰会上明确表示，中方正在筹建东亚气候中心。为做好东亚气候中心的前期准备工作，中心以亚洲区域合作专项资金（以下简称亚专资）项目"东亚气候变化研究与合作中心筹建方案专题研究及中国—东亚主要国家应对气候变化智库论坛"为载体，通过走访调研、问卷调查、座谈讨论等多种形式，深入了解了中国—东盟环境保护合作中心、中国—东盟技术转移中心等机构好的做法，为东亚气候中心筹建积累了宝贵经验，通过梳理分析国内外 120 多份问卷调查结果，广纳谏言，为东亚气候中心定位问计把脉。结合中心项目组有关同志对东亚国家信息通报、国家自主贡献等相关信息的跟踪分析，现将有关情况初步总结如下，以期集思广益，为东亚气候中心的成立献计献策。

一、成立东亚气候中心的必要性

东亚国家是指亚洲东部、太平洋西侧的 13 个国家，包括东盟十国及中国、日本、韩国。东亚是全球人口最为稠密的地区之一，2014 年中国、日本、韩国和东盟共 13 个国家的人口为 21.65 亿人，约占世界人口的 30%。东亚国家经济发展水平迥异，新加坡和文莱 2013 年人均国内生产总值（GDP）分别高达 56 284 美元和 41 834 美元，日本、韩国次之，这些国家均属于高收入国家，而柬埔寨、老挝、越南和缅甸属于低收入国家。

（一）全球气候变化对东亚地区造成的不利影响显著

东盟国家是受气候变化影响的"重灾区"。 东盟国家目前有 25%以上的人口生活在贫困线以下，且由于东盟国家特殊的人口分布、生态多样性和资源型经济特征，气候变化脆弱性较高，已成为全世界受极端天气和自然灾害影响最大的地区之一。从东亚特别是东盟国家所处的地理位置和受气候变化的影响来看，由于近一半的人口居住在沿海地区，且大多位于热带海洋地区，这些国家的收入又以农业经济和海洋经济为主，受气候变化影响的程度远大于世界上其他很多国家。亚洲开发银行

---

① 摘自 2016 年第 2 期《气候战略研究简报》。

的一项报告指出，在过去的 50 年中，东南亚的平均温度每 10 年上升 0.1～0.3℃，海平面每年上升 1～3 毫米。自 2000 年以来，东盟国家沿海地区每年都会遭遇十多次 8 级以上的强热带风暴袭击。2006 年的"桑美"超强热带风暴风力达 17 级，为 50 年来罕见。2013 年菲律宾"海燕"台风使菲律宾进入灾难状态，近 2 500 人死亡。2014 年年底开始的持续降雨导致马来西亚遭遇 45 年来最严重的水灾，13 个州中有 8 个州不同程度地受灾，受灾人数逾 20 万。2015 年，缅甸全国大面积水灾造成 100 多人死亡，约 22 万个家庭近 100 万人受灾。

中国、日本、韩国也是易受气候变化不利影响的国家。中国是遭受气候变化不利影响最为严重的国家之一，据 2015 年发布的《第三次气候变化国家评估报告》，1909—2011 年中国陆地区域平均增温 0.9～1.5℃，高于《第二次气候变化国家评估报告》平均增温 0.5～0.8℃的结论，虽然近 15 年来气温上升趋缓，但仍然处在近百年来气温最高的阶段；1980—2012 年中国沿海海平面上升速率为 2.9 毫米/年，高于全球平均速率；20 世纪 70 年代至 21 世纪初，中国境内冰川面积退缩约 10.1%，冻土面积减少约 18.6%。未来中国区域气温将继续上升，极端事件增加，暴雨、强风暴潮、大范围干旱等发生的频次和强度增加，洪涝灾害的强度呈上升趋势，海平面将继续上升。日本是一个人口密度大、国土面积小的岛国，且全国大约半数人口集中在临海城市，气候变化导致的海平面上升无疑会对日本沿海地区居民产生显著影响。日本年均温度在过去 100 年上升了 1.15℃；据日本国立环境研究所等机构的研究结果，如果海平面上升 1 米，日本 90%的沙滩将消失。而韩国环境部和气象厅共同编写的《韩国气候变化报告 2014》表明，最近 10 年朝鲜半岛的气温以每 10 年 0.5℃的速度持续上升，这个上升幅度比其他任何地区都要大。

（二）东亚地区加强气候变化区域研究和合作需求强烈

因国情、发展阶段上的差异以及实现国家可持续发展、加快绿色低碳转型的需要，东亚国家间开展区域气候变化合作有着坚实的基础。从发展水平看，东亚各国存在较大的阶段性差异，反映在应对气候变化能力上也有较大的不同。新加坡、日本和文莱属于高收入国家，人均 GDP 均超过 4 万美元，马来西亚属于中等偏上收入水平国家，人均 GDP 超过 1 万美元，但其他国家（除中国外）大多属于中低和低收入国家。中国作为全球发展最快的国家，2015 年 GDP 总量达到 10.4 万亿美元，人均 GDP 为 7 800 美元，由于经济体量大，世界及东亚经济引擎的带动作用无疑是十分明显的，在应对气候变化能力上也明显强于区内其他发展中国家，可以发挥大国的带头作用。从排放水平看，目前东亚国家人均碳排放平均值为 1.92 吨，其中，除以石油和天然气为主要经济支柱的文莱超过了 20 吨 CO_2/人外，日本、新加坡、韩国也在 10 吨 CO_2/人左右，马来西亚和中国在 6～7 吨 CO_2/人，而其他国家则在 0.2～4 吨 CO_2/人，由此可见，相互之间的合作空间很大。过去 20 多年里，随着人口数量增长、生活水平改善和化石能源比重加大，东亚国家能源排放二氧化碳增长较快，从 1990 年的 43 亿吨增长到 2014 年的 135 亿吨。东亚各国在排放趋势上有较强的趋同性，反映在国内探索绿色低碳发展方面也有着较强的相互借鉴与合作意向。

从东盟国家气候变化国家信息通报和国家自主贡献文件看，东盟国家应对气候变化研究需求广泛，合作潜力巨大。一是在温室气体排放清单编制方面。大部分东盟国家都存在清单编制管理体制和工作机制不健全的现象，如现有统计数据体系与政府间气候变化专门委员会（IPCC）国家清单指南分类不一致、活动水平数据可获得性差、缺少本地排放因子、没有完善的数据库系统支持、本地研究人员能力不足、难以满足定期清单编制需要等问题和挑战。二是在脆弱性评估和适应方面。由于大部分东盟国家在应对气候变化方面有较高的脆弱性，重点包括应对海平面上升、极端气候事件预警、应对洪涝灾害等，在相对欠发达的东盟国家中普遍缺少全面的气候变化对农业、水资源等脆弱性行业的影响研究，也缺乏敏感性地区和脆弱性行业适应气候变化的相关信息等。三是在减缓气候变化方面。东盟国家在综合分析能力和基础数据方面存在较大的差异，在社会经济发展长期预测、使用模型工具开发减缓情景以及为政策制定提供支撑等方面表现为能力不足。同时，在应对气候变化与社会经济发展相关性研究分析方面也较少有应对气候变化与农村减贫之间关系方面的研究，对非能源部门减缓措施选择的评价也相对较少。四是在技术转让和资金方面。东盟国家对应对气候变化领域的技术转让和资金需求是十分旺盛的，大部分东盟国家在具体部门、具体技术的系统评估、技术推广和技术信息的扩散、技术转让项目开发、技术转让国内外融资等方面的能力依然薄弱，在甲烷和碳捕集、利用与封存技术，气候变化适应技术，早期预测预警技术等方面也都亟须加强合作与能力建设。

（三）加强气候变化南南合作亟须推动与东盟国家合作

应对气候变化已成为南南合作的重要领域。 南南合作是促进发展中国家间的经济、技术合作，确保发展中国家融入和参与世界经济的有效渠道和合作机制，也是人力资源和生产能力建设、技术支持、经验交流的重要平台。中国一直是南南合作的积极倡导者和重要参与者，60 多年来共向 166 个国家和国际组织提供了近 4 000 亿元人民币援助，派遣了 60 多万名援助人员，为全球范围的南南合作树立了良好典范。近年来，气候变化已经成为南南合作的重要内容，特别是气候援助已经成为国际社会合作应对气候变化的重要组成部分。中国本着"平等互利、注重实效、长期合作、共同发展"的援助理念，在发展中国家间开展了大量的气候合作及援助项目，扩大了我国对外援助的模式和内涵，也为世界非传统外交作出了积极贡献。自 2011 年以来，中国政府每年安排 7 000 万元人民币专项资金，在节能低碳产品、适应气候变化技术、能力建设等方面为其他发展中国家提供力所能及的帮助和支持，至今已累计安排 4.1 亿元人民币开展南南合作，支持和帮助非洲国家、最不发达国家和小岛屿国家等应对气候变化。为加大支持力度，中国在 2015 年 9 月宣布设立 200 亿元人民币的中国气候变化南南合作基金。在巴黎气候大会上，习近平主席又宣布 2016 年将在发展中国家开展 10 个低碳示范区、100 个减缓和适应气候变化项目及 1 000 个应对气候变化培训名额的合作项目（简称"十百千"项目），并继续推进清洁能源、防灾减灾、生态保护、气候适应型农业、低碳智慧型城市建设等领域的国际合作，并帮助发展中国家提高融资能力。

东盟国家是中国应对气候变化领域重要的合作伙伴。 东盟国家是受气候变化威胁最为严重的区域之一，一直以来高度关注气候变化问题。菲律宾、马来西亚、越南、印度尼西亚和中国等同为"立场相近发展中国家"成员，主张保持发达国家和发展中国家的二元分化或强调"共同但有区别的责任"，强烈要求发达国家履行减排承诺，呼吁发达国家为发展中国家提供资金、技术和能力建设支持。柬埔寨、老挝、缅甸是最不发达国家集团成员，他们对应对气候变化有着更为切实的诉求，是我们需要关注的重点。因此，对于东盟国家而言，南南合作无疑具有得天独厚的优势和需求，东亚气候合作不仅能提高该区域气候治理的整体水平和能力建设，也将为推动全球气候变化合作和治理提供一种路径和模式。此外，气候合作是增加东亚国家或东盟与中日韩（"10+3"）凝聚力的重要抓手。早在第三届东亚峰会上，各国就宣布了《气候变化、能源和环境新加坡宣言》，在《第八届东亚峰会主席声明》中更进一步提出：气候变化是东亚峰会各国可以开展合作的一个领域。因此，从整体和长远来看，加强区域应对气候变化的技术、资金和培训等合作无疑将成为东亚国家间气候和低碳合作的桥梁。

（四）成立东亚气候中心也是我国实施大国外交战略的需要

气候外交拓展了中国的全球影响。坚持和平发展、践行正确义利观、构建以合作共赢为核心的新型国际关系是中国特色大国外交的基石。近年来，通过强化气候和周边两大外交行动的实施，有力提升了中国的国际地位，展示了中国的大国风范。通过建设性参与应对全球气候变化挑战的国际合作，中国与美国、法国、印度、巴西等国和欧盟分别发表气候变化联合声明，建立 200 亿元人民币资金的中国气候变化南南合作基金，这些都为气候变化巴黎大会达成一个全面、均衡、有力度、有约束力的协议提供了重要动力。通过扎实推进"一带一路"建设，成立亚洲基础设施投资银行（以下简称亚投行）以及丝路基金，同沿线 20 多个国家签署相关合作协议，与东盟国家制订未来 5 年合作行动计划等，这些措施都不断推进了东亚区域命运共同体的建设。

气候合作强化了中国的负责任形象。东亚特别是东盟国家正处在"一带一路"建设的关键节点，许多国家还是亚投行的创始成员国，也是合作应对气候变化的重要伙伴。为了进一步落实《推动共建丝绸之路经济带和 21 世纪海上丝绸之路的愿景与行动》中提出的"强化基础设施绿色低碳化建设和运营管理，在建设中充分考虑气候变化影响""在投资贸易中突出生态文明理念，加强生态环境、生物多样性和应对气候变化合作，共建绿色丝绸之路"等工作目标，需要搭建服务于本地区发展中国家共同应对气候变化的合作平台。而东亚气候中心的成立无疑将为"一带一路"建设、亚投行、丝路基金等项目起到支持和"绿化"作用，并将为低碳金融投资和基础设施工程项目的气候评估提供政策支撑和技术服务。

二、成立东亚气候中心的可行性

尽管气候变化是全球性的，但区域气候治理与合作无疑是解决全球性问题的有效途径。基于东亚共同的"气候命运"，东亚地区在应对气候变化方面加强研究与合作，不仅对区域各国应对气候变化有利，也将为全球应对气候变化作出重大贡献。面对全球气候变化及绿色低碳转型挑战，东亚各国可以通过加强对话，交流学习最佳实践，取长补短，在相互借鉴中实现共同发展，惠及全体人民。

（一）非气候领域有效合作为成立东亚气候中心奠定了基础

现有的合作机制及环保、技术等领域的合作模式可供借鉴。成立于 1965 年的东盟是世界范围内比较成功的区域合作组织之一，特别是其权力平衡战略不仅使得东盟国家在冷战后不久的国际政治经济环境中"抱团取暖"，而且在非传统安全领域的合作（如应对气候变化、打击跨国犯罪、反恐等方面）也表现出了较大的政治意愿和灵活性。1997年发生的亚洲金融危机，促使东盟国家和中国、日本、韩国三国开始积极探索加强东亚合作的各种途径。而1997年12月在马来西亚举行的东亚各国领导人首次会议则标志着"10+3"这一东亚区域合作机制宣告成立。相较东盟国家领导人会议，"10+3"领导人会议议程中，应对非经济议题的重要性越来越突出。1999年举行的"10+3"领导人会议把环境保护纳入关键性合作领域中，目前环境保护被确立为"10+3"合作框架下的8个政策领域和17个政策议题之一，为气候变化领域的合作提供了很好的借鉴。

气候变化合作为推动东亚合作迈上新台阶已有共识。 在2015年11月结束的第十八次"10+3"领导人会议上，东盟十国领导人同意将在2015年年底前建立东盟共同体，这比曾经计划的2020年整整提前了5年，而建成的东盟共同体将成为仅次于欧盟的世界第二大单一市场。东盟共同体的强大无疑也会减少"10+3"之间的差距，从而增添13国的凝聚力和抗风险能力。此外，近年来的东亚峰会上，与能源、可持续发展和气候变化有关的话题也越来越多，政治共识不断增强。例如，2010年第5届东亚峰会，东盟国家和中国、日本、韩国等国家领导人就东亚合作进展与发展方向、可持续发展等地区和国际问题展开探讨；2012年第7届东亚峰会通过了《金边发展宣言》，表示将在能源、灾害应对等六大领域扩大合作；2013年第8届东亚峰会重点讨论了能源安全、气候变化、灾害管理等议题，并达成了广泛共识；2014年第9届东亚峰会通过了《东盟2014年气候变化联合声明》等。当前东亚形势总体保持稳定，继续领跑全球发展，东亚合作动力增强，区域一体化进程加快，东盟与中国（"10+1"）、"10+3"领导人会议、东亚峰会等机制合作成果丰硕，给地区人民带来了实实在在的利益。以打造东亚稳定增长极为总体目标，推动东亚合作迈上新台阶，无疑也为推动气候变化领域的区域研究与合作奠定了良好的基础。

（二）气候领域的挑战和机遇使各方具有较强的参与区域研究与合作的意愿

东亚国家与中国开展气候变化研究和合作已有基础。 东亚国家由于所处的地理位置、特殊的人口分布、生态多样性和资源型经济特征，气候变化脆弱性较高，控制温室气体排放任务艰巨，气候变化、传染性疾病等非传统安全威胁突出，这也从一方面为东亚地区的应对气候变化研究与合作"奠定"了基础。事实上，早在20世纪90年代，日本和韩国的有关研究机构已经与我国的相关研究机构在温室气体清单编制、气候变化模型开发等方面开展合作；在亚洲开发银行等国际机构的支持下，泰国、马来西亚等国家也与我国在适应以及减缓气候变化领域进行合作。近年来，东亚有关国家政府官员和专家还积极参加了由我国有关机构召开的"东盟+中日韩气候变化与粮食安全区域研讨会""中国—东盟应对气候变化：促进可再生能源与新能源开发利用国际科技合作论坛""中国—东盟应对气候变化国际合作研讨会"等会议或论坛，为搭建东亚应对气候变化的合作交流平台奠定了较好的基础。

中国应对气候变化的研究和合作已具吸引力。 近年来，我国的能源结构已经有了极大的改善，2015年，我国非化石能源消费比重为12%，全国在运核电机组装机容量达到2 550万千瓦，在建及已核准机组装机容量3 203万千瓦，在建规模居世界第一；2015年年底，水电、风电、光伏发电装机容量分别达到3.2亿千瓦、1.3亿千瓦、4 300万千瓦，可再生能源发电总装机容量达到4.9亿千瓦，处于世界先进水平。这些低碳技术和实践优势无疑为东亚地区的气候合作创造了强有力的科技基础。

另外，我国的低碳城市、低碳园区和低碳社区试点以及碳排放权交易试点对东亚其他国家而言也极具借鉴和复制意义。

（三）国内外气候变化领域专家支持中国成立区域研究与合作中心

中国成立的新机构相较日本和韩国更具区域特色。通过调研及问卷调查，目前东亚国家针对气候变化的合作机构主要有日本的全球环境战略研究所（IGES）和韩国的全球绿色发展研究所（GGGI），日本、韩国机构的优势是有成熟的组织框架和源源不断的资金支持，但定位都不是区域合作平台，而是国际智库，对于促进东亚地区气候变化合作方面的考虑主要是能力建设支持，而不是旨在建立东亚内部区域性研究结构和合作平台。在此背景下的气候变化信息共享多以培训为主，而不是建立长期有效的经验、知识、人员的分享窗口和技术合作平台。因此，东盟国家专家普遍表示，希望东亚气候中心能成为区域内首个由发展中国家牵头，开展经验分享、人员培训、项目合作和气候变化战略联合研究等的综合性交流平台。在职能定位上，许多受访者希望东亚气候中心应该是面向区域的交流平台和培训中心，成为中国与东亚其他国家气候变化合作的窗口。

受访专家建议将研究与合作作为新机构的"两翼"。根据东亚气候中心筹备小组开展的问卷调查，国内机构专家赞成成立东亚气候中心的比例为96.15%，国际或东亚地区的机构专家的赞成率更是达到了100%。有超过90.91%的国际或区域机构受访者认为东亚气候中心可以成为区域气候变化信息交流合作平台，72.73%的受访者认为东亚气候中心可以作为亚洲应对气候变化的专业机构、区域人才交流和培训中心、中国与东亚气候合作窗口。专家建议的具体活动包括组织开展区域低碳发展战略研究、区域适应气候变化行动方案设计、低碳政策示范和技术转让合作项目、委托开展区域南南合作相关项目执行或管理、承接区域应对气候变化能力建设与人员培训相关活动等；在人员构成上，以中国专家为主，尽可能多地增加区域内的国际专家交流，如邀请访问学者和其他国家专家来东亚气候中心进行短期交流和互访。

三、启示与建议

（一）东亚气候中心的职能与定位

根据调研访问和问卷调查结果，综合考虑东亚地区经济、政治、科技、地理、人才等情况，我们认为，东亚气候中心应该成为东亚地区气候合作的交流平台、气候领域的区域专业智库、我国与东亚的气候合作窗口、亚洲应对气候变化的专业机构和我国"一带一路"倡议在气候低碳领域的技术支撑单位。综合各方意见，我们建议，东亚气候中心作为一个区域性的研究与合作机构，其主要的职责可初定为：一是组织开展区域内应对气候变化的科学、政策、方案等方面的研究工作；二是联合开展区域内应对气候变化的国际交流和项目合作；三是承办区域及全球性应对气候变化领域的国际会议、人员培训以及其他相关能力建设等活动。

（二）关于东亚气候中心合作机制与交流形式

东亚气候中心将主要利用目前已有的也是较为完善和成熟的东亚峰会、"10+1"领导人会议、"10+3"领导人会议等合作机制，结合东盟地区论坛、亚洲合作对话、亚太经合组织、亚欧会议、亚信会议、大湄公河次区域经济合作机制等，构建合适的平台和适宜的话题。同时，还应充分利用国家提供的区域及全球性的公共产品，扩大影响力，与亚投行、"一带一路"项目、丝路基金、南南合作基金等加强合作，为其提供低碳智力支持和服务。关于合作交流形式，一是可以轮流在东亚国家举办应对气候变化论坛、研讨会等；二是定期和不定期发布东亚气候中心和各国智库间的联合研究成果；三是加强区域能力建设和人才培养活动，特别是对欠发达国家的人才培训；四是开展区域性低碳发展政策和技术示范；五是执行和管理好区域性南南合作项目。

（三）关于东亚气候中心的人才建构及资金支持

气候变化科学本身就是一门复杂的学科或专业领域，涉及气象、环境科学、农业、水文、计算机、能源等，加之国际气候谈判涉及外交、国际政治、经济贸易等，因此未来东亚气候中心在人才选拔和设置上应未雨绸缪、扩大视野，延揽各相关领域人才。同时，应充分借助并整合国内外现有相关机构的力量，形成东亚区域应对气候变化研究网络和专家库。通过调研并考虑到我国的现实国情，建议东亚气候中心在初期创办时可以借助如下渠道：一是亚专资项目，亚专资是我国政府为推动与亚洲各国、机构之间的合作，由中央财政设立的专项资金，具有资金稳定、主要应用于技术研究等的特点；二是将要成立的气候变化南南合作基金的资金；三是有关低碳、能源和气候合作等的区域和国际组织；四是亚投行、丝路基金、"一带一路"倡议的绿色低碳项目。

（四）关于东亚气候中心机构设置及主要功能

根据东盟国家对适应气候变化和低碳发展的需求，并结合问卷调查结果，东亚气候中心内设部门建议如下：（1）综合部。代行办公室职能，负责中心的日常行政、人事、财务、科研、外事、保密等管理工作。（2）多边合作部。开展区域应对气候变化战略、方案、计划及谈判对策等研究，开展应对气候变化的区域战略对话与政策交流。（3）低碳研究部。开展区域低碳发展战略、低碳制度设计、低碳政策分析等研究，开展低碳试点，碳排放权交易试点，低碳技术、标准合作等。（4）适应研究部。研究气候变化对本地区敏感地区及农业、林业、水资源、海洋、卫生健康等重点领域的影响、脆弱性及其风险分析，开展区域极端气候灾害性事件的预报预警合作及其他相关能力建设。（5）技术交流与培训部。开展东亚国家间的技术交流合作，组织开展东亚地区应对气候变化能力建设等培训活动，承担南南合作或国际组织相关技术培训等。

（邹晶、徐华清供稿）

英国及苏格兰地区气候变化立法及执行情况调研报告①

　　受国家发展改革委气候司委托，在英国外交部繁荣基金的支持下，中心组织开展了"推动中国地方应对气候变化立法与能力建设项目"的研究工作，以便借鉴国际气候变化立法经验，提高地方层面的立法能力，推动国家气候变化立法进程。2016 年 10 月 17—20 日，中心与国家发展改革委气候司组团赴英出访调研，调研组成员还包括江苏省信息中心、中国地质大学等项目组人员。调研组与英国气候变化委员会，英国商业、能源与工业战略部，伦敦政治经济学院等相关专家和官员进行了交流，并与苏格兰能源和气候变化局、英格兰环境保护署等相关负责人进行了座谈，现将调研情况总结如下。

一、英国气候变化立法基础及特色亮点

　　英国是全球范围内气候变化立法实践的先行者。作为世界上首部以实现温室气体减排目标为导向的法律，2008 年出台的英国《气候变化法案》（Climate Change Act）不仅明确提出了 2050 年减排目标，而且也为减排目标的实现确立了经济上可行的路径，将应对气候变化与实现低碳经济转型有机结合，并从制度、机制等方面做出了系统安排。

　　一是英国制定《气候变化法案》具有良好的环境条件。 英国是较早采取法律等措施应对气候变化的国家之一。2008 年 11 月 26 日，英国正式颁布实施《气候变化法案》，成为世界上首个以法律形式明确中长期减排目标的国家。英国之所下决心制定《气候变化法案》，其实是具有坚实的政治、经济、技术和社会基础的。在政治层面，英国各党派在应对气候变化立法这一问题上高度一致，希望借应对气候变化契机实现经济的低碳转型，重塑英国对世界经济的领导地位；在经济层面，英国政府于 2003 年发布的能源白皮书——《我们的能源未来：创造低碳经济》（Our Energy Future—Creating a Low Carbon Economy）首次将构建低碳经济作为国家能源战略的首要目标，目前英国经济发展与煤炭和石油等化石燃料的消费已基本脱钩；在技术层面，英国在可再生能源开发与利用方面处于世界先进水平；在社会层面，由于英国岛国的地理位置，其易受气候变化不利影响，政府和民众普遍关心并支持政府应对气候变化的努力。这些因素促使英国在气候变化和能源转型问题上始终态度比较积极，力图在全球气候变化事务上发挥领导作用。

　　二是《气候变化法案》明确以长期碳减排目标为导向。 到 2050 年，将英国的温室气体排放量在1990 年的基础上减少 80%，2020 年在 1990 年的基础上至少降低 34%。从法律上设定这一具有约束力的减排目标，不仅表明了英国政府转型低碳经济的坚定决心，从而为低碳产业及新能源技术的投资者提供了必要的法律保障，而且也使得各届议会和政府都必须受到该减排目标的制约，从而也为英国持续推动低碳经济转型指明了方向。同时，法律还规定英国政府可以根据实际变化审议和更改

---

① 摘自 2016 年第 23 期《气候战略研究简报》。

中期减排目标，预留了因重大形势变化而调整目标的灵活性，从而也提高了其履行温室气体减排目标的可行性。

三是《气候变化法案》要求英国政府制定碳预算制度。碳预算是《气候变化法案》引入的一个新概念，是指为确保实现长期减排目标，并促进近中期低碳经济转型和低成本减排而确定的 5 年内温室气体排放量上限，其实质是分阶段的温室气体减排目标，同时也体现了英国重视碳金融，欲对碳排放目标进行货币化、资产化管理的战略意图。《气候变化法案》明确要求英国政府应制定未来 15 年呈阶段性递减的 3 个碳预算，并明确英国政府每年须向议会提交控制碳排放的报告，不能完成碳减排目标的将接受司法审查。到目前为止，英国政府已经制定并公布了 2008—2032 年的 5 个碳预算，五期的碳预算水平分别比 1990 年减少 23%、29%、35%、50% 和 57%，总体呈明显下降趋势，且其中通过欧盟碳排放交易体系完成的排放量占总排放量的比重也呈下降趋势，这表明英国更愿意通过自身的政策措施实现温室气体减排的决心。从实际执行情况来看，第一个碳预算目标已达成，第二个、第三个目标预计也可以完成。

四是《气候变化法案》设立独立的气候变化委员会。该机构独立于政府开展相关工作，其具体职责包括：对碳预算的制定和实现碳预算的措施提供建议，对碳减排指标分配提供建议，对国际航空业和海运业的碳排放控制提供建议，对开发和利用新能源和可再生能源提出建议，对英国政府实施碳预算的情况进行监督，并向议会提交公开、透明的年度进展报告。气候变化委员会由 1 位主席、8 位独立成员组成；在主席的领导下，委员会下设由 25 名专家组成的秘书处和适应气候变化分委会，其工作经费目前由商业、能源与工业战略部，北爱尔兰自治政府，苏格兰政府和威尔士政府出资。气候变化委员会每年会出具评审报告，评审政府在执行碳预算目标上的政策与行动是否有力，并向政府提供包括碳预算目标设定在内的政策建议，由政府决定是否采纳，政府拒绝采纳时有义务向委员会做出正式说明。

二、英国气候变化执法实践及面临挑战

英国政府为了实现《气候变化法案》提出的中长期目标，不仅依法公布了碳预算目标，而且还制定了一套行之有效的规划方案、政策体系以及相关资金投入与保障措施，但在实际执行过程中，目前也面临执行主体更替及司法诉讼等现实挑战。

一是通过制定规划与政策体系，促进目标的有效落实。为了实施好《气候变化法案》，英国政府出台了新的《气候变化国家方案》和《低碳转型计划》，并在推进低碳发展方面形成了较为完整的财税等政策体系。2009 年，英国政府对外发布了《低碳转型计划》，提出英国到 2020 年向低碳经济转型的发展目标，主要包括：温室气体在 2008 年水平上减少 18%，可再生能源消费比重提高到 15%，可再生能源发电比重提高到 30% 左右，可再生能源占交通用能比重提高到 10%，新车二氧化碳排放量平均比 2007 年减少 40%，所有房屋建筑都安装碳排放智能计量表，实施碳捕集和封存技术示范项目等。在此基础上，英国政府先后出台了《低碳工业战略》《可再生能源战略》《低碳交通计划》3 个配套文件。2011 年，英国公布了第三份《气候变化国家方案》，要求英国能源和气候变化部、交通部等政府部门尽快制订未来 5 年的具体行动计划。2013 年，英国政府发布了最新的超低

排放车辆战略，明确提出确保 2040 年之后售出的每一辆车都真正是零排放汽车。在政策措施上，一方面，通过碳预算设定每个行业的具体减排目标和排放上限，实施排放限额交易制度；另一方面，加大税收调节力度，针对工商业和公共部门使用的燃料征收气候变化税，考虑到企业竞争力差异，政府同时出台了一系列配套税收减免措施，鼓励企业积极行动，完成减排目标。英国《气候变化法案》在几年来的实践中取得了明显的成效，据初步测算，英国 2015 年温室气体排放水平较 1990 年水平减少了 38%。

二是发挥绿色投资银行的作用，确保资金的有效投入。为了确保完成《气候变化法案》提出的中长期目标，英国政府率先在 2010 年 5 月的《执政联盟协议》中做出设立绿色投资银行的承诺；2012 年，成立了英国政府独立投资的英国绿色投资银行，该银行是以商业模式独立运营的营利性银行，其宗旨是建立一个可长期工作的机构，帮助英国政府向绿色经济转型。所谓"绿色"，包含五个原则：减少温室气体排放、提升自然资源效率、保护自然环境、保护生物多样性以及促进环境的可持续性。优先关注的五个领域为海上风电、商业及工业垃圾、转废为能、非家庭用能能效以及"绿色方案"。银行投资的双重底线是绿色和盈利，其投资项目至少要满足上述五个原则中的一个，并通过每年的绿色损益表和绿色资债表来确保核心战略的实现。2012—2015 年，借助政府投资的 27 亿英镑，英国绿色投资银行在解决绿色基础设施项目市场失灵问题上起到了关键性的作用，并进一步带动了约 110 亿英镑的私人投资。目前银行的投资结构包含股权、债务和第三方基金等，其中离岸海上风电基金约为 9 亿英镑，是英国最大的可再生能源基金。

三是《气候变化法案》政府执行主体面临新的重新调整。2007 年 3 月，由英国皇家食品和农村事务部提出《气候变化法案》（草案）。2008 年 10 月，英国政府新设立了能源与气候变化部，英国成为发达国家中第一个专门成立应对气候变化部门的国家，也为《气候变化法案》的实施奠定了良好的组织保障。2016 年 6 月，英国进行了脱欧公投，最终选择了脱离欧盟，随后由特蕾莎·梅担任新的首相，并在上任后对内阁大臣、各部门进行了调整，原来的能源与气候变化部被裁撤，气候变化工作归口商业、能源与工业战略部管理。虽然英国的中长期减排目标由《气候变化法案》规定，仍具有法律效力，不会随着政府更迭而产生剧烈变化（否则将涉及法律的废除问题），而且在调研中，英国商业、能源与工业战略部相关官员也强调新一届政府明确表示将继续履行应对气候变化承诺，英国的中长期目标将不会轻易改变，但英国取消能源与气候变化部以及脱欧带来的一系列变化，对英国及欧盟应对气候变化工作可能带来的影响及相关法律问题值得持续跟踪分析和评估。另外，新的主管部门能否将应对气候变化目标及政策与经济领域政策统筹协调，提高协同效应，更好地通过应对气候变化促进经济的低碳转型，也值得关注。

四是《气候变化法案》执行过程中面临法律诉讼的挑战。英国通过立法确定的中长期减排目标、通过碳预算制度确定的五年碳预算目标以及依据碳预算设定的每个行业的具体减排目标和排放上限，不仅对政府、企业做出了硬性的减排要求，同时也意味着这些主体的减排行动受到法律的约束，一旦未达到目标或超额排放，民众有权起诉相应的政府机构、企业和排放源。调研中了解到由一批律师和法律专家组成的欧洲环保组织——"地球诉讼"，就是专门针对气候变化产生的法律问题的组织；最近该组织就伦敦市政府批准的希思罗机场新跑道建设项目可能造成的空气污染和温室气体排放问题提起了诉讼，最高法院裁定伦敦市政府应在两个月内提出新的建设方案，并采取切实有效的措施确保满足空气质量最低限值要求和温室气体排放总量限制要求。

三、苏格兰地方气候变化立法实践及好的做法

2009 年 8 月，苏格兰议会通过《气候变化法案》，明确到 2020 年将碳排放量在 1990 年的基础上至少减少 42%，到 2050 年将碳排放量在 1990 年的基础上至少减少 80%。为实现法案中确定的减排目标，苏格兰政府通过气候变化计划来执行具体减排政策，并统领能源、交通、建筑等相关计划。

一是法案提出比英国更高的目标。苏格兰气候变化立法议案原先设定的到 2020 年的减排目标是在 1990 年的基础上减排 34%，后在听取公民、社会环境组织和企业等多方意见后达成共识，将目标提高到 42%，这个目标领先于国际社会和英国国内总体目标，这主要是考虑到苏格兰地区可再生能源资源丰富，尤其是在岸风电发展很快，可以比全国实现更进一步的减排目标。实际执行结果也表明，苏格兰 2014 年的排放量比 1990 年下降 45.8%，提前 6 年完成了 2020 年的减排目标，而且提前 7 年完成了降低能源消费 15% 的目标，这些成就主要来自可再生能源方面的贡献，目前苏格兰有 57% 的电力来自可再生能源，电力系统已经在很大程度上实现了"去碳化"。

二是法案规定年度的排放目标。苏格兰《气候变化法案》规定，苏格兰政府应当每年设定碳排放目标，年度目标与中期目标和长期目标相结合，最终确保实现 2050 年减排目标。与英国《气候变化法案》采用 5 年一次的碳预算，即当年碳预算目标未完成时可以借用次年的额度相比，苏格兰规定的年度碳减排目标虽不具有灵活性，但减排的轨迹得到了法律的保障。苏格兰的年度减排目标由气候变化委员会提供建议，由苏格兰政府与非政府组织一起合作商定，执行情况也受到气候变化委员会的监督。苏格兰政府发现，由于测量方式变化导致减排基线提高，给年度减排目标的达成带来了较大的困难和挑战，直到 2014 年苏格兰政府才赶上了减排进度目标，同时也感受到了年度目标没有完成时来自议会的压力和公众的批评。

三是通过计划落实目标与行动。苏格兰《气候变化法案》提出的目标主要由气候变化计划来执行，第二个气候变化计划预计在 2016 年年底出台。新计划作为一个全面的行动方案，将能源计划纳入气候变化框架，并涵盖交通、建筑等多个领域，旨在通过设定明确目标来传递强有力的信息，增强投资者信心。其 2030 年愿景目标与行动主要包括：交通领域使用可再生能源的比例由现在的 4% 提高到 18%，强化推广电动车、设立低排区、对高碳车征收高税等政策；建筑领域能源消耗减少 30%，进一步提升现有建筑的隔热性能，并开展帮助低收入家庭提高能效的项目；供暖使用的可再生能源由 5% 提高到 40%，改变家庭供暖方式，推广使用电力热力泵，建立家庭余热供热网络。

四是重视不同领域的最佳实践。苏格兰《气候变化法案》执行过程中，重视地方的探索与实践。在可再生能源领域，苏格兰具有得天独厚的优势，拥有欧洲 25% 的风能和潮汐能，因此大规模推广在岸风电，并利用离岸海上风电基金促进海上风电科技创新等，为此新建了 14 个风力发电厂；在社区低碳建设方面，苏格兰主要通过设立可再生能源基金，为社区减排项目提供资金支持，各个社区也可以申请使用该基金，用于社区公共场所隔热、推广自行车等项目；在协同推进方面，苏格兰政府从经济社会目标入手，协同推进环境保护与温室气体减排等目标，成立了由 10 人组成的国际创新小组，通过借鉴其他城市和跨国企业如何通过减排目标实现更大的商业效益，促使企业和商务部门

接受减排目标并采取行动。

五是重视企业互动和公众参与。 苏格兰《气候变化法案》由苏格兰议会颁布，政府内阁设有一个气候变化分委员会主管气候变化工作，苏格兰能源和气候变化局负责具体的应对气候变化政策制定和项目资金提供，环境保护署主要负责政策执行和审批，并监督政策执行的环境影响和减碳效果。与此同时，苏格兰议会和政府重视与企业及机构的近距离互动，主动听取企业、非政府组织以及公众有关应对气候变化工作的监督和建议。在立法过程中，因为企业和公众的积极参与，尤其是企业积极参与者的声音超过对减排成本担忧的企业的声音，使得法案中的中期减排目标从全国平均水平的34%提高到42%，目前也有非政府组织正根据苏格兰的实际完成情况，提出将中期目标调整为减排56%～57%的建议。

四、启示与建议

我国是处在经济向低碳发展关键转型期的发展中排放大国。英国的上述实践和做法对我国应对气候变化立法，并推动绿色低碳发展具有一定的借鉴意义。

一是高度重视应对气候变化立法的社会共识。 调研发现，英国的执政党和在野党在应对气候变化立法方面具有罕见共识，民众对于应对气候变化问题非常重视，政府对温室气体减排设立了较高的约束性目标，并通过专门的法律和计划付诸实施，为低碳经济转型提供了良好的社会氛围。习近平主席曾强调，应对气候变化不是别人让我们做的，是我们自己要做的，是我国实现可持续发展的内在要求，也是负责任大国应尽的国际义务。在经济发展进入新常态、局地以及区域性大气重污染天气也已成为常态的大背景下，亟须全国人大环资委、国务院法制办以及国家发展改革委等相关部门在应对气候变化立法事项上统一思想、加强协调、形成合力，推动中央与地方、政府与市场、企业、公众等利益相关方形成共识，并建议在应对气候变化制度设计和政策制定中，进一步强化应对气候变化的责任与担当意识，强化温室气体目标与制度的约束作用，强化应对气候变化的政策与行动，形成主动控制、有效应对、全民参与的格局。

二是充分认识我国加快立法工作的重要性。 调研发现，英国将气候变化立法放在优先位置，将中长期减排目标作为立法的核心目标，形成了以碳预算制度、成立气候变化委员会为特色的应对气候变化长效机制，为实现经济发展与有效控制温室气体排放协调双赢奠定了坚实的基础。我国已经把积极应对气候变化上升为经济社会发展的重大战略和转方式、调结构的重大机遇，已经向国际社会提出了在2030年左右实现碳排放达峰并尽早达峰的承诺，已经将建立碳排放权交易制度作为生态文明建设的重要改革任务；习近平总书记也指出，在经济结构、技术条件没有明显改善的条件下，温室气体减排等约束强化将压缩经济增长空间。在依法治国、依法行政的大背景下，亟须在国家发展改革委等相关部门于2011年开展的应对气候变化立法工作公开征求意见、2014年实施的《碳排放权交易管理暂行办法》以及2015年完成的《应对气候变化法》初稿等工作基础上，加快应对气候变化立法相关工作，确保国家应对气候变化战略目标、重大制度及主要政策行动能够尽快法制化，加快推进经济转型和科技创新，并建议将应对气候变化立法作为预备项目同步纳入国务院和全国人大立法计划。

　　三是不断深化立法的理论研究与实践基础。近年来，围绕支撑服务于我国应对气候变化立法和积极参与全球气候治理工作的需要，有关部门组织开展了"中国低碳发展宏观战略研究""我国2020年温室气体控制目标、实现路径及支撑体系研究""气候变化国际谈判与国内减排关键支撑技术研究与应用""应对气候变化立法研究"等重大项目，与此同时，低碳城市、碳排放权交易等试点示范地区也在碳排放总量控制，碳排放交易，政府目标责任评价考核，企业核算报告，项目碳排放评价，产品低碳标准、认证及标识等制度层面开展了不同程度的探索和创新，亟须在加快建立生态文明制度体系建设和积极主动参与全球气候治理的大背景下，统筹好应对气候变化国内和国际两个大局，借鉴好国内外相关立法执法经验，处理好立法的原则性与操作性的关系，研究好应对气候变化及低碳发展规律，论证好关系到国家安全的重大制度行政许可的必要性，做好与相关领域现有立法的衔接，并建议尽快在东部优化开发省（区、市）、碳排放权交易试点地区以及第三批国家低碳试点城市开展以排放总量控制、排放权许可等制度为重点的实践探索。

（徐华清、丁辉、吴怡等供稿）

国家低碳省市试点工作调研与总结报告①

习近平总书记指出，试点能否迈开步子、蹚出路子，直接关系改革成效。开展低碳试点，积极探索低碳发展模式及制度创新，不仅有利于贯彻落实低碳发展理念，不断夯实低碳发展基础，也有助于引领绿色发展，推动生态文明制度改革。为及时总结低碳试点工作的进展与成效，系统梳理各地的特色与亮点，深入分析面临的问题与挑战，全面落实《中华人民共和国国民经济和社会发展第十三个五年规划纲要》（全书以下简称"十三五"规划纲要②）提出的深化各类低碳试点，实施近零碳排放区示范工程的总体要求，中心在广泛调研的基础上，结合国家发展改革委气候司 2016 年组织开展的国家低碳省区和低碳城市试点评估工作，现将有关情况总结如下。

一、进展与成效

2010 年 7 月，国家发展改革委正式启动了国家低碳省区和低碳城市试点工作，确定在广东、辽宁、湖北、陕西、云南五省和天津、重庆、深圳、厦门、杭州、南昌、贵阳、保定八市开展探索性实践。2012 年 11 月，国家发展改革委下发《国家发展改革委关于开展第二批低碳省区和低碳城市试点工作的通知》，在北京、上海、海南等 29 个省市③开展第二批低碳省区和低碳城市试点。几年来，42 个试点省市围绕批复的试点工作实施方案，认真落实各项目标任务，并取得明显进展和成效。

一是以低碳发展规划为引领，积极探索低碳发展模式与路径。截至目前，共有 33 个试点省市编制完成了低碳发展专项规划，有 13 个试点省市编制完成了应对气候变化专项规划，其中有 22 个试点省市的 32 份规划以人民政府或发展改革委的名义公开发布。试点地区通过将低碳发展主要目标纳入国民经济和社会发展五年规划，将低碳发展规划融入地方政府的规划体系。试点地区通过编制低碳发展规划，明确本地区低碳发展的重要目标、重点领域及重大项目，积极探索适合本地区发展阶段、排放特点、资源禀赋以及产业特点的低碳发展模式与路径，充分发挥低碳发展规划的引领作用。

二是以排放峰值目标为导向，研究制定低碳发展制度与政策。共有 37 个试点省市研究提出了实现碳排放峰值的初步目标，其中提出在 2020 年和 2025 年左右达峰的分别有 13 个和 12 个。北京、深圳、广州、武汉、镇江、贵阳、吉林、金昌、延安和海南等城市陆续加入了"率先达峰城市联盟"，向国际社会公开宣示了峰值目标并提出了相应的政策和行动。试点地区通过研究碳排放峰值目标及实施路线图，不断加深对峰值目标的科学认识和政治共识，不断强化低碳发展目标的约束力，不断强化低碳发展相关制度与政策创新，加快形成促进低碳发展的倒逼机制。

---

① 摘自 2017 年第 8 期《气候战略研究简报》。
② 涉及某省份时，简称为××省（区、市）"十二五/十三五"规划纲要；涉及某城市时，简称为××市"十二五/十三五"规划纲要。
③ 本节中的"试点省市"是指列入国家发展改革委试点工作的省（区、市）和城市。

三是以低碳技术项目为抓手，加快构建低碳发展的产业体系。试点省市大力发展服务业和战略性新兴产业，加快运用低碳技术改造提升传统产业，积极推进工业、能源、建筑、交通等重点领域的低碳发展，并以重大项目为依托，着力构建以低排放为特征的现代产业体系。共有 29 个试点省市设立了低碳发展或节能减排专项资金，为低碳技术研发、低碳项目建设和低碳产业示范提供资金支持。海南省在全国率先提出"低碳制造业"发展目标，把低碳制造业列为全省"十三五"规划的 12个重点产业之一，使其成为新常态下经济提质增效的重要动力和新的增长点。"十二五"时期，90%的试点省市单位地区生产总值碳排放下降水平高于全国水平，低碳产业体系构建带来的低碳经济转型效果已经显现。

四是以管理平台建设为载体，不断强化低碳发展的支撑体系。所有试点省市均开展了地区温室气体清单编制工作，有 10 个试点省市建立了重点企业温室气体排放统计核算工作体系，有 17 个试点省市建立了碳排放数据管理平台，借此能够及时掌握区县、重点行业、重点企业的碳排放状况。共有 41 个试点省市成立了应对气候变化或低碳发展领导小组，其中 18 个试点省市成立了应对气候变化处（科）或低碳办。共有 29 个试点省市将碳排放强度下降目标与任务分配到下辖区县，其中22 个试点省市还对分解目标进行了评价考核，强化了基层政府目标责任和压力传导。

五是以低碳生活方式为突破，加快形成全社会共同参与的格局。试点地区创新性地开展了低碳社区试点工作，通过建立社区低碳主题宣传栏、社区低碳驿站，试行碳积分制、碳币、碳信用卡、碳普惠制等方式，积极创建低碳家庭，探索从碳排放的"末梢神经"抓起，促进形成低碳生活的社会风尚，让人民群众有更多参与感和获得感。有 14 个试点省市开展了低碳产品标识与认证，推动低碳产品的生产与消费。另有部分试点省市通过成立低碳研究中心、低碳发展专家委员会、低碳发展促进会、低碳协会等机构，加快形成全社会共同参与的良好氛围。

二、特色与亮点

几年来，42 个国家低碳试点省市围绕加快形成绿色低碳发展的新格局，不断强化低碳发展理念和低碳规划引领，积极探索低碳发展的新模式与新路径，积极创新低碳发展的体制与机制，初步形成了一批可复制、可推广的经验和好的做法，值得各地学习和借鉴。习近平总书记于 2014 年 12 月在江苏镇江听取该市低碳城市建设管理工作汇报、观看低碳城市建设管理云平台演示后，称赞镇江低碳工作做得不错，有成效，走在了全国前列。

（一）加强组织领导，落实低碳理念

镇江市委、市政府牢固树立并践行低碳发展理念。一是设立双组长的低碳发展领导小组，强化对低碳发展的党政同责。镇江市把低碳城市建设作为推进苏南现代化示范区建设、建设国家生态文明先行示范区的战略举措，统一认识，强化领导，不仅成立了以市委书记为第一组长、市长为组长的低碳城市建设领导小组，还成立了区县低碳城市建设工作领导小组，形成了"横向到边、纵向到底"的工作机制。二是建立项目化推进机制，强化目标任务落实到位。镇江市政府出台了《关于加快推进低碳城市建设的意见》，将低碳城市建设重点指标、任务和项目分解落实情况纳入市级机关

党政目标管理考核体系。镇江市低碳办通过《镇江低碳城市建设目标任务分解表》，将低碳城市建设九大行动计划分解细化为 102 项目标任务，按月督查、每季调度低碳建设项目，并以简报形式及时通报相关情况。三是加快构建全民参与机制，强化市民的获得感。市政府将低碳建设目标写入政府工作报告，接受人民代表监督，成功举办了镇江国际低碳技术与产品交易展示会，研究发布了低碳发展镇江指数，建立了"美丽镇江_低碳城市"微博号和"镇江微生态"微信公众号，每周发送低碳手机报，并在市区重要地段、机关单位电子屏、公交车车身等投放低碳公益广告，不断提升市民的认同感与获得感。

广元市委、市政府坚持一张绿色低碳蓝图绘到底。一是设立低碳发展局作为专门办事机构，持之以恒抓落实。广元市坚持"以创建森林城市、低碳产业园区和低碳宜居城市为抓手"的低碳发展思路，强化生态立市、低碳发展的战略地位，在全国率先创新性地设立了正县级的市低碳发展局（与市发展改革委合署办公），配备了专职副局长，市发展改革委增设了低碳发展科。二是以立法形式设立"广元低碳日"，坚持不懈抓引导。在全国率先通过地方立法的形式，确定每年 8 月 27 日为"广元低碳日"，并成立了广元市低碳经济发展研究会，不断壮大由市民自发成立的低碳志愿者队伍，通过政策解读以及步行、轮滑、骑行等方式宣传低碳生活，积极倡导广大市民低碳旅游、低碳装修、低碳出行、低碳消费。

（二）编制发展规划，促进转型发展

云南省率先建立全省低碳发展规划体系。一是将低碳发展纳入全省国民经济和社会发展中长期规划。云南省"十二五"规划纲要明确提出从生产、消费、体制机制 3 个层面推进低碳发展，推动经济社会发展向"低碳能、低碳耗、高碳汇"模式转型，并在云南省"十三五"规划纲要中进一步提出建立全省碳排放总量控制制度和分解落实机制。二是率先由云南省人民政府印发《云南省低碳发展规划纲要（2011—2020 年）》，明确提出温室气体排放得到有效控制，二氧化碳排放强度大幅度降低，低碳发展意识深入人心，有利于低碳发展的体制机制框架基本建立，以低碳排放为特征的产业体系基本形成，低碳社会建设全面推进，低碳生活方式和消费模式逐步建立，低碳试点建设取得明显成效，成为全国低碳发展的先进省份。三是率先组织完成了 16 个州（市）级低碳发展规划编制并由本地区人民政府印发实施。将《云南省低碳发展规划纲要（2011—2020 年）》中提出的"到2020 年单位地区生产总值的二氧化碳排放比 2005 年降低 45%以上，非化石能源占一次能源消费比重达到 35%，森林面积比 2005 年增加 267 万公顷，森林蓄积量达到 18.3 亿米³"等量化目标的责任和压力传导到各州（市），并率先开展对州（市）人民政府低碳发展目标的年度考评工作。

深圳市探索建立低碳发展规划实施机制。一是谋划低碳发展长远蓝图。《深圳市低碳发展中长期规划（2011—2020 年）》系统阐明了全市低碳发展的指导思想和战略路径，成为深圳低碳发展的战略性、纲领性、综合性规划。二是落实低碳试点重点任务。《深圳市低碳试点城市实施方案》从政策法规、产业低碳化、低碳清洁能源保障、能源利用、低碳科技创新、碳汇能力、低碳生活、示范试点、低碳宣传、温室气体排放统计核算和考核制度、体制机制等 11 个方面明确了具体任务和56 项重点行动。三是推动低碳发展有机融入城市发展全局。从深圳市"十二五"规划纲要开始，将低碳理念融入发展规划，不断提高低碳城市建设水平，将低碳技术融入创新能力建设，持续解决技术、产业与低碳发展深度融合问题，将低碳标准要求融入产业规制，加快促进传统产业的低碳转型与升级，实现绿色低碳与经济社会发展有机融合。

（三）提出峰值目标，倒逼发展路径

宁波市积极探索峰值目标约束下的低碳发展"宁波模式"。 一是强化峰值目标的政治共识与落地。《宁波市低碳城市试点工作实施方案》首次提出到 2015 年碳排放总量基本达到峰值，到 2020 年二氧化碳排放进入拐点时期，碳排放总量与"十二五"末基本持平。2013 年，宁波市委率先将这一峰值目标作为生态文明建设的主要目标纳入《关于加快发展生态文明努力建设美丽宁波的决定》。"十三五"规划纲要明确提出"力争在 2018 年达到碳排放峰值"目标，并在宁波市政府印发的《宁波市低碳城市发展规划（2016－2020 年）》中进一步提出建立碳排放总量和碳排放强度"双控"制度，出台加强碳排放峰值目标管理的有关法规及制度性文件，力争率先在全国实现碳峰值。二是强化峰值目标的引领与倒逼作用。积极探索峰值目标约束下低碳发展的"宁波模式"，一方面强化低碳引领，明确提出实行燃煤消费总量控制，原煤消费总量不得超过 2011 年水平，并将这一目标正式纳入《宁波市大气污染防治条例》；另一方面强化峰值倒逼作用，率先对电力、石化、钢铁等三大行业进行碳排放总量控制，到 2020 年分别控制在 6 580 万吨、2 480 万吨和 1 100 万吨以内，以此倒逼电力行业不再新上燃煤电厂、石化行业重大装置优化布局、钢铁行业着力调整产品结构。

上海市积极探索峰值目标约束下的低碳发展"上海路径"。 一是将碳排放峰值目标摆在低碳发展的突出地位。在《上海市开展国家低碳城市试点工作实施方案》中，明确提出力争到 2020 年左右，上海市碳排放总量达到峰值，上海市"十三五"规划纲要进一步提出努力尽早实现碳排放峰值，并要求将绿色低碳发展融入城市建设各方面和全过程，为创建国内领先、国际知名的低碳特大型城市而努力探索和实践。二是提出总量控制目标，探索达峰路径。率先在上海市"十三五"规划纲要中明确提出"到 2020 年全市二氧化碳排放总量控制在 2.5 亿吨、能源消费总量控制在 1.25 亿吨标准煤以内"的目标，并试点开展重点排放单位碳排放总量控制。同时，结合 2040 年城市总体规划、上海市"十三五"规划纲要以及相关行业规划编制工作，研究提出了全市及工业、交通、建筑、能源等领域的碳排放达峰路径。

（四）探索制度创新，完善配套政策

一是加快建立重点企业温室气体排放统计报告制度。 广东省围绕低碳发展管理和碳交易需求，率先建立起较为完善的重点企事业单位温室气体排放数据报告制度，并建立了相应的信息化平台，包括温室气体综合数据库、碳排放信息报告与核查系统、配额登记系统等。上海市结合非工业重点用能单位能源利用状况报告、上海市碳排放交易企业排放监测和报告以及重点排放单位的温室气体排放报告等制度，开发推广并不断更新"三表合一"软件，将能源利用状况报告、节能月报、温室气体排放报告整合，成为目前国内唯一实现一次性填报生成的系统。

二是探索建立重大项目碳排放评价制度。 镇江市人民政府印发了《镇江市固定资产投资项目碳排放影响评估暂行办法》，并在能评和环评等预评估的基础上，分析项目的碳排放总量和碳排放强度，建立包括单位能源碳排放量、单位税收碳排放量、单位碳排放就业人口等 8 项指标在内的评估

指标体系，从低碳的角度综合评价项目合理性并划定为用红灯、黄灯、绿灯表示的三个等级。北京市和武汉市尝试在已有的固定资产投资项目节能评估基础上增加碳排放评价的内容，严格限制高碳产业项目准入，北京市两年来共完成碳排放评估项目 475 个，核减二氧化碳排放量 53 万吨，核减比例达到 8.8%。广东省探索碳评管理和新建项目配额发放的有机结合，以碳评结果核定企业配额发放基准。

三是组织实施低碳产品标准、标识与认证制度。广东省编制了低碳产品认证实施方案，完成了指定铝合金型材低碳产品评价技术规范，完成了电冰箱和空调两类低碳产品评价试点工作，并在中小型三相异步电动机和铝合金建筑型材两类产品中开展低碳产品认证示范工作，还与香港开展了复印纸、饮用瓶装水、玩具等产品的碳标识互认研究。云南省开展了高原特色农产品低碳标准和认证制度研究，组织了全省低碳产品认证宣贯会，在硅酸盐水泥、平板玻璃、中小型三相异步电动机、铝合金建筑型材等行业的重点企业开展试点。"十二五"期间，云南省共有 4 家企业获得 15 份国家低碳产品认证证书。

（五）发挥市场手段，引导资源配置

北京市着力建设规范有序区域碳排放权市场并探索跨区交易。一是构建了"1+1+N"的制度政策体系。北京市人大常委会发布了《关于北京市在严格控制碳排放总量前提下开展碳排放权交易试点工作的决定》，北京市政府发布了《北京市碳排放权交易管理办法（试行）》，北京市发展改革委会同有关部门制定了核查机构管理办法、交易规则及配套细则、公开市场操作管理办法、配额核定方法等 17 项配套政策与技术支撑文件。二是探索建立跨区域碳交易市场。北京市积极与周边地区开展跨区碳交易工作。2014 年 12 月，北京市发展改革委、河北省发展改革委、承德市政府联合印发了《关于推进跨区域碳排放权交易试点有关事项的通知》，正式启动京冀跨区域碳排放权交易试点。2016 年 3 月，北京市发展改革委与内蒙古自治区发展改革委、呼和浩特市政府和鄂尔多斯市政府共同发布了《关于合作开展京蒙跨区域碳排放权交易有关事项的通知》，在北京、呼和浩特、鄂尔多斯之间开展跨区域碳排放权交易。

广东省积极探索配额有偿发放及投融资等体制机制创新。一是率先探索配额有偿发放。广东省从试点启动之初即确定了配额有偿分配机制，并逐步加大有偿分配比例。2013 年企业有偿配额比例为 3%，2014 年、2015 年、2016 年电力企业有偿配额比例提高到 5%，充分体现了碳排放配额"资源稀缺、使用有价"的理念，有效提升了企业的碳资产管理意识。迄今为止已开展 13 次配额有偿拍卖，共计成交 1 588 万吨 CO_2，成交金额达 7.96 亿元，通过一级市场拍卖底价，实现了与二级市场交易价格的挂钩。二是率先探索设立省级低碳发展基金。为管好用好配额有偿发放收入，广东省率先探索设立全国首个省级政府出资的低碳发展基金，广东省财政厅出资 6 亿元，其中首期 1.04 亿元已下达粤科金融集团（托管机构），中信银行广州分行（托管银行）、广州碳排放权交易中心有限公司、广州花都基金管理有限公司也已达成 14 亿元的出资协议，基金合计总规模将达到 20 亿元。三是率先探索碳普惠制试点。2015 年，广东省启动碳普惠制试点，印发了《广东省碳普惠制试点工作实施方案》，尝试将城市居民的节能、低碳出行和山区群众生态造林等行为，以碳减排量进行计量，建立政府补贴、商业激励和与碳市场交易相衔接等普惠机制，并将广州、东莞、中山、韶关、河源、惠州等六市纳入首批试点城市。

（六）建立统计体系，夯实数据基础

一是建立温室气体排放统计核算体系。上海市于2014年发布实施了《上海市应对气候变化综合统计报表制度》，于2015年发布出台了《关于建立和加强本市应对气候变化统计工作的实施意见》，明确了温室气体排放基础统计和专项调查制度的职责分工。其中，上海市统计局负责应对气候变化统计指标数据的收集、评估以及温室气体排放基础统计工作，上海市发展改革委负责温室气体排放核算与相关专项调查工作。目前已实现2014年和2015年的统计数据上报，为温室气体清单编制、碳排放强度核算等工作提供了数据保障。

二是建立常态化的清单编制机制。杭州市自2011年起开始编制市级温室气体清单，制定发布了温室气体清单编制工作方案，目前已完成了2005—2014年全市温室气体清单编制工作，市级温室气体清单编制工作已经进入常态化，并率先建立了县区级温室气体清单编制常态化机制，目前全市13个区、县（市）及杭州经济技术开发区均已完成了2010—2014年度温室气体清单编制。同时结合市区两级温室气体清单编制，开发了"杭州市温室气体排放数据统计及管理系统"。昆明市早在2011年就率先建立了市级能源平衡表编制工作方案及工作流程，并编制完成了2010—2014年度昆明地区能源平衡表，为全市温室气体清单编制工作奠定了坚实基础。

三是建设数据收集统计系统和数据管理平台。镇江市在全国首创了低碳城市建设管理云平台，围绕实现2020年碳排放峰值目标，以碳排放达峰路径探索、碳评估导向效能提升、碳考核指挥棒作用发挥、碳资产管理成效增强为重点，构建完善的城市碳排放数据管理体系，并依托碳平台的技术支撑，深入推进产业碳转型、项目碳评估、区域碳考核、企业碳管理，进一步打造镇江低碳建设的突出亮点和优势品牌。武汉市重点推进低碳发展三大平台上线运行，基本建成"武汉市低碳节能智慧管理系统"，实现实时掌握全市及各区、重点行业、重点企业的能耗和碳排放数据，进行分析预警；基本完成"武汉低碳生活家平台"，实现低碳商品交易与兑换、低碳基金服务、低碳志愿者联盟、低碳出行倡导、低碳企业家俱乐部等七大服务功能；基本建成"武汉市固定资产投资项目节能评估和审查信息管理系统"，实时掌握项目的能耗及碳排放情况。

（七）强化评价考核，落实责任分工

一是建立完善温室气体排放目标责任考核机制。云南省人民政府与16个州（市）人民政府签订了低碳节能减排目标责任书，把"十二五"碳强度下降目标和年度目标分解落实到各州（市），并通过将低碳发展目标完成情况列为常态化考核项目、印发目标完成情况考评办法、组织目标完成情况考评、安排200万元奖励金等措施，健全了目标责任评价考核机制。昆明市在2010年率先提出《关于建设低碳城市的决定》，并不断完善低碳发展目标考核体系，确定每年度1月各县（市、区）人民政府对上年度主要目标和任务完成情况进行自查，并于2月1日前将自查报告上报，市级主管部门在认真审核各县（市、区）自查报告基础上，组织进行现场评价考核。

二是探索开展碳排放强度与总量目标双控考核机制。镇江市实行碳排放强度目标与总量目标双分解，在双分解的基础上建立了以县域为单位实施碳排放总量和强度的双控考核制度，并将考核结果纳入年度党政目标绩效管理体系。广元市出台《广元市生态文明建设（低碳发展）考核办法》，加强绿色 GDP 考核力度，增加低碳目标考核在全市目标管理考核中的占比，实行碳排放总量和碳排放强度"双控"考核，强化低碳目标的约束作用和倒逼机制。

三是不断强化主要部门重点行业碳排放评估考核机制。上海市按照"节能低碳管理与行政管理相一致"进行条块分工，提出了工业、交通运输业、建筑施工业等 10 个领域的碳排放增量控制目标，行业主管部门除负责本领域节能低碳工作的面上监督推进外，还需承担本领域中央和市属企业的节能低碳管理和目标责任，强化相关部门的管控意识和职责。北京市建立有效的目标责任分解和考核机制，将节能减碳目标纵向分解到市、16 个区县、乡镇街道三个层面，横向分解到 17 个重点行业主管部门和市级考核重点用能单位，形成了"纵到底、横到边"的责任落实与压力传导体系。

（八）协同试点示范，形成发展合力

与低碳社区、低碳小镇等区域内不同层次试点协同推进。杭州市委在 2009 年年底提出《关于建设低碳城市的决定》，并将低碳社区和特色小镇建设作为重要抓手和平台。一是创新低碳社区试点载体。在全市 40 多个社区开展了"低碳社区"试点，研究制定并推行了"低碳社区考核（参考）标准""低碳（绿色）家庭参考标准""家庭低碳计划十五件事"等创建制度，开展了"万户低碳家庭"示范创建活动。二是将低碳发展融入特色小镇创建之中。在发展理念上体现低碳，将特色小镇定位于产业鲜明、低碳、生态环境优美、兼具文化韵味和社区功能的新型发展平台；在产业定位上体现低碳，明确特色小镇的产业发展应紧扣产业升级的趋势，集聚资本、知识等高端要素，聚焦信息、健康、金融等七大新产业以及茶叶、丝绸等历史经典产业。

与低碳交通、低碳建筑等区域内不同领域的试点协同推进。深圳市坚持办好不同层面、不同类型的试点，系统推进、形成合力。一是将国家低碳城市试点与国家低碳交通运输体系试点相结合。截至 2015 年年底，公交机动化分担率提升至 56.1%，累计推广新能源汽车 3.6 万辆，新能源公交大巴占公交车总量的比重超过 20%。二是将低碳试点与国家可再生能源建筑应用示范城市建设相结合。截至 2015 年年底，全市共有 320 个项目获得绿色建筑评价标识，绿色建筑总建筑面积达到 3 303 万米^2，太阳能热水系统建筑应用面积规模达到 2 460 万米^2。杭州市加快推进交通领域低碳发展中的模式创新。一是率先提出了建设公共自行车、电动出租车、低碳公交、水上巴士及地铁"五位一体"的公交体系，赋予了城市公交更广泛的低碳内涵。二是建设了全球规模最大的公共自行车系统，真正将"低碳为民"的发展理念落到实处。三是开创了"微公交"电动车租赁模式，规避了换电充电难、初始成本高等难题。

与智慧城市、生态文明先行示范区等国家综合试点相协同。试点地区充分利用相关行政资源，加强协同治理，力求形成合力。延安市以绿色循环低碳发展为重点，编制生态文明先行示范区建设实施方案。杭州市以智慧城市"一号工程"为抓手，以打造万亿级信息产业集群为目标，全力推进国际电子商务中心、全国云计算和大数据产业中心等，全面打造低碳绿色的品质之城。

（九）开展地方立法，提供法规保障

石家庄市率先立法促进低碳发展。《石家庄市低碳发展促进条例》于 2016 年 5 月经河北省人大常委会批准，于 2016 年 7 月 1 日起施行。该条例共 10 章 63 条，包括低碳发展的基本制度、能源利用、产业转型、排放控制、低碳消费、激励措施、监督管理和法律责任等。该条例在低碳制度创新方面实现了一定的突破，提出了建立碳排放总量与碳排放强度控制制度、温室气体排放统计核算制度、温室气体排放报告制度、低碳发展指标评价考核制度、碳排放标准和低碳产品认证制度、产业准入负面清单制度和将碳排放评估纳入节能评估等。

南昌市科学立法保障低碳发展。《南昌市低碳发展促进条例》于 2016 年 4 月经南昌市人大常委会审议通过，于 2016 年 9 月 1 日起施行。该条例共 9 章 63 条，包括总则、规划与标准、低碳经济、低碳城市、低碳生活、扶持与奖励、监督与管理、法律责任和附则，其立法目的为依法构建城市低碳发展的体制机制，依法巩固城市低碳试点好的做法与探索。一是聚焦规划目标和责任评价考核，明确低碳政策导向。条例明确提出了编制低碳城市发展规划，建立低碳发展决策和协调机制，建立低碳发展目标行政首长负责制和离任报告制度，建立低碳发展考核评价指标体系，建立低碳项目库并制定低碳示范标准，对项目进行以温室气体排放评估为主要内容的产业损害和环境成本评估，加强低碳高端人才引进并制定特殊优惠政策等。二是聚焦公众低碳认知度和获得感，倡导低碳生活方式。条例专门设置了"低碳城市"一章，将城市规划、公共设施布局、低碳建筑、低碳交通、新能源汽车、城市园林绿化、低碳示范创建等活动规范化，并相应设定了"500 元以上 5 000 元以下罚款"的罚则，具有较强的可操作性。

湖北省加强顶层设计强化支撑保障。湖北省先后出台了《中共湖北省委 湖北省人民政府关于加强应对气候变化能力建设的意见》《湖北省人民政府关于发展低碳经济的若干意见》《湖北省低碳省区试点工作实施方案》《湖北省"十二五"控制温室气体排放工作实施方案》《湖北省碳排放权交易试点工作实施方案》《湖北省碳排放权管理和交易暂行办法》等一系列法规和文件，为全省低碳发展和试点工作提供了有力依据和准则。

（十）开拓国际视野，加强合作交流

一是搭建国际交流平台。北京市通过成功主办"第二届中美气候智慧型/低碳城市峰会"，充分利用峰会的交流平台和交流机制，宣传中国近年来的低碳发展成果，借鉴美国州、市在低碳转型过程中的经验和教训，扩大中国城市管理者的国际化视野，触动城市低碳转型的内生动力。深圳市通过每年举办一届国际低碳城论坛，广泛吸引国内外政府机构、国际组织和跨国企业参与，宣传试点示范经验，营造低碳发展氛围，凝聚低碳发展共识，逐步成为展示国家及省市绿色低碳发展的窗口和汇聚低碳国际资源的重要平台。

二是提升中国低碳城市影响力。深圳市通过与美国加利福尼亚州政府、荷兰阿姆斯特丹市、荷兰埃因霍温市、世界银行、全球环境基金、世界自然基金会、C40 城市气候领导联盟、R20 国际区域气候组织等签署低碳领域合作协议，借助对外合作成果提升城市低碳影响力。深圳、广州、武汉、延安、金昌等城市参加了"第一届中美气候智慧型/低碳城市峰会"，签署了《中美气候领导宣言》，参加了"率先达峰城市联盟"，其中武汉市还通过举办 C40 城市可持续发展论坛以及 C40 年度专题研讨会，主动利用国际低碳交流平台，提升城市影响力。上海市通过世界银行提供的 1 亿美元贷款和 500 万美元赠款，专项用于长宁区低碳发展实践区创建工作，提升城市低碳示范价值。

三、问题与挑战

低碳发展是一项复杂的、长期的系统工程，只有"进行时"，没有"完成时"。随着我国低碳试点工作的不断推进，一些深层次的问题、矛盾和挑战逐渐显现。既有认识不到位、目标不先进等认识问题，也有峰值目标不落实、制度创新动力不足等实践问题，还有数据基础与能力建设薄弱、顶层设计滞后与财政政策支持缺乏等客观问题，亟须进一步加强研究、凝聚共识、大胆探索，力争取得重大突破。

一是低碳发展理念尚需深化，使之成为落实新发展理念的抓手。尽管近年来我国绿色低碳发展作为新发展理念的有机组成已经逐步深入人心，但仍有试点地区将低碳发展理念停留在节能减排阶段，在低碳发展理念上"不落地"。部分试点地方政府领导没有主动将低碳发展理念直接融入地区经济社会发展之中，作为落实新发展理念、培育新增长点的重要抓手；部分试点地区政府部门没有主动将低碳发展理念纳入地方相关专项规划和城市规划之中，作为加快推动城镇绿色低碳化、加强生态文明建设的重要途径；部分试点地区企业没有主动将低碳发展理念纳入决策之中，作为强化企业社会责任、加强企业资产管理的重要内容；部分试点地区没有主动将低碳发展理念深入大众百姓，作为推动全民广泛参与、践行绿色低碳的生活方式和消费模式的重要行动。

二是低碳发展目标尚需强化，使之成为推动转型发展的动力。尽管"十二五"以来，碳排放强度下降目标作为约束性指标已经纳入国民经济和社会发展规划纲要，但仍有试点地区将低碳发展目标停留在全国平均水平，在低碳发展目标上"不给力"。部分试点地区政府低碳发展目标不明确，没有把低碳发展目标纳入地区国民经济和社会发展规划和年度计划，没有将主要目标与任务落到实处，低碳发展目标对本地区生态文明建设的引领作用难以发挥；有些试点地区提出的低碳目标不先进，相应的试点实施方案看上去像是一个高碳城市建设设想，低碳发展目标对本地区社会经济活动及重大生产力布局的约束作用难以体现；一些试点地区没有将低碳发展目标进行分解落实，没有将责任与压力传导给基层，低碳发展目标倒逼产业结构和能源结构调整的作用难以发挥。

三是排放峰值研判尚需优化，使之成为引领绿色发展的目标。尽管在2015年上半年我国已经明确提出"计划到2030年左右二氧化碳排放达到峰值且将努力早日达峰"的目标，但仍有试点地区并未从国家战略角度充分认识碳排放峰值对形成倒逼机制的作用，将峰值目标简单理解为限制本地区发展空间的指标，在峰值目标决策上"不主动"。尚有部分试点地区对碳排放峰值目标的战略意义认识不到位，至今并未在科学研判的基础上作出决策，明确峰值目标，并提出具体的达峰"路线图"；也有部分地区在初步研究的基础上提出了峰值目标，但存在基础数据不足、对经济发展新常态研判不充分、缺乏社会共识等问题，峰值时间也与国家要求相差甚远；还有部分试点地区虽然在科学研判的基础上，将峰值目标纳入规划纲要，但尚未提出分领域、分地区以及与重大工程及项目相衔接的峰值目标和分解落实机制，并探索开展总量控制等相关制度创新。

四是低碳制度探索尚需实化，使之成为创新低碳试点的亮点。尽管国家在有关开展低碳试点的通知中，明确要求试点地区探索建立重大新建项目温室气体排放准入门槛制度，积极创新有利于低碳发展的体制机制，积极探索低碳绿色发展模式，但仍有试点地区将工作重心放在重大项目建设和争取政策及资金支持方面，在低碳制度探索上"不积极"。尚有部分试点地区政府并未充分认识到制度等方面的先行先试对于开展试点工作及支撑国家顶层设计工作的重要性和艰巨性，也并未结合本地实际，开展推动低碳试点的重大制度与配套政策支撑研究；也有部分试点地区虽然开展了相关制度研究，也提出了拟开展探索的重大制度方案，但没有发扬"钉钉子精神"，遇到实际问题或执行过程中的困难就轻易搁置或放弃；另外，尚有部分试点地区低碳管理体制建设相对滞后，政府部门间的协调联动机制尚未形成，目标责任评价考核体系尚未建立。

五是排放数据基础尚需细化，使之成为展示试点成效的支撑。尽管国家有关开展低碳试点的通知中明确要求试点地区编制本地区温室气体清单，加强温室气体排放统计工作，建立完整的数据收集和核算系统，但仍有试点地区的工作基础和能力较差，相应的统计制度和体系建设尚未建立，在排放数据管理上"不精准"。尚有部分试点地区基础数据较差，存在数据不透明、不一致、不匹配、不可比等现象；也有部分试点地区存在基础统计体系不完善、工作机制不健全、机构设置和人员不稳定、资金保障不到位等问题。

四、对策与建议

习近平总书记强调要牢固树立改革全局观，顶层设计要立足全局，基层探索要观照全局，大胆探索，积极作为，发挥好试点对全局性改革的示范、突破、带动作用。为贯彻落实习近平总书记讲话精神，进一步推动区域低碳试点工作不断深化，强化低碳发展模式、路径、制度和技术创新驱动，加快形成一批各具特色的低碳发展模式，在推进生态文明建设和打造人类命运共同体中发挥引领作用，结合试点地区提出的意见和建议，我们提出以下对策与建议。

（一）强化责任使命，大胆探索创新

低碳发展是一项战略任务，低碳试点是探索低碳发展模式和低碳制度创新的"责任书"。陕西、杭州等低碳试点地区的实践表明，低碳试点对经济发展的支撑和对经济转型的引领作用相当显著。试点地区党委和政府必须清醒地认识到这一光荣使命，强化责任担当，明确目标，大胆探索，勇于创新。试点地区党委和政府也要有"功成不必在我任期"的理念和境界，准确把握本地区低碳发展阶段特征和基本规律，学习借鉴其他试点地区最佳实践，狠抓峰值目标的落实，率先探索开展峰值目标倒逼下的碳排放总量控制制度试点，率先探索开展总量控制目标约束下的碳排放许可制度试点，率先探索开展以投资政策引导、强化金融支持为重点的气候投融资试点，积极探索集约、智能、绿色、低碳的新型城镇化模式和产城融合的低碳发展模式，积极探索地方政府碳排放强度与总量双控目标责任评价考核和差异化考核。建议探索建立低碳试点与示范动态调整和毕业机制，根据试点工作总体要求和总结评价结果，及时扩大、调整低碳试点单位，及时申报、评选、开展低碳示范创建活动。

（二）深化顶层设计，出台指导意见

低碳发展是一件新生事物，低碳试点是探索顶层设计和先行先试有机结合的"试验田"。在经

济发展进入新常态下，我国低碳发展的外部环境及低碳试点工作的内部条件均出现了一些新的要求和新的变化。低碳发展必须抓住这一战略机遇期，聚焦于推动落实新发展理念、加快培育绿色发展新动能上，着力在优化产业和能源结构、增强低碳产业发展动力、补齐低碳发展制度短板上取得突破。低碳试点也必须准确把握低碳发展内涵和条件的深刻变化，聚焦于发挥好试点的示范、带动和突破作用，着力在低碳发展模式、路径、制度和技术的创新上。建议在总结国家各类低碳试点有关要求以及试点地区好的做法基础上，针对低碳发展理念不强、低碳试点目标不高、制度创新动力不足、财政资金保障不力等问题与挑战，尽快研究提出深化低碳试点工作的指导意见，尽快研究提出实施近零碳排放区示范工程的总体方案，加强对试点和示范工作的统筹和协调，实现地方先行先试与国家顶层设计的良性互动。建议在做好碳排放总量控制、排放许可、排放评价和排放权交易等重大制度理论研究和实践探索的基础上，加快控制温室气体排放相关法律、制度与政策体系建设，加大中央及地方预算内资金对低碳发展及试点工作的支持力度。

（三）加强协同融合，引领绿色发展

低碳发展是一条基本途径，低碳试点是探索协同融合发展和生态文明建设的"领头羊"。低碳试点省市的实践表明，各类相关试点任务协调、政策协同、制度融合尤为重要。建议加强国家低碳省市试点与国家低碳城（镇）、低碳工业园区、低碳社区、低碳交通、低碳建筑、低碳农业等试点在建设规范、评价标准和考核办法等方面的协调，形成各有侧重、协调有序的试点层级；建议加强国家低碳试点与国家节能减排、新能源、循环经济、新型城镇化、智慧城市、特色小镇等试点在相关的产业、价格、税收、财政政策等方面的协同，形成不同试点政策之间的合力；建议加强国家近零碳排放区示范工程与绿色生态城区和零碳排放建筑试点示范、低碳交通示范工程、碳捕集利用和封存规模化产业示范、低碳技术集中示范应用等在建设目标、组织运行、资金支持等方面的融合，形成各种示范的系统集成效应；建议加强国家低碳试点制度创新与生态文明建设制度改革的融合力度，加快建立将项目碳排放评价与能评和环评有机结合的绿色项目综合评价体系，加快建立将低碳产品标准、标识与认证有机集成的绿色产品标准、认证、标识体系。

（四）打造合作平台，引领全球治理

低碳发展是一种时代潮流，低碳试点是探索讲好低碳故事和中国贡献的"宣言书"。向国际社会宣传我国在区域低碳转型中的成果，有助于提升低碳试点的全球影响力。建议加快构建全国性低碳城市交流平台和交流机制，搭建全国性低碳技术与产品展示和交易平台，及时宣传和分享国内低碳试点榜样；建议继续巩固已有的中美、中欧低碳城市交流合作平台，有效借鉴和分享中国低碳城市故事；建议加快推进气候变化南南合作"十百千"项目，推动国内不同的低碳发展模式、技术和产品在发展中国家 10 个低碳示范区中的推广和应用，打造好中国低碳示范的国际样板；建议抓紧研究制定"一带一路"沿线国家共建低碳共同体的重点任务和需求清单，推动低碳基础设施、低碳工业园区、低碳产品和贸易等领域的联动发展和务实合作，描绘好"一带一路"的中国低碳方案。

（徐华清、王雪纯、田丹宇、周泽宇、杨秀供稿）

2017 年前三季度全国碳排放强度下降形势

及安徽、江苏两省低碳发展调研报告[①]

　　根据国家发展改革委对前三季度经济形势分析工作的要求，为科学研判全年经济形势及碳排放强度目标完成情况，配合国家发展改革委气候司谋划好 2018 年应对气候变化工作思路，认真贯彻落实党的十九大报告提出的努力培育绿色低碳增长新动能，建立健全绿色低碳循环发展的经济体系，加快构建清洁低碳、安全高效的能源体系，积极倡导绿色低碳生活方式，由时任中心副主任徐华清带队的调研组于 2017 年 10 月 19—20 日赴安徽、江苏两省开展调研。调研组与当地发展改革、统计、能源等相关部门代表，以及合肥、淮北、宣城、六安、黄山、镇江等国家低碳城市试点的有关同志进行了座谈，现将形势分析及调研情况总结如下。

一、经济运行及低碳发展形势

　　初步分析，前三季度我国碳排放强度同比下降约 4.8%。调研发现，安徽、江苏两省经济运行总体平稳，预计两省均有望实现全年经济增长目标，但安徽部分指标可能低于预期目标，两省控制温室气体排放的相关指标继续向好，落实全国碳市场建设的重点任务及国家低碳试点工作有序推进。

　　一是全国碳排放强度同比持续下降。前三季度，国民经济稳中向好态势持续发展，国内生产总值同比增长 6.9%，增速与上半年持平，比 2016 年同期加快 0.2 个百分点，单位国内生产总值能耗同比下降 3.8%，降幅比上年同期回落 1.4 个百分点。根据国家能源局公布的前三季度煤、油、气消费量数据和国家统计局提供的前三季度煤、油、气消费量同比增长率等数据，初步分析，前三季度我国能源消费总量持续回升，同比增长约 2.8%，其中煤炭表观消费量同比增长 0.7%，石油表观消费量同比增长 3.1%，天然气表观消费量同比增长 14%。初步测算，前三季度我国单位国内生产总值能源活动二氧化碳排放同比下降约 4.8%，能源活动二氧化碳排放总量同比增长约 1.7%。预计通过努力，全年碳排放强度同比可望下降 5% 左右。

　　二是地区经济运行总体平稳向好。前三季度，安徽和江苏两省地区生产总值同比分别增长 8.3% 和 7.2%，均高于全国平均水平，其中安徽与年度增长目标基本一致，江苏处于年度增长目标区间；安徽固定资产投资同比增长 10%，低于预期目标 2.5 个百分点，江苏固定资产投资同比增长 7.5%，与预期目标持平。初步分析，安徽经济运行的基本面虽好，但部分指标增长低于预期目标，合肥等重点支撑区域增长动力趋弱，经济新常态下速度变化、结构优化、动力转化带来的转型压力凸显。江苏经济运行总体平稳、稳中有进、稳中向好，全年地区生产总值增速将保持在 7% 以上，完全有可能实现全年经济社会发展目标任务。

[①] 摘自 2017 年第 20 期《气候战略研究简报》。

三是区域经济发展新动能逐渐增强。前三季度，安徽和江苏两省战略性新兴产业产值分别增长 21.9% 和 13.4%，其中安徽在全国率先施行《安徽省促进战略性新兴产业集聚发展条例》，加快了建设重大新兴产业基地、工程、专项的步伐，先进制造业"一号工程"开工。前三季度，安徽和江苏两省新产业、新产品快速增长，其中，江苏高新技术产业同比增长 14.5%，占规模以上工业产值比重达 42%，高新技术产业投资增长 10.8%，打破了前几年增速低于全社会投资的局面，服务器、3D 打印设备、工业机器人产量同比分别增长 69%、67.9% 和 74.8%；安徽太阳能电池、工业机器人、新能源汽车产量分别增长 41.3%、62.7% 和 27.9%。

四是能耗强度下降但总量控制形势严峻。前三季度，安徽和江苏两省能源消费强度目标执行总体态势良好，而地区能源消费总量控制形势较为严峻。主要表现为：单位工业增加值综合能耗持续下降，安徽前三季度规模以上单位工业增加值能耗下降 4.6%，但低于上年同期降幅 2 个百分点，江苏上半年单位工业增加值能耗下降 5.8%，规模以上工业综合能源消费量增长 1.7%；单位地区生产总值能耗控制目标实施进展顺利，安徽前三季度单位地区生产总值能耗下降 4.5%，降幅高于控制目标 1 个百分点，江苏上半年单位地区生产总值能耗下降 4% 左右，降幅高于控制目标 0.3 个百分点；能源消费总量持续回升，安徽前三季度能源消费总量增长 3.25%，增幅高于控制目标 0.4 个百分点。

五是碳市场建设及低碳试点工作有序推进。安徽和江苏两省积极落实碳市场建设重点任务，一是注重顶层设计，出台了一系列管理文件和技术细则，明确权责分工，规范各方主体行为；二是成立专门的管理部门，建立推进碳市场建设的工作机制，调动各方力量；三是注重碳市场基础能力建设，组织重点排放单位、第三方核查机构、技术支撑机构等的相关官员和技术人员进行培训。安徽、江苏两省发展改革委加强对 7 个第三批国家低碳试点城市的指导，各试点城市根据国家发展改革委下发的试点工作通知要求，积极落实各项试点任务与行动。

二、特色与亮点

安徽、江苏两省注重控制温室气体排放的顶层设计和基础能力建设，积极探索体制机制创新，高度重视全国碳市场建设工作，并在深化国家低碳城市试点和实施近零碳排放示范区建设等方面做出了一些有益的探索。

一是加快研究制定碳排放峰值目标。江苏省发展改革委加快研究省域层面碳排放峰值目标，组织召开了苏浙沪粤优化开发区域达峰路径成果交流会，努力反映江苏在国家应对气候变化方面的责任和担当，积极为兄弟省市实现碳排放达峰做出示范。与此同时，抓紧研究起草《江苏省关于推动低碳新经济发展的若干意见》，将碳排放峰值目标有机融入江苏省现代化经济体系建设之中，真正发挥峰值目标的导向和倒逼作用，促进经济结构和产业的低碳转型，实现发展经济与控制温室气体排放的双赢。

二是高度重视碳市场制度顶层设计。江苏省人民政府办公厅先后印发了《江苏省重点企业温室气体排放报告暂行管理办法》《江苏省碳排放权交易市场建设实施方案》《江苏省碳排放权交易第三方核查机构管理办法（暂行）》等文件，规范各方主体行为，建立省、市、企业三级工作联系人制度，对 623 家企业、市县发展改革委、技术服务机构等的相关人员开展集中培训，共举办了 14 期，累计培训 2 100 余人次，并配合国家发展改革委气候司组织开展了电力、水泥 2 个行业的碳排放配额分配试算等工作，积极争取承担全国碳排放权注册登记和交易系统建设运维任务。

三是持续深化国家低碳城市试点。江苏省镇江市人民政府围绕峰值目标主动深化低碳试点：一是委托中心抓紧研究提出低碳发展规划，并借助中心研究提出的低碳发展指数强化补短板；二是继续发布《2017 年低碳城市建设目标任务分解表》，落实九大行动、132 项任务；三是举办"国际低碳（镇江）大会"，并加快凤栖湖低碳小镇规划及建设，为低碳技术和产品搭建永久性展示与交易平台；四是不断总结深化低碳发展模式和好的做法，并在城市低碳管理云平台的基础上，成功建设了镇江生态文明建设管理与服务云平台。

四是及时推广镇江试点的经验做法。江苏省在充分总结镇江市低碳管理云平台经验做法的基础上，计划用一年左右的时间，将低碳管理云平台拓展至南京、常州、苏州、淮安等国家低碳试点城市，再用两三年的时间，实现全省所有设区市全覆盖，用信息化的手段为碳排放管理和服务提供支撑。江苏也在总结镇江低碳产业基金融资模式和运作经验的基础上，组织省内具有较强资金管理能力的金融机构以及相关地方政府，共同发起总规模为 800 亿元的生态环保发展基金，为低碳产业发展提供资金支持，创新气候投融资机制。

五是加强对第三批低碳城市试点的指导。安徽积极推进第三批国家低碳城市试点相关工作：一是明确要求合肥、淮北、黄山、六安、宣城等 5 个国家第三批低碳试点城市，围绕峰值目标及创新重点，加快研究提出低碳发展规划，并注重低碳发展与生态建设、环境保护等工作的统筹协调；二是依托淮北、黄山、六安等低碳试点城市，积极探索资源型城市、旅游型城市、大别山革命老区城市的低碳发展路径；三是支持六安市积极探索金寨县近零碳排放示范区建设，目前该示范区在建光伏发电总装机容量达 109.784 万千瓦，在建风力发电总装机容量达 22 万千瓦，在建抽水蓄能电站总装机容量达 120 万千瓦。

三、问题与挑战

随着我国经济发展进入新常态，特别是全国碳排放权交易市场和国家低碳试点建设工作的不断推进，安徽、江苏两省在推进低碳发展、有效控制温室气体排放方面也暴露出一些苗头性、倾向性、潜在性问题，并面临一些较为严峻的挑战。

一是高耗能产业加速向中西部转移带来的苗头性问题显现。调研发现，安徽六大高耗能行业能耗占规模以上工业能耗比重近年来基本保持在 85%～86%，产业结构本底"偏重"。随着高耗能产业加速向中西部地区转移，上半年，安徽六大高耗能行业能耗同比增长 3.5%，增幅高于规模以上工业 0.6 个百分点，比上年全年高出 1.5 个百分点，究其主要原因是高耗能行业产量增长较快并带动产业链的发展。前三季度，对照安徽各地区 2017 年度能源消费总量控制目标进度要求，合肥、六安、马鞍山、安庆和黄山五市为一级预警等级，形势严峻，其中安庆市能耗强度不降反升。

二是重点用能企业对实现能耗总量控制及减煤目标影响大。调研发现，自 2016 年下半年以来，受钢材、水泥和煤炭价格回升及新项目投产等因素影响，安徽钢铁等相关行业重点企业生产明显扩大，对全省能耗增长拉动较为明显。上半年，马鞍山钢铁股份有限公司等五家企业合计能源消耗占全省能源消费总量的 13.5%，拉动全省能源消费总量增长 1.4 个百分点。前三季度，虽然江苏规模以上工业企业基本完成全省减煤目标的时序进度要求，但连云港、淮安、镇江、南通、无锡、盐城等 6 个市的煤炭消费量同比不降反升，减煤任务艰巨。

三是地方政府对碳排放峰值及强度下降目标认识尚不到位。调研发现，尽管安徽省人民政府在过去三年连续获得碳排放强度下降目标评价考核"优秀"等级，但安徽省人民政府办公厅于 2017 年 4 月下发的"十三五"控温方案，并没有按要求提出全省峰值目标、明确达峰路线图，也没有将年度碳排放强度目标纳入政府工作报告之中，目标缺乏战略导向，也使得工作亮点不多。江苏省人民政府至今仍未下发"十三五"控温方案，主要原因也是个别城市对方案中提出的碳强度下降率目标地区分解结果有不同意见，致使方案不能及时出台。

四是地方政府对第三批国家低碳城市试点工作推进乏力。调研发现，安徽、江苏两省的 7 个第三批国家低碳试点城市尚未研究制定并发布低碳发展规划，试点实施方案提出的峰值目标分解落实以及创新重点尚没有实质性进展；部分试点城市尚存在对低碳发展的现状不清、路径不明，对推进低碳试点工作抓手不实的现象。

四、对策与建议

针对前三季度全国及安徽、江苏两省在控制温室气体排放工作中出现的苗头性、倾向性、潜在性问题和挑战，结合全国及两省 2017 年及"十三五"低碳发展主要目标和要求，特提出如下对策与建议。

一是强化低碳发展和目标责任，确保完成全年碳强度目标。到目前为止，全国仍有部分地区尚未按要求出台地方"十三五"控温方案，未能有效落实碳强度下降目标责任和压力传导，建议近期对地方"十三五"控温方案制定及实施情况进行督察与通报，逐步健全控制温室气体排放的监督和管理体制，确保完成全年碳排放强度下降目标。地方政府应牢固树立绿色低碳发展理念，正确处理好促进低碳发展与稳定经济增长预期的关系，切实强化碳排放强度目标的约束作用，严防高耗能产业"抬头"和重点耗能企业能耗"报复性"反弹，着力推动产业低碳化转型和升级，加快建立绿色低碳循环发展的经济体系。

二是深化国家低碳城市试点，加快形成安徽特色与亮点。安徽省人民政府应明确将碳排放强度下降目标纳入政府工作报告，并充分发挥安徽省应对气候变化领导小组的作用，抓紧研究制定全省碳排放峰值目标及达峰路线图。两批共 6 个国家低碳试点城市应以碳排放峰值和总量控制为重点，在推动池州低碳旅游、合肥和宣城的低碳产品和技术推广制度、淮北的新增项目碳排放准入机制、黄山的"低碳+智慧旅游"特色产业、六安的低碳发展绩效评价考核制度等创新方面取得实质性进展，形成一批各具特色的低碳发展模式，加快打造安徽低碳发展"新样板"，推动长江经济带绿色低碳发展。

三是强化峰值目标和倒逼机制，推动形成江苏低碳新经济。江苏省人民政府应明确将碳排放强度下降目标纳入政府工作报告，并充分发挥江苏省应对气候变化领导小组作用，确保在 2017 年年底发布江苏省"十三五"控温方案。作为东部发达地区，江苏省应尽快出台《江苏省关于推动低碳新经济发展的若干意见》，明确 2020 年左右达峰目标及其路线图，加快培育绿色低碳新增长点，加快构建绿色低碳循环发展的经济体系，探索形成以碳排放峰值目标为导向的碳排放总量控制目标分解落实制度，研究提出支持优化开发区域在 2020 年前率先达峰的有关要求和配套政策，构建上下联动的峰值目标责任与压力传导及落实机制。

四是强化制度设计和政策导向，努力培育绿色低碳增长新动能。 紧密围绕党的十九大报告提出的"在绿色低碳等领域培育新增长点，形成低碳新动能、构建低碳新体系、倡导低碳新生活"等要求，结合"十三五"控温方案的相关目标、任务和要求，建议 2018 年全国单位国内生产总值二氧化碳排放下降目标为 3.9% 以上，并在"十三五"中期评估的基础上，尽快研究提出《关于推动开展区域碳排放总量控制工作的指导意见》，率先在省级碳排放权交易试点地区、经济发达地区以及国家低碳省区和低碳城市试点，探索开展碳排放强度与总量双控机制；尽快研究提出《关于深化低碳试点工作的指导意见》，推动现有试点的创新、协同与融合；尽快修改完善《碳排放权交易管理暂行条例》，并尽快出台全国碳排放权交易市场建设总体方案等政策法规。

（徐华清、付琳、杨秀、张昕供稿）

推动生物质发电产业绿色低碳循环发展专题调研报告[①]

为加快推进绿色低碳发展，协同推动经济高质量发展和生态环境高水平保护，按照生态环境部党组开展"不忘初心、牢记使命"主题教育的统一部署和总体要求，结合中心主题教育及大气强化监督定点帮扶工作安排，中心主任徐华清率战略规划部、碳市场部有关同志一行 5 人，赴国家电网节能服务有限公司（以下简称国能公司）和河北邢台南宫生物发电有限公司开展生物质发电产业绿色低碳循环发展专题调研活动，了解生物质发电产业发展、生物质资源循环利用、企业超低排放改造、大气污染物与温室气体排放协同管控等情况及存在的问题，探讨生物质发电产业绿色低碳循环发展的方向和未来实现二氧化碳负排放的可能性及潜力。

一、对生物质发电产业的基本认识

生物质能是重要的可再生能源，具有绿色、低碳、循环等基本特点，生物质发电产业作为构建农村低碳能源体系的重要途径，在推动农业绿色发展转型、促进农村劳动力就业、推动资源循环利用、解决农村环境污染、探索潜在的温室气体负排放技术方面均具有重要意义。

一是我国生物质资源虽然丰富，但目前生物质能利用规模尚比较有限。《生物质能发展"十三五"规划》明确指出加快生物质能开发利用，是推进能源生产和消费革命的重要内容，是改善环境质量、发展循环经济的重要任务，到 2020 年，生物质能基本实现商业化和规模化利用，生物质能年利用量约为 5 800 万吨标准煤。据测算，全国每年可作为能源利用的农作物秸秆及农产品加工剩余物等农业废弃物、林业废弃物和能源作物、生活垃圾等有机废弃物生物质资源总量相当于约 4.6 亿吨标准煤，其中，农业废弃物资源量 4 亿吨，折算成标准煤约 2 亿吨，林业废弃物和能源作物资源量 3.5 亿吨，折算成标准煤约 2 亿吨，其余相关有机废弃物资源量约为 6 000 万吨标准煤。2017 年，我国生物质能源用于发电及供热的只有 1 730 万吨标准煤。截至 2018 年，我国已投产生物质发电项目 902 个，并网装机容量为 1 784.3 万千瓦，年发电量为 869.6 亿千瓦时。其中，农林生物质发电项目 321 个，并网装机容量 806.3 万千瓦，年发电量为 357.4 亿千瓦时，全行业发电设备平均利用小时数为 4 895 小时；垃圾焚烧发电项目 401 个，并网装机容量 916.4 万千瓦，年发电量为 488.1 亿千瓦时，年处理垃圾量 1.3 亿吨；沼气发电项目 180 个，装机容量为 61.6 万千瓦，年发电量 24.1 亿千瓦时。从地域分布看，我国农林生物质发电项目主要集中在农作物丰富的华北、东北、华中和华东地区。受产业政策影响，由于部分企业转化为热电联产、发电补贴未能及时补发、部分企业资金链紧张导致停产等原因，2018 年我国生物质发电行业发电设备平均利用小时数为 4 895 小时，与上年同比减少 774 小时。

二是我国生物质发电对于推动农业绿色增长和促进劳动力就业具有重要意义。《中国农村扶贫

---

① 摘自 2019 年第 15 期《气候战略研究简报》。

开发纲要（2011—2020 年）》明确提出要加快贫困地区可再生能源开发利用，因地制宜发展生物质能，推广应用沼气、节能灶、固体成型燃料、秸秆气化集中供气站等生态能源建设项目。生物质发电是农业、工业和服务业融合发展的重要载体，具有产业链长、带动力强等特点，不仅可以解除农民农作物秸秆收割处置等后顾之忧，实现生产清洁化、废弃物资源化、产业模式生态化，提高农业可持续发展能力，有效促进农业绿色增长，而且有利于解决当地部分农村劳动力就业问题。据测算，按年消费约 5 400 万吨农、林业废弃物计算，每年支付给农民的燃料收购款约 150 亿元，可帮助约 20 万户农民家庭脱贫致富。以此次调研的南宫生物发电有限公司为例，其年发电量为 2 亿千瓦时，消耗农林废弃物约 30 万吨，原料主要为发电公司周边半径 150 千米内农户收集的棉花秸秆、玉米秸秆、玉米芯、小麦秸秆、树皮、树枝以及木段等农、林业废弃物，每吨原料根据燃料热值收购价为 280～430 元，折算后每年向农民支付 8 000 多万元，并可直接提供农村剩余劳动力就业 4 000 人左右。在一些欠发达地区，生物质发电产业全面对接精准扶贫，已经成为打赢脱贫攻坚战的有力之举。

三是我国生物质发电对推动资源循环利用和解决农村环境污染具有重要意义。《中共中央　国务院关于全面加强生态环境保护坚决打好污染防治攻坚战的意见》明确要求，依法严禁秸秆露天焚烧，全面推进综合利用。据《2018 中国生态环境状况公报》，2018 年卫星遥感共监测到全国秸秆焚烧火点 7 647 个（不包括云覆盖下的火点信息），主要分布在黑龙江、吉林、内蒙古、山西、河北、辽宁等省（区）。据有关部门估算，2018 年，黑龙江省用于禁止农作物秸秆露天焚烧的投入达到 60 亿元。生物质发电作为处理利用农、林业废弃物的有效方式，不仅在清洁供热、发电上大有作为，而且可以有效解决秸秆露天焚烧，减轻农村环境污染，燃烧后的灰渣还可作为有机肥料使用，真正实现农林和生活废弃物的"转废为宝"，这也是生物质能源发电区别于其他可再生能源的特有属性。生物质发电也是一项有效的环保治理工程，通过生物质发电将农林废弃物资源进行高值化利用，在一定程度上可以减少因农、林业废弃物带来的水土污染、空间浪费、火灾安全隐患、生物疾病威胁等一系列环境问题，有效解决农、林业废弃物的腐烂对村容村貌的影响及田间秸秆焚烧造成的环境污染和安全危害，有利于改善农村环境卫生和居住区生活条件。

四是我国生物质发电对探索温室气体零排放乃至负排放技术具有重要意义。IPCC 于 2018 年发布的《IPCC 全球升温 1.5℃特别报告》［*Intergovernmental Panel on Climate Change（IPCC）Special Report on Global Warming of* 1.5℃］相关模拟研究结果显示，所有模型给出的 1.5℃减排路径均在一定程度上依赖二氧化碳移除技术（CDR），现有的或潜在的二氧化碳移除技术包括造林和再造林、土地恢复和土壤固碳、生物质能+碳捕集和封存（BECCS）、直接空气碳捕集和储存（DACCS）、加强风化和海洋碱化等。据分析，到 21 世纪末，CDR 在 1.5℃路径中应用的规模大概为 1 000 亿～10 000 亿吨，其中 BECCS 的作用更为突出，实现 1.5℃目标对 BECCS 的需求约为 150 亿吨 CO_2/年。

生物质发电源自生物质，生物质在生长过程中有效吸收了大气中的二氧化碳，在作为燃料或工业原材料的过程中，虽然一般会再次把二氧化碳排放到大气中，但从生命周期的角度看能够实现二氧化碳的净零排放，即所谓的"碳中性"。如果利用碳捕集与储存技术，把生物质能利用过程中释放的二氧化碳在排入大气之前捕集起来，并注入到满足特定地质条件的地下深部储层进行永久封存，就能实现负排放。BECCS 是实现中长期全经济范围"净零排放"潜在的关键技术，极有必要为推进实现中长期温室气体净零排放做好技术战略储备。

二、生物质发电目前存在的问题和面临的挑战

生物质能持续健康发展，既是推进能源生产和消费革命、改善城乡环境质量、推动绿色低碳循环发展的重要任务，也是关系民生的重大社会问题。调研发现，生物质发电企业目前在大气污染物排放标准、超低排放改造、氮氧化物治理、物料堆放覆盖、税收优惠、二氧化碳协同控制等方面存在一些问题，也面临一些挑战，一定程度上对产业可持续和健康发展带来了负面影响。

一是生物质发电企业缺乏明确执行的烟气排放标准。调研发现，目前生物质发电没有单独的烟气排放标准，各地多参照燃煤发电或者天然气发电执行。在 2010 年，对生物质发电企业通常参照《火电厂大气污染物排放标准》第三时段以煤矸石等为主要燃料的锅炉烟气排放标准执行，其大气中颗粒物、二氧化硫、氮氧化物质量浓度分别不得超过 50 毫克/米^3、200 毫克/米^3、400 毫克/米^3；随着环保要求的逐步提高，2013 年烟气排放标准调整为 30 毫克/米^3、200 毫克/米^3、200 毫克/米^3；为打好污染防治攻坚战，2018 年，生态环境部下发《关于京津冀大气污染传输通道城市执行大气污染物特别排放限值的公告》，以上烟气排放标准进一步调整为 20 毫克/米^3、50 毫克/米^3、100 毫克/米^3。生物质发电机组执行烟气超低排放标准，给企业控制大气污染物排放带来了较大压力。

二是生物质发电企业超低排放改造成本相对较高。2018 年下发的《京津冀及周边地区 2018—2019 年秋冬季大气污染综合治理攻坚行动方案》明确要求，"生物质锅炉应采用专用锅炉，禁止掺烧煤炭等其他燃料，配套布袋等高效除尘设施；积极推进城市建成区生物质锅炉超低排放改造；加快推进燃气锅炉低氮改造，原则上改造后氮氧化物排放质量浓度不高于 50 毫克/米^3"。调研发现，为实现生物质直燃锅炉大气污染物超低排放要求，国能公司投入大量资金对所属发电项目进行脱硫脱硝改造，2018 年，公司仅在烟气治理方面就新增投资约 2.83 亿元。根据已有的建设项目经济分析，1 台 30 兆瓦机组脱硫脱硝除尘一体化技术改造工程投资约 1 700 万元，污水处理投资约 300 万元，防尘网建设投资约 100 万元，每年环保设施的运营维护费用约为 1 000 万元，成本的增加让本就处于盈亏平衡点上的生物质发电企业步履维艰。

三是生物质发电氮氧化物治理尚面临技术难题。考虑到生物质发电企业使用的原料是农林业秸秆等，燃料的热值、含水量、含硫量、碱金属含量等与煤电厂的燃料特性存在很大差异，对标准煤电行业的超低排放改造标准，从技术层面分析，实现颗粒物、二氧化硫超低排放并没有障碍，但是在降低氮氧化物方面却暴露出一系列问题，主要表现为目前技术尚不成熟，也存在臭氧逃逸、耗电以及液氧的生产和储存安全风险等问题，这是由于生物质燃料含氯元素和碱金属，同时燃料中灰分和水分含量偏高，炉膛温度只能达到 800℃左右，远低于燃煤锅炉。目前，通常选用非选择性催化还原（SNCR）技术，由于炉膛温度达不到 SNCR 技术的最佳反应温度，造成反应不完全、大量氨逃逸并在尾部受热面管排上、布袋除尘器箱体上和引风机叶轮上形成结晶，造成脱硝效率和锅炉效率下降。目前，南宫生物发电有限公司正在进一步实施臭氧脱硝改造，但调研中企业反映运行成本较大，1 千克臭氧耗电 8 千瓦时左右，1 台 30 兆瓦生物质发电机组每年（按 300 天运行时间计）需额外耗电 172 万~460 万千瓦时，且存在液氧安全风险和臭氧逃逸等问题。

四是生物质发电企业物料堆放覆盖要求不宜简单套用。调研发现，南宫生物发电有限公司在大

气污染防治强化督查中多次被要求落实"物料堆场露天堆放物料需采取防尘网苦盖,且苦盖面积应大于 85%"的规定,但企业反映以及政府安全生产主管部门认为,对生物质燃料堆场进行苦盖易带来燃料自燃等隐患,这是因为企业所用的生物质物料含水量大,且尺寸在 5 厘米以上,不易产生扬尘,但黑色防尘网易吸热,燃料易自燃,在高温天气下存在较大隐患。此外,为避免物料产生扬尘,根据相关规定需要不定时进行雾炮除尘,但这也会相应增加物料的含水量,不利于充分燃烧,反而会造成更多的污染物排放等。

五是生物质发电产业税收优惠政策受环保制约较大。生物质企业享受增值税即征即退的优惠政策,但在企业面临环保罚款的同时就会同时失去优惠。根据 2015 年《财政部 国家税务总局关于印发〈资源综合利用产品和劳务增值税优惠目录〉的通知》精神,"已享受本通知规定的增值税即征即退政策的纳税人,因违反税收、环境保护的法律法规受到处罚(警告或单次 1 万元以下罚款除外)的,自处罚决定下达的次月起 36 个月内,不得享受本通知规定的增值税即征即退政策"。生物质燃料因其自身特性,燃点低、湿度大,容易自燃,因此无法对料场进行封闭处理,但调研中企业反映地方环保执法部门以料场未封闭,就依据《中华人民共和国大气污染防治法》的规定,下达处罚 1 万元以上的环保罚款通知单,同时还会连带造成企业 36 个月不再享受增值税退税的问题,对于企业的生存和效益存在重大影响。

六是生物质发电企业对二氧化碳管控重要性认识尚未到位。结合第 22 轮大气强化监督重点关注的菏泽两个生物质电厂大气污染物减排与温室气体协同控制问题,调研发现企业对二氧化碳排放控制的重要性和紧迫性认识尚有较大差距。根据《全国碳排放权交易市场建设方案(发电行业)》,全国碳排放交易体系将在发电行业(含热电联产)率先启动,纳入企业为 2013—2018 年任一年温室气体排放量达到 2.6 万吨二氧化碳当量(综合能源消费量约 1 万吨标准煤)的火力发电企业、热电联产企业、掺烧煤炭的生物质发电企业,纯生物质发电企业具有"零碳排放"的特点,暂没有纳入。目前我国正在运行的 7 个碳排放权交易试点市场也未将纯生物质发电企业纳入配额交易市场,只有 2012 年启动的中国温室气体自愿减排交易体系允许纯生物质发电企业通过开发 CCER 项目,参与 CCER 减排量交易,但目前企业参与的积极性并不高。

三、政策建议

推动生物质发电产业持续健康发展,不仅可以精准对接打赢脱贫攻坚战和打好污染防治攻坚战,加快构建清洁低碳、安全高效的能源体系,而且也有助于主动控制温室气体排放,进一步提升人民群众的获得感和幸福感,需要我们强化战略定力,集中力量解决好生物质能利用等老百姓身边的突出生态环境问题。

一是加强顶层设计,进一步做好生物质能源发展战略谋划。生物产业是 21 世纪创新最为活跃、影响最为深远的新兴产业,对于我国加快壮大新产业、发展新经济、培育新动能,建设健康中国具有重要意义。生物质能源作为生物产业的重点领域,正成为推动能源生产和消费革命的重要力量,对于加快培育低碳新产业、新业态和新模式,大力发展低碳新经济,协同推动经济高质量发展和生态环境高水平保护,建设美丽中国也具有重要作用。需要我们围绕能源革命、大气污染治理和长期温室气体低排放发展战略等重大需求协同推进，创新生物质能源发展模式，拓展生物质能源应用空间，提升生物质能源产业发展水平，在发电、供气、供热、燃油等领域统筹规划，推进规模化发展生物质替代燃煤供热，促进集中式生物质燃气清洁惠农，推动先进生物质发电制气制氢加碳捕集和封存技术研发与产业化示范。

二是完善扶持政策，进一步促进生物质发电产业健康发展。 发挥中央和地方合力，完善支持生物质能利用的政策措施体系，制定生物质发电全面转向热电联产的产业政策，积极支持民间资本进入生物质发电领域，引导地方出台措施支持现有政策之外的其他生物质发电方式。建议在推进和完善全国碳排放权交易市场的同时，尽快恢复生物质发电 CCER 项目的申报和减排量签发，并允许 CCER 项目入市协助控排企业履约。建议完善环保处罚与资源综合利用增值税即征即退挂钩政策，缩短可再生能源电价附加资金补助目录发布的时间间隔，调整可再生能源补贴资金即补贴电费部分的结算方式等。

三是健全标准体系，进一步推动生物质发电污染物减排。 考虑到我国生物质能利用尚未建立生物天然气、生物成型燃料工业化等标准体系，也尚未出台生物质锅炉和生物天然气工程专用的污染物排放标准，亟须加强标准认证管理，做好环保监管，加强大型生物质锅炉低氮燃烧关键技术进步和设备制造，推进设备制造标准化、系列化、成套化，制定出台生物质供热工程设计、成型燃料产品、成型设备、生物质锅炉等标准，并综合考虑生物质燃料特性差异、污染物排放特征、协同控制技术及减排经济成本等因素，加快研究制定科学合理的生物质发电供热锅炉专用大气污染物排放标准。

四是加快技术储备，进一步强化生物质发电二氧化碳控排。 鉴于生物质发电、制气、制氢及碳捕集和封存技术不仅是情景研究中实现 1.5℃或 2℃目标的关键技术，而且对于各国实现自主贡献目标也能发挥重要作用，加之国内外对这一技术的研发和试点示范仍然存在较大的空白，从技术研究和储备的角度出发，建议我国加强对 BECCS 的研发并开展适当的试点示范，包括研发适用于生物质烟气特性的专门溶剂，降低生物质的种植、收集和运输能耗，提高生物质发电的热效率等，并遴选部分技术较为先进和具有经济效益的生物质发电企业，开展生物质锅炉烟气中二氧化碳捕集效率、捕集成本的分析研究，为我国研究和实施 21 世纪中叶长期温室气体低排放发展战略做好技术储备。

（徐华清、于胜明、李晓梅、陈怡、赵旭晨供稿）

浙江舟山绿色石化基地和宁波梅山近零碳排放示范区调研报告①

为加快推进绿色低碳发展，协同推动经济高质量发展和生态环境高水平保护，按照生态环境部党组开展"不忘初心、牢记使命"主题教育的统一部署和总体要求，结合中心主题教育工作安排及相关研究，2019 年 7 月 3—4 日，中心主任徐华清率统计考核部、政策法规部一行 3 人，赴浙江省舟山绿色石化基地和宁波梅山近零碳排放示范区开展专题调研。调研组与舟山市生态环境局和绿色石化基地相关负责同志重点就能源消费、污染物排放及温室气体排放监测及协同管控情况进行了座谈交流，与宁波梅山国际物流产业集聚区管委会主任柴利能等同志，重点就近零碳排放示范区的创建情况及实施方案进行了沟通交流。

一、总体情况

浙江舟山绿色石化基地位于舟山市岱山县，基地规划按照 5 年一阶段，分近期、中期、远期三期实施，近中期总规模为 4 000 万吨/年炼油能力，其中，一期 2 000 万吨/年炼油（520 万吨/年芳烃）、140 万吨/年乙烯；二期 2 000 万吨/年炼油（520 万吨/年芳烃）、140 万吨/年乙烯，除炼化一体化产业链、多元烯烃原料产业链和下游产品链外，还有 C4 深加工链、芳烃深加工产业链和化工新材料/精细化学品产业链。项目一期工程部分生产装置目前已经投入试运行，包括 1 000 万吨/年 2# 常减压装置、300 万吨/年轻烃回收装置、3 万吨/年硫黄回收装置及原油罐区、中间罐区和循环水场等相关辅助设施，各装置（单元）废水、废气等环保治理措施同时投用，事故池、火炬系统等全厂性环境应急措施具备保障能力。

舟山绿色石化基地致力于建设"国际领先、绿色生态、安全高效"的炼化一体化绿色石化园区。在污染物控制方面立足对标国际标准，重视工业固体废物、废气、废水处置或处理，对于不同的源项，通过源头控制、过程控制和末端治理的多重措施有效减少 VOCs 排放，并建有 13 套油气回收设施，SO_2、NO_x 和烟气粉尘等污染物排放均对标国际先进标准设计。根据项目环境影响报告书，该项目一期炼油区和化工区的二氧化碳排放总量约为 1 389 万吨/年，二期约为 1 134 万吨/年，主要二氧化碳排放来自炼油各装置的加热炉、催化裂化再生岩气、甲醇洗涤装置洗涤塔尾气、硫黄回收尾气以及化工区的裂解炉、丙烯腈装置的焚烧炉、公用工程的火炬燃烧等。一期项目中，乙二醇（EOEG）装置工艺尾气中 CO_2 浓度较高，项目设有聚碳酸酯装置，回收利用这些高浓度 CO_2 工艺尾气，既减少了温室气体排放，也提高了项目的经济性。

宁波梅山国际物流产业集聚区位于宁波北仑区东南部，地处"21 世纪海上丝绸之路"与长江经

---

① 摘自 2019 年第 16 期《气候战略研究简报》。

济带的交会处，是浙江经济与世界经济互联互通的"先行区"和"桥头堡"，也是宁波建设"一带一路"综合试验区核心区。梅山的功能目标定位为"一港五区"，即对标创建自由贸易试验区（自由贸易港）、国际供应链创新试验区、中国新金融创新试验区、国际科创合作试验区、国际人文交流合作试验区、国际近零碳排放试验区。

宁波梅山近零碳排放示范区的创建启动于 2018 年 1 月，委托中心和美国落基山研究所共同开展示范区的总体规划和国际合作研究项目，积极探索绿色低碳发展的"梅山路径"。研究项目发布了《宁波梅山近零碳排放示范区总体规划与国际合作研究项目技术报告》，提出了四阶段发展路线图：2020 年前基本实现排放增量近零碳；2021—2025 年实现能源系统近零碳；2026—2030 年实现全经济范围近零碳；2030—2050 年实现源汇平衡，最终实现温室气体净零排放。按照"边创边建"原则，梅山从能源、交通、建筑、电力等领域着手控制能源消费总量，构建低碳能源体系，打造低碳产业体系，编制梅山绿色低碳建筑规划，推进全域建筑低碳化，谋划国际能源金融创新中心建设，推动绿色低碳领域技术、资金及商业模式创新，并与国网宁波公司共同创建绿色梅山智慧能源物联网示范区，通过建造分布式风电和光伏设施、龙门吊动力改装、集装箱智能调配等措施，推动实施绿色低碳港口建设。

二、主要问题

舟山绿色石化基地项目的建设，对于贯彻落实长江经济带等国家战略和"一带一路"倡议，促进国内石化产业和成品油市场结构调整有着重要意义。调研组实地参观了企业重点能耗装置、重点排放装置、罐区油气回收设施、工艺废气处理设施、火炬系统以及炼油芳烃和乙烯化工中央控制室等，调研过程中发现了一些值得引起关注的问题。

一是地方政府需要重视大型石化项目对碳排放控制的影响。石化产业是国民经济的重要支柱产业，与其他产业关联度高，产品覆盖面广，对稳定经济增长、改善人民生活、保障国防安全都具有重要作用。党的十八大以来，我国着力推进供给侧结构性改革，促使石化行业不断进行产业转型和结构调整，不断淘汰落后产能。规划或新建的石化项目大多为大型炼化一体化、规模化项目，这些大型石化项目的能源消费总量在千万吨级，温室气体排放量大。根据国家温室气体清单，2014 年，我国石油化工行业二氧化碳排放约为 9.2 亿吨，占当年全国二氧化碳排放总量的 8% 左右，对全国温室气体排放的贡献不容小觑，对于地方碳排放强度和碳排放达峰目标的实现等可能造成较大影响，对我国有效履行国际承诺可能带来一定的不确定性，因此地方政府和相关主管部门在进行项目规划和环境影响评价时，需要将该类项目的碳排放影响进行综合分析、统筹考虑。

二是石化行业对于绿色发展的认识亟待进一步加深。舟山绿色石化基地是在我国经济发展转型期批复和建设的石化行业重点项目之一，该石化基地规划目标虽紧扣"绿色"理念，并希望"绿色"能够成为该石化项目的显著标签，但调研发现，石化行业虽具备严格的污染物治理指标，却没有明确的行业绿色评价体系，具备各种"三废"治理措施，却没有清晰的行业绿色发展路径，且至今尚无绿色发展相关指标体系和标准体系。石化行业绿色发展不应仅盯住大气、废水等传统污染物排放指标，而应该将"绿色低碳"植入"建设—管理—生产—治理"的全流程，并以行业和企业的绿色发展指标体系和数据作为指征，以国内外先进企业为案例，不断提升对石化行业"绿色发展"科学内涵和基本特征的理解和把握，推动整个石化行业绿色低碳的高质量发展。

三是企业能源消耗、污染物和温室气体排放的协同控制重视不够。调研中发现，企业对于绿色发展理念的理解和把握相对浅显，对于污染物达标排放和降低综合能耗相对重视，对碳排放控制的认识、对政策和基础工作的了解相对薄弱，能源消耗台账相对清晰，污染物排放台账比较模糊，而温室气体排放尚未建立台账。实际上，污染物治理和能源消耗有时候具有相斥效应，环境监督中常常发现企业有环境治理设施却不愿正常使用，就是这种效应的典型映射。而石化企业的温室气体排放来源复杂，化石能源消耗、工业生产过程、废弃物处理等都可能成为排放源，因此控制温室气体排放需要综合考虑能源消耗和污染物治理等多种因素，这也是低碳发展往往能够引领和统筹能源消耗控制和污染物排放控制的主要原因。只有企业明确自身的绿色低碳发展路径，才能在控制能源消耗和污染物排放上具有明显的协同效应，企业的温室气体排放数据也才能够成为能耗基础数据和污染物排放数据的衔接纽带。

宁波梅山近零碳示范区建设将为宁波梅山在新时代带来独特的竞争新优势，增添宁波高质量发展的新动力，并将通过努力，打造成为以绿色为底色的"21世纪海上丝绸之路"国际合作新平台，从而形成面向全球的低碳"港口—产业—城市"综合开发区的新典范。但调研组在参观梅山规划展示厅、听取梅山"一港五区"建设规划、考察中营风力发电厂等后，也发现了一些值得重视的问题。

一是目标引领下的近零碳排放创建实施方案尚未有效落地。我国"十三五"控制温室气体排放工作方案明确提出，"选择条件成熟的限制开发区域或禁止开发区域、生态功能区、工矿区、城镇等开展近零碳排放区示范工程，到2020年建设50个示范项目"。虽然，近零碳排放在我国仍然是一个相对较新的概念，规划设计与建设实施仍然存在一定的距离，但梅山作为经济和理念都相对先进的地区，尚未充分利用自身的产业优势和资源优势，结合近零碳总体规划和中长期目标研究，分阶段、分步骤制定详细可行的实施方案并尽早落地，并力争纳入本地区"十四五"规划纲要和新一轮城市总体规划，为打造国际近零碳排放试验区立标打样。

二是实施近零碳排放示范工程的配套体系尚没有到位。作为新生事物，近零碳排放示范区的建设和落地需要有指标体系、政策体系、标准体系等配套体系的引导和推动。作为宁波市政府推动经济高质量发展的示范区之一，目前还未从技术、资金和管理等多个方面出台鼓励或扶持政策，积极培育低碳新产业、新业态和新模式，加快构建清洁低碳、安全高效的现代能源体系，充分激发企业低碳技术和装备自主创新，有效引导绿色低碳产品和服务消费。也需要根据近零碳排放示范的要求，结合高质量发展相关工作，在碳排放统计体系、考核体系等方面积极探索，提升近零碳排放管理所需的数据支撑水平，加快示范区内温室气体排放的统计监测体系和支撑平台建设。

三、政策建议

习近平总书记在全国生态环境保护大会上强调，绿色是生命的象征、大自然的底色，更是美好生活的基础、人民群众的期盼。绿色发展是新发展理念的重要组成部分，是构建高质量现代化经济体系的必然要求，加快形成绿色发展方式，是解决污染问题的根本之策。开展"不忘初心、牢记使命"主题教育专题调研，就是要求我们用习近平生态文明思想武装头脑、指导实践，加快推进绿色低碳发展。

一要强化对加快推进绿色低碳发展重要性的深刻认识。贯彻落实中央经济工作会议强调的"要协同推动经济发展和环境保护，加强污染防治和生态建设"重大战略部署，必须围绕党的十九大报告精神，着力在培育低碳新增长点、建立低碳新经济体系、构建低碳新能源体系以及倡导低碳新生活上下功夫，按照高质量发展要求，以控制二氧化碳排放为载体，以低碳发展模式、低碳技术和低碳制度创新为着力点，加快形成以低碳为特征的产业体系、能源体系和生活方式，加快建立控制温室气体排放与经济社会发展、能源革命、大气污染物减排相协同的治理体系，有效推进经济高质量发展和生态环境高水平保护。

二要深化对石化行业绿色低碳发展重要性的认识。我国石油化工行业目前正处在向高质量发展转型的时期，需要强化石化企业对应对气候变化的深刻认识和绿色低碳工作的充分重视，将绿色低碳的理念和思路贯穿到石化项目规划、设计、建设、运营、管理的各个环节，建立完善石化行业绿色评价指标体系和标准体系，开展石化行业绿色产品、绿色工艺、绿色园区/基地评价工作。建立石化企业绿色责任考核体系，强化企业主体责任意识，探索将地区碳排放强度和总量控制目标分解落实到大型石化基地，让绿色发展既成为企业发展的机遇，也成为"紧箍咒"，推动企业和政府共同承担我国控制温室气体排放高质量履约。

三要着力提升企业能耗、污染物和温室气体协同控制水平。在舟山建设世界一流的绿色石化基地是国家战略，对于优化全国石化产业布局、推动舟山群岛新区加快发展具有积极的意义。舟山石化基地应在高起点规划、高标准建设、高水平管理的基础上，从源头管理、过程控制和末端治理全方位入手，采取积极有效的对策和措施，严格实行企业能耗、污染物和温室气体的监测、报告、核查以及信息披露制度，最大化实现能耗、污染物和温室气体的协同管控效应，并建立企业协同管控基础数据库。

四要着力推进近零碳排放示范区工作方案有效实施。梅山近零碳排放示范区旨在实现经济高质量发展、生态文明高水平建设的同时，实现经济增长主要由新兴低碳产业驱动，能源消费由先进的近零碳能源供给，建筑、交通需求由智慧低碳技术满足，实现区域内碳排放趋近于零，并在远期最终实现温室气体排放源与汇的平衡；同时需要全面统筹短期与长期、市场与政府关系，完善有利于先进技术推广应用、突破性技术加快发展的市场和制度环境，研究实施近零碳排放示范区的政策保障和激励机制。还需要加快构建近零碳排放示范区指标体系，加快筛选和建立一批可复制、可推广的近零碳排放示范工程和项目，加快建立近零碳排放基础信息和数据管理平台，用可靠的数据支撑近零碳的示范实践。

（徐华清、李湘、张东雨供稿）

宁夏、内蒙古两区碳排放强度下降形势及低碳发展调研报告[①]

根据生态环境部加强形势分析的总体要求，支撑做好 2018 年度省级人民政府碳排放强度目标责任评价考核工作，结合相关研究，由中心主任徐华清带队的 4 人调研组，于 2018 年 8 月 15—16 日赴宁夏回族自治区银川市和内蒙古自治区呼和浩特市开展调研，并与两区生态环境、发展改革、能源、统计等相关部门以及银川、吴忠、呼伦贝尔、乌海等国家低碳试点城市代表进行了座谈，了解两区碳排放强度目标完成、低碳转型、低碳试点进展以及协同发展等情况，现将调研情况总结如下。

一、总体形势

（一）碳排放强度目标不降反升

"十三五"时期，国家下达给宁夏回族自治区的碳排放强度下降目标为 17%。根据国家统计局提供的年度考核煤、油、气消费量等基础数据初步核算，2017 年和 2018 年连续两年，宁夏单位地区生产总值（GDP）二氧化碳排放不降反升，总体呈现连续反弹态势，2018 年比 2015 年同比上升 6.5%左右，完成"十三五"碳排放强度约束性指标形势极其严峻。

"十三五"时期，国家下达给内蒙古自治区的碳排放强度下降目标为 17%。根据国家统计局提供的年度考核用煤、油、气消费量等基础数据初步核算，2018 年，内蒙古单位 GDP 二氧化碳排放不降反升，总体呈现快速反弹态势，2018 年比 2015 年同比上升 3%左右，完成"十三五"碳排放强度约束指标形势相当严峻。

（二）产业及能源低碳转型反弹明显

尽管近年来宁夏回族自治区积极开展煤炭等量、减量替代，大力发展可再生能源，但由于宁东基地近年来投资持续增长，能源与产业结构高碳排放特征持续显现。通过淘汰燃煤锅炉及煤改电和煤改气等项目，2018 年实现削减煤炭消费量 108 万吨；通过大力发展光伏、风电等产业，推进国家新能源综合示范区建设，2018 年年末，全区新能源装机规模达 1 827.53 万千瓦，其中风电装机规模 1 011.13 万千瓦，光伏装机容量 816.4 万千瓦，占全区装机规模比重为 38.76%；可再生能源占能源消费总量比重为 11.22%，可再生能源消纳量达 268 亿千瓦时，占全社会用电量比重为 25.5%。宁东能源化工基地作为国家重要的煤化工与火电基地，近年来加大投资，实施了国能集团宁夏煤业集团 400 万吨煤炭间接液化及综合配套项目、宁夏宝丰能源集团焦炭气化制 60 万吨/年烯烃项目、中国石化长城能源化工（宁夏）有限公司煤基多联产项目、宁东煤电基地外送煤电项目等 4 个国家重大能源储备项目，预计 4 个项目 2019 年能源消费总量将达到 1 856 万吨标准煤。

[①] 摘自 2019 年第 17 期《气候战略研究简报》。

近年来，内蒙古自治区大力淘汰煤炭产能，发展可再生能源装机，2016—2018年累计退出煤炭产能3 440万吨标准煤、退出钢铁产能346万吨、退出水泥产能364万吨，淘汰不达标火电机组15.4万千瓦，2018年年末全区可再生能源装机容量达到4 039万千瓦，超过2025年计划装机容量的40%。但作为国家重要的能源基地、新型化工基地和有色金属生产加工基地，由于近年部分高耗能重大项目陆续投产，带来能源刚性增长和碳排放大幅增加，2018年火电装机8 227万千瓦，占全国火电装机的7.2%，其中33%销往区外，外送煤制气10亿米^3，据测算，2018年仅中天合创煤化工项目预计新增碳排放就达1 970万吨左右。

（三）低碳试点进展及成效尚未有效显现

银川市作为2017年第三批国家低碳试点城市，研究提出的峰值目标年比批复时承诺的2025年推迟了3年，相应创新重点尚未取得实质性进展。银川市虽然组织开展了2015—2017年温室气体清单编制工作以及"银川市碳排放达峰目标及实施路径研究"和"银川市低碳技术与产品推广长效机制研究"两个课题研究，并根据银川市的经济发展、单位GDP能耗降低速度、人口增长速度，模拟分析了2020—2035年的碳排放趋势及各部门减排潜力，研究提出了银川市碳排放峰值年为2028年，围绕产业结构升级、产品提升、能效提高、能源结构优化、低碳交通体系构建等方面，提出了相应的措施和重点工程，但研究提出的峰值目标年比申报时承诺的2025年推迟了3年，且在申报中提出的健全低碳技术与产品推广的优惠政策和激励机制，推进低碳技术与产品平台建设，建立发掘、评价、推广低碳产品和低碳技术的机制等创新重点尚未取得实质性进展。

吴忠市作为第三批国家低碳试点城市，未能围绕申报时提出的2020年实现碳排放峰值目标，探索低碳发展模式，并在金积工业园区创建碳中和示范工程。吴忠市在申报国家低碳城市试点时，利用了2005—2014年的人口、经济、能源消费总量及煤炭占比等相关数据，对这些因素与碳排放之间的关系进行了线性回归，并根据"十二五"单位GDP能耗下降率、人口增长率、经济增长率等因素，分析了2016—2035年上述参数可能的变化情景，在此基础上研究提出了吴忠市实现达峰目标的年份为2020年。2017年，成为第三批国家低碳试点城市后，吴忠市虽然支持利通区中华、上桥、永昌等6个社区开展低碳社区试点建设，鼓励吴忠三中、吴忠九小等学校开展低碳示范校园创建工作，但没有按照通知要求，以实现碳排放峰值目标、控制碳排放总量为重点，积极探索低碳发展模式，创新低碳发展路径，并在金积工业园区创建碳中和示范工程等创新重点方面进行有效的探索。

呼伦贝尔市作为第二批国家低碳试点城市，编制了《呼伦贝尔市低碳试点方案》，印发了《关于进一步加强重点用能企业节能减碳责任目标管理的通知》，建立了目标责任考核制度和重点用能单位能耗上报制度，将节能目标完成情况与评价地区经济发展成效挂钩，与地方领导干部的政绩和评优选优及项目审批挂钩，配套出台了《呼伦贝尔风电基地规划（2013—2020年）》等专项规划，并与北京环境交易所签订协议，编制低碳发展规划、温室气体清单等，组织开展了碳排放峰值目标研究，研究提出了呼伦贝尔市2028年左右实现碳排放达峰的目标，但总体来看，进展与成效至今尚未显现。

乌海市作为第三批国家低碳试点城市，将低碳城市试点与生态文明先行示范区同步推进、融合发展，编制了《乌海市建设生态文明先行示范区实施方案》《乌海市低碳城市建设实施方案》《乌海市低碳发展规划》，组织完成了 2013—2015 年温室气体清单编制，启动了企业温室气体排放报告工作，举办了碳市场能力建设培训，组织开展了碳排放强度下降考核指标分解和峰值路径研究工作。尽管在《乌海市低碳城市试点实施方案》中提出"到 2025 年碳排放总量基本达峰并力争尽早达峰"的目标，但在探索低碳发展模式，尤其是在建立碳管理制度、建立低碳科技创新机制、推进现代低碳农业发展机制、建立低碳与生态文明建设考评机制等重点创新工作方面，尚未取得明显进展。

（四）协同控制从认识到实践尚未达成共识

在低碳发展协同推进经济高质量发展方面。宁夏正在研究制定《自治区高质量发展实施方案》，围绕传统产业提升、新兴产业提速、特色产业品牌提质、现代服务业提档四大工程，深化供给侧结构性改革，打造西部地区转型发展先行区，大力发展循环经济，推进资源循环利用和园区循环改造，加快淘汰高耗能、低效益产品和装置，倒逼生产方式绿色转型，从而同步实现有效控制二氧化碳排放。内蒙古提出要推进高质量发展，应加快应对气候变化立法，形成倒逼高质量发展的硬约束，通过发展绿色金融引导固定资产投资向绿色低碳产业集聚，加快推进低碳技术推广应用，把打造绿色供应链同提升产业链低碳水平相结合。

在低碳发展协同推进生态环境高水平保护方面。宁夏提出通过调整产业结构、加快重点行业污染治理升级改造、全面淘汰燃煤小锅炉，实现碳排放控制与主要污染物减排的协同。内蒙古认为碳排放控制与主要污染物减排的协同要通过推进清洁生产等源头控制、实行排放许可和点源控制、试行碳排放评价和前端管控以及实施在线监测和精细化管理等手段实现。

在碳排放总量控制与能源消费总量协同控制方面。宁夏强调通过加强煤炭消费总量控制、加快非化石能源发展、积极调整化石能源结构、加强工业领域节能降耗和实现热电联产及集中供热等实现碳排放控制与能源消费总量控制的协同。内蒙古提出实现碳排放和能源消费总量控制的协同，要加快推进碳排放总量和强度的"双控"，开展能效对标和碳排放对标评估，尝试在火电等行业开展碳捕集和封存示范项目并积极探索二氧化碳资源化利用的途径、技术和方法，推进市场机制节能减排降碳的耦合协同，统筹用能权交易、碳排放权交易和排污权交易，激发市场主体内生动力等。

二、存在的问题和面临的挑战

一是碳排放强度目标受 GDP 数据及非能源利用影响。碳排放强度目标既受"分子"二氧化碳排放影响，也受"分母"GDP 总量影响。对于宁夏而言，经济总量小且增速较缓，财政主要靠国家转移支付，同时又承担着国家能源战略储备及西部生态安全屏障重任，近年来重点发展了煤化工等大量高耗能产业，从而导致"分子"不断扩大，"分母"既小又增长缓慢，完成碳强度目标难度较大。而内蒙古则受主动夯实 GDP 数据的影响，仅 2017 年就一次性核减 2016 年规模以上工业增加值 2 900 亿元，造成"分母"缩小，在一定程度上导致了碳排放强度相对上升。在调研中我们也了解到，宁夏和内蒙古在"十三五"期间均投产了一批煤化工项目，煤炭的非能源利用数量增长较快。由于国家统计局难以及时将煤化工行业煤炭作为原材料消费与燃料消费分列，当地生态环境部门认为，目前在碳排放强度目标评价考核核算中简单按照燃烧排放进行核算的方法不尽科学合理。

二是高碳的能源和产业结构短期内难以有效转型。宁夏和内蒙古均是我国重要的煤化工和火电基地，"十三五"期间建设、投产了一批高耗能产业，并承接了部分高耗能产业转移项目以及外送煤制气、外送火电等项目，这些重大项目的投产是宁夏和内蒙古难以实现单位 GDP 能耗和碳排放控制目标甚至出现不降反升的根本原因。在产业结构上，宁夏和内蒙古呈现第二产业所占比重较高，第三产业比重较低的态势；在能源消费结构上，随着大量煤化工项目和火电厂的投产，宁夏和内蒙古风电、光伏等可再生能源的发展难以支撑能源结构的有效转型。目前，宁夏和内蒙古的高耗能产业对碳排放的拉动远远大于对 GDP 和工业增加值的拉动，而按照两区"十四五"规划初步思路，未来还将陆续投产一些高耗能项目。调研发现，宁夏甚至可能出现全区煤炭开采量不足以支撑高耗能产业发展的苗头性问题。可以预见，短期内两区这种高碳的能源和产业结构难以明显调整，低碳发展面临的形势十分严峻。在调研中我们也了解到，为完成国家碳排放强度目标，两区生态环境部门均希望将"十三五"期间新建和投产的重大项目实行碳排放单列，并在产业转移时考虑将碳排放指标与产能指标同步转移。

三是对未来碳排放控制及达峰尚未有清晰目标。目前，宁夏和内蒙古已委托相关机构开展了"十四五"规划与碳排放达峰相关研究。其中，宁夏开展的"宁夏碳排放达峰及'十四五'碳排放总量控制目标研究"目前正处于收集资料阶段；内蒙古委托中国社会科学院内蒙古气候政策研究分院开展的"全区碳排放峰值研究和'十四五'应对气候变化规划前期研究"的初步研究结果显示，内蒙古碳排放峰值介于 5.1 亿～6.5 亿吨二氧化碳，达到峰值时间及峰值区间不确定性较大，也难以利用峰值目标在"十四五"期间形成低碳倒逼机制。在调研中我们也了解到，两区生态环境部门也希望国家在"十四五"期间确定碳排放控制目标时，充分考虑宁夏和内蒙古的发展定位、产业结构和能源结构，给予适当的倾斜。

四是地方应对气候变化能力建设亟须加强。调研发现，由于职能转隶但人员并未转隶，宁夏应对气候变化工作由生态环境厅大气处（应对气候变化处）负责，目前仅有 1 人专职负责，也没有体制内技术支撑机构，各地市生态环境部门对气候变化工作的了解相当有限。内蒙古应对气候变化工作转隶情况相对较好，现由生态环境厅应对气候变化与对外合作处负责，但各盟、市除低碳试点城市乌海市有同志转隶到生态环境局外，其余盟、市相关工作人员也不太了解应对气候变化工作。两区地、市、盟现有人员力量和专业结构难以适应目前国家和自治区加强应对气候变化工作的要求，特别是低碳城市建设和气候适应性城市试点工作。调研也发现，应对气候变化职能转隶后，虽然由生态环境部门牵头，但控制温室气体排放工作涉及方面众多，仅考核工作就涉及 20 多个政府部门，大量工作依赖于产业结构调整和能源结构调整以及建筑和交通等部门的低碳发展，地方生态环境部门在应对气候变化工作时缺乏有力"抓手"。

三、下一步的对策与建议

针对近年来宁夏和内蒙古两区在控制温室气体排放、推进低碳发展等工作中存在的问题和面临的挑战，结合学习贯彻习近平生态文明思想，进一步落实全国及两区"十三五"控制温室气体排放主要目标和重点任务要求，特提出如下对策与建议。

一是强化绿色低碳发展，推动两区经济高质量发展。 2016 年 7 月，习近平总书记视察宁夏时强调："要建设天蓝、地绿、水美的美丽宁夏。"2019 年 3 月，习近平总书记在参加内蒙古代表团审议时强调："保持加强生态文明建设的战略定力，探索以生态优先、绿色发展为导向的高质量发展新路子。"宁夏和内蒙古应时刻牢记总书记的嘱托，牢固树立"绿水青山就是金山银山"理念，坚定不移走以生态优先、绿色发展为导向的高质量发展新路，从源头上调结构、优布局，加快产业和能源低碳转型，着力推动绿色循环低碳发展，倒逼生产方式和消费方式绿色低碳转型，大幅提升绿色低碳发展水平。

二是聚焦能源低碳转型，做好煤炭清洁低碳发展大文章。 习近平主席向 2019 年太原能源低碳发展论坛致贺信时指出"能源低碳发展关乎人类未来"。有关部门要认真落实习近平总书记 2016 年对宁东基地 400 万吨/年煤炭间接液化项目建成投产时作出的重要指示精神，聚集宁东这一国家级现代煤化工产业示范区和"西电东送"火电基地，组织开展宁东基地温室气体低排放发展战略及控制方案专题研究，加大对能源安全高效清洁低碳发展方式的有益探索。要贯彻落实习近平总书记 2019 年 7 月在内蒙古考察并指导开展"不忘初心　牢记使命"主题教育时提出的"要把现代能源经济这篇文章做好"的重要指示，编制《内蒙古自治区现代能源经济发展战略规划纲要》，以低碳发展引领能源革命，把发展低碳能源、建设高效能源、构建智慧能源等作为重点任务，推动能源体系向清洁低碳化加速迈进。

三是强化目标责任，尽快扭转宁夏排放不降反升的局面。 建议提请并落实宁夏回族自治区人民政府召开全区应对气候变化工作领导小组会议，分析面临的严峻形势，落实降碳目标责任，加强部门协同配合，尽快形成齐抓共管局面。要强化降碳约束性指标考核，将降碳指标分解到各市级政府，并将考核结果作为绩效评价考核的重要依据。定期对各地人民政府应对气候变化工作进行综合评价，加强预测预报，督促各级政府加强降碳工作，加强对"十四五"宁夏碳排放控制和峰值目标预判的研究。

四是严控高耗能反弹，努力完成内蒙古"十三五"碳排放目标。 建议会同内蒙古自治区发展改革委提请内蒙古自治区人民政府召开全区节能降碳电视电话会议，推动盟政府、市政府、行业部门全力抓好节能降碳工作，推动高耗能行业节能降碳，推动能源生产与消费向清洁低碳化迈进，努力使可再生能源成为区内新增用能和外送增量的主体，加强"十四五"应对气候变化规划前期研究和碳排放峰值目标研究。

五是加强能力建设，加强统筹融合和政策协同。 建议宁夏回族自治区、内蒙古自治区生态环境部门要充分发挥好地方应对气候变化工作领导小组组织协调作用，积极协调，压实部门责任，调动部门力量，尤其是加强与地方发展改革系统的对接与协调，推动相关部门在专项规划研究及政策制定中，充分考虑应对气候变化的需要，将应对气候变化尤其是控制温室气体排放目标任务融入地方"十四五"国民经济和社会发展规划纲要之中，并加强应对气候变化人员的能力建设。

（徐华清、闫昊本、孙阔、寿欢涛供稿）

浙江省做好碳达峰碳中和工作调研报告①

　　为进一步了解地方做好碳达峰碳中和相关研究及支撑工作的进展，加强"十四五"开局之年地区碳排放形势分析，学习并借鉴地方利用大数据支撑"双碳"工作及开展项目碳评等先行先试好的做法，2021 年 9 月 29—30 日，中心主任徐华清带队赴浙江省开展调研。调研组参观了嘉兴海宁尖山新区源网荷储一体化及高弹性电网建设、秦山核电科技馆、零碳未来城展示中心等，并在浙江省生态环境厅召开座谈会，听取了浙江省生态环境厅有关减污降碳协同及项目碳评试点，以及浙江省发展改革委有关实现"双碳"路径及"双碳"数字平台、浙江省统计局有关碳统计和核算等情况的介绍，并就碳达峰、碳排放、碳监测、碳账户、碳交易，以及减污降碳协同增效等方面进行了交流。现将调研情况分析报告如下。

一、总体情况

　　浙江省委、省政府深入学习贯彻习近平生态文明思想和习近平总书记关于碳达峰碳中和重要论述精神，将推进碳达峰碳中和作为忠实践行"八八战略"的一项重大政治任务，按照"全国一盘棋"的要求，统一思想、率先行动，加快形成碳达峰的政策与行动体系，努力推动能源结构、产业结构向绿色低碳方向转型。

（一）初步构建起支撑碳达峰碳中和的政策与行动体系

　　浙江省将加快构建碳达峰碳中和的政策与行动体系作为做好碳达峰碳中和工作的首要任务。自 2020 年 9 月习近平主席在第七十五届联合国大会一般性辩论上宣布"二氧化碳排放力争于 2030 年前达到峰值，努力争取 2060 年前实现碳中和"目标与愿景以来，浙江省围绕一个方案，能源、工业、建筑、交通、农业、居民生活等六大领域，一个绿色低碳科技创新理念，11 个地市和多个行业，率先构建了"1+6+1+11+N"的"双碳"政策与行动体系，并印发了《浙江省应对气候变化"十四五"规划》。浙江省还积极以零碳重大示范项目及示范工程支撑碳达峰碳中和行动，抓紧研究制定《浙江省低（零）碳试点建设指导意见》。杭州、宁波、温州、嘉兴、金华、衢州等国家低碳试点城市积极构建完善城市碳达峰政策与行动体系，将城市碳达峰政策与行动体系概括为"$N+X$"；其中，"N"指城市层面碳达峰行动方案，能源、工业、建筑、交通、农业、居民生活领域的碳达峰行动方案，以及区（县、市）层面的碳达峰行动计划；"X"指碳达峰系列配套政策，包括财税、金融、价格、统计等方面的专项配套方案或政策。

---

① 摘自 2021 年第 21 期《气候战略研究简报》。

（二）源网荷储一体化建设促进园区"碳中和"转型

浙江省将"积极建设源网荷储一体化试点示范项目"作为加快建立以新能源为主体的新型电力系统的重点任务。根据国家发展改革委、国家能源局联合印发的《关于推进电力源网荷储一体化和多能互补发展的指导意见》，2021年3月，海宁市在浙江省内率先实施源网荷储一体化建设项目，出台《关于推动源网荷储协调发展促进清洁能源高效利用的指导意见》，积极推广"清洁能源+储能"发电方式。以2020年尖山新区被列入国家电网浙江电力多元融合高弹性电网建设综合示范区为契机，通过构建源网荷储协调控制系统，将分布式电源、配电网设备、可中断负荷、可调节负荷、智慧楼宇、电动汽车、储能电站等四侧共15类资源纳入系统并统一调控，实现新能源随机性、波动性下的电力电量平衡，保障电网安全稳定运行，提升电网对分布式新能源的消纳能力，提高电力系统各环节的能效水平。到目前为止，尖山新区共有光伏电站101座，光伏装机容量达230.77兆瓦，占海宁市光伏总量的35.5%，其中包括集中式光伏电站1座、分布式光伏电站100座，已开发光伏屋顶面积占总屋顶面积的65%左右，人均光伏容量为全省平均水平的40倍。2020年，尖山新区清洁能源发电量为5.02亿千瓦时，占本地区全社会用电量比例超过30%，且可再生能源消纳率达100%。

（三）秦山核电基地以核能助力区域实现"双碳"目标

浙江省将有序实施重点能源项目，加快核电发展作为进一步推进能源结构调整的重要抓手。目前全省共有5个核电厂，总装机容量911万千瓦，2020年核能发电量达712亿千瓦时。秦山核电基地自1985年开工建设、1991年并网发电以来，已安全运营30年，也是中国核电机组数量最多、堆型最丰富、装机容量最大的核电基地。秦山核电基地在核电技术自主研发方面具有显著的技术优势，方家山核电工程设备综合国产化率达到80%，是目前我国百万千瓦级核电机组自主化程度和国产化程度最高的核电站之一。2020年，秦山核电基地4个电厂、9台运行机组的总装机容量为660万千瓦，约占浙江省核电装机的72%，年均发电量523亿千瓦时，发电量占全社会用电量的11%，等量替代约1470万吨标准煤的燃煤发电，减少二氧化碳排放约3909万吨。同时，秦山核电基地拟在2021年年底为45.9万米^{2}的居民生活区和0.5万米^{2}的海盐县老年公寓提供核能集中供暖，为破解南方供暖难题提供了解决方案（表1）。

表1　2020年秦山核电基地发电相对燃煤发电减排情况

核电站	节约燃煤发电标准煤/万吨	二氧化碳减排量/万吨	贡献度/%
秦山核电站	75	200	5
秦山第二核电站	603	1 604	41
秦山第三核电站	328	872	22
方家山核电站	464	1 233	32
共计	1 470	3 909	100

（四）在"双碳"目标下统筹能耗双控和电力保供挑战严峻

2021年以来，浙江省经济发展呈现强劲韧性和巨大活力，前三季度全省经济增长继续保持高于全国平均水平、领跑东部的发展态势。调研发现，伴随着经济持续快速反弹，前三季度全省化石能源消费量高速增长，能耗双控和电力保供双重压力叠加，全省完成全年碳排放强度目标形势严峻。根据地区生产总值统一核算结果，前三季度浙江省地区生产总值52 853亿元，同比增长10.6%，两年平均增长6.4%；规模以上工业增加值同比增长16.6%，两年平均增长9.6%，其中数字经济核心产业、装备制造业、战略新兴产业、人工智能、高技术产业制造业增加值同比分别增长24.2%、22.4%、20.3%、20.2%和18.9%，增速均远高于全部规模以上工业。由于传统高能耗产业在浙江省经济体系中的占比仍然较高，随着高耗能行业快速增长和全社会生活品质提升以及电气化水平的提高，给全省能源安全保障和能耗双控形势带来十分严峻的挑战。上半年，全省八大高耗能行业用电增速达到20%以上，1—8月全省规模以上用能企业能耗总量为1.01亿吨，同比增长12.3%，前三季度全社会用电量同比增长18.1%。其中，工业用电量同比增长19.9%，特别是9月，工业用电量同比增长33.9%。随着冬季保供压力增大，预计全年难以完成能耗双控和碳排放强度控制目标。

二、主要发现

调研发现，浙江省在做好碳达峰、碳中和工作中大胆创新，充分依托大数据手段和数字化智慧平台，努力形成具有浙江特色的大数据支撑碳达峰、碳中和的工作模式。

一是充分依托大数据手段和数字化智慧平台，初步形成具有特色的大数据支撑"双碳"工作模式。围绕浙江省政府关于"双碳"目标的"1+6+1+11+N"的"双碳"工作体系，浙江省生态环境系统积极推进碳账户体系建设。以原有的省能源监测平台、排污许可企业数据平台等企业污染物排放量、碳排放量及排放强度数据平台为基础，构建政府端、企业端的数字智控碳应用场景；利用区块链技术实现多方数据核验，开发碳交易、碳分析、碳金融和碳指数四大核心应用模块；形成工业企业碳排放监测一体化碳平台，为"双碳"工作决策制定、碳排放形势预警等提供了重要支撑。自碳账户体系建设以来，目前已涵盖了1 635家综合能耗在5 000吨标准煤以上的重点企业，涉及发电、钢铁、石化、造纸、建材、印染、化工、化纤等高排放行业，这些行业碳排放量占浙江省工业企业碳排放量的71.8%左右。

二是瞄准重点排放企业实施精准管理，发挥部门优势形成联动效应。针对企业"碳排放底数不清""所处领域、行业碳信息现状不明""缺乏统一的权威披露平台"等情况，浙江省统计局依托数字化改革，开发了"浙江省工业碳效智能对标（碳效码）"，联合浙江省经信厅和浙江省电力公司，建设工业碳平台，完成企业碳效赋码，实现行业内对标企业碳效可比，并将企业碳效等级结果共享给主管部门用于碳达峰和碳中和管理工作。同时，依托一体化碳平台，深度应用碳效码，将节能降碳精准传输到企业，在行业范围内树立标杆企业，形成最佳碳效水平。浙江省还将碳效码和企业码打通，实现双码融合，方便企业进行对标，也可以进行标准化输出。

三是发挥大数据优势，引导和培养社会公众低碳意识。为进一步倡导低碳理念，浙江省生态环境厅发布了"浙Q碳"微信小程序,为公众记录并计算日常生活中的"衣、食、住、行、用"五个方面的碳排放量,帮助公众了解自身在一定时间段内日常生活的碳排放量,提升公众主动践行简约适度低碳生活的行为意愿。在2021年浙江省全国低碳日活动上,浙江省发展改革委、浙江省市场监管局和浙江省生态环境厅三部门还联合发布了《浙江省低碳生活十条》,大力倡导践行低碳生活。

调研还发现,浙江省勇于先行先试,在探索开展重点行业建设项目碳排放影响评价制度方面有亮点,既可减少"一刀切"式停产限产,也有助于推动行业绿色低碳发展。

一是充分结合浙江碳达峰工作需要,创新扩展试点行业种类。 2021年7月6日,浙江省生态环境厅发布了《浙江省建设项目碳排放评价编制指南(试行)》(浙环函〔2021〕179号,以下简称《指南》),明确自2021年8月8日起在全省范围内推行重点行业建设项目碳评价工作,除涵盖《关于开展重点行业建设项目碳排放影响评价试点的通知》(环办环评函〔2021〕346号)中规定的钢铁、火电、建材、化工、石化行业外,浙江结合全省碳排放源构成特点和碳排放达峰政策与行动体系,还同步开展了有色、造纸、印染、化纤等行业的试点工作。

二是严格实施项目建设前后碳排放情况的横向和纵向评价。 《指南》要求,对企业建设项目实施前后的碳排放情况进行纵向对比,与所在区域、行业(产品)进行横向对比。进行纵向评价时,项目实施后工业增加值碳排放强度($Q_{工增}$)原则上不高于现有项目;进行横向评价时,以国家和浙江省公开发布的碳排放强度基准(标准)作为评价依据,评价指标包括$Q_{工增}$、单位工业总产值碳排放($Q_{工总}$)、单位产品碳排放($Q_{产品}$)、单位能耗碳排放($Q_{能耗}$)。其中,对于$Q_{工增}$,将以浙江省分解到设区市的"十四五"碳排放强度下降目标值$X\%$为基准值,将$Q_{工增}$分为低于基准值$X\%$以上(含基准值)、低于基准值$X\%$以下、高于基准值三类。

三是有效减少"一刀切"式停产限产,推动行业绿色低碳发展。 目前浙江省已初步构建完成碳排放影响评价的工作体系,并将从建设项目本身和项目所在地两个维度开展碳评价工作:针对建设项目,将根据评价指标判断项目在行业内是否属于普遍水平;针对项目所在地,将判断项目上马是否有利于当地实现碳达峰目标。针对碳排放高的项目,生态环境部门还会要求从源头防控、过程控制、回收利用等方面提出减排举措。通过实施项目碳排放影响评价,对建设项目碳排放水平进行严格审查分析,既能够从源头上杜绝碳排放高的项目上马,也减少了"一刀切"式停产限产的发生,从而推动行业的绿色低碳发展。

调研也发现,浙江省存在重大项目新增碳排放占比高、管控压力大、能源保供矛盾突出等问题和挑战,亟须坚决遏制"两高"项目[①],以能耗和碳排放双控制度的有效实施倒逼经济高质量发展。

一是工业模式转型及重大项目布局助推"两高"项目盲目扩张。 "十二五"以来,宁波、嘉兴等城市都在传统小散乱工业企业的模式中不断探寻工业转型,而宁波和舟山则加快布局以炼油、乙烯为上游,基础化工原料为配套,有机化工原料、合成材料及下游高端精细化学品制造业协调发展的产业链体系。工业的转型发展和新上重大项目不仅给浙江省经济带来了强劲的动力,也带来了较大的能耗和碳排放控制压力,尤其是石化等高耗能项目及产能的大幅扩张。根据浙江省发展改革委、浙江省生态环境厅、浙江省经信厅、浙江省能源局组织开展的"两高"项目专项清理整治工作,部分地区在遏制"两高"项目盲目发展方面工作滞后,相关管理制度制定不及时,项目排查工作不力,

---

① 高耗能、高排放项目。

个别地方甚至逆势上马"两高"项目，也有些企业未经能源技术评价、环境影响评价等，违法违规上马"两高"项目等。

二是供需矛盾及保供压力弱化能耗双控和碳排放目标约束。浙江既是经济大省，也是能源资源禀赋小省，2020 年全省一次能源自给率只有 7%。今年前三季度，能耗过快增长和用能结构变化给全省能源安全保障和能耗双控形势带来了十分严峻的挑战。从一些地方政府和企业新上项目来看，并没有把能耗、能效、碳排放约束纳入考核评价体系和工作衡量标准。部分高耗能企业社会责任意识不够，仍然走发展高耗能项目的老路子，未能统筹处理好产业结构调整与绿色低碳转型的关系。嘉兴市利用其光伏产业集群优势，目前已开发的屋顶光伏面积占可开发总面积的 65% 左右，但进一步开发的潜力有限。秦山核电基地由于传统小堆机组以及其他因素制约，核电发展的潜力也远远难以满足全省巨大的能源需求缺口，新能源资源禀赋有限与能源需求增长之间的缺口矛盾也相当突出。

三、对策与建议

作为中国经济发展最活跃、创新能力最强的省之一，建议浙江省委、省政府进一步抓准战略定位，保持战略定力，强化政策创新与行动力度，科学研判形势，科学设置目标，科学把握节奏，切实推动碳达峰碳中和变革在浙江率先落地生根。

一是科学研判形势，努力在"十四五"率先实现碳达峰。习近平主席早在 2014 年《中美气候变化联合声明》中就已经宣布了"中国计划 2030 年左右二氧化碳排放达到峰值且将努力早日达峰"。2016 年，国务院印发的《"十三五"控制温室气体工作方案》也已明确提出：支持优化开发区域在 2020 年前实现碳排放率先达峰，鼓励其他区域提出峰值目标，明确达峰路线图。浙江省作为人均地区生产总值（GDP）已经达到 10.8 万元、城镇化率超 70% 的东部沿海发达地区，社会经济发展水平已经超过欧盟个别成员国，并拥有杭州一个第一批国家低碳试点城市、宁波和温州两个第二批国家低碳试点城市，以及衢州、金华、嘉兴等三个第三批国家低碳试点城市，且经过初步研究和论证，这些城市已经以不同方式承诺于 2018 年（宁波）、2020 年（杭州）、2022 年左右（金华和衢州）、2023 年（嘉兴）碳达峰的目标。根据国务院印发的《2030 年前碳达峰行动方案》提出的有力、有序、有效做好碳达峰工作，推动重点领域、重点行业和有条件的地方率先达峰的总体要求，浙江有基础、有条件、也有理由在"十四五"率先实现碳达峰。在更有力度、更为严峻的全国碳达峰新形势下，浙江应进一步抓准战略定位，将降碳作为"十四五"全省生态文明建设的重点战略方向，努力为其他欠发展地区实现共同富裕腾出排放空间，大力推进经济社会发展全面绿色低碳转型，全力为全国实现碳达峰多作贡献、勇当先锋，打造"重要窗口"、重大标志性成果。

二是科学设置目标，深化碳达峰路线图和施工图设计。习近平总书记在中共中央政治局第二十九次集体学习时强调，各级党委和政府要拿出抓铁有痕、踏石留印的劲头，明确时间表、路线图、施工图。浙江省要率先在现有碳排放强度约束性目标的基础上，充分利用现有地市温室气体清单数据，科学分析各地市碳排放总量的历史变化、排放现状与基本特征，结合"十四五"主要耗能产业、能源等领域的专项规划，尽快实施全省二氧化碳排放强度和总量双控制度。研究提出"十四五"碳排放总量控制目标，并作为预期性目标向所辖地市和行业科学分解，充分发挥碳排放强度和总量双控目标的引领和倒逼作用，推动能源、工业、建筑、交通等主要领域和钢铁、电力、建材、石化等重点行业发展，研究提出面向"十四五"尽早达峰和中长期深度低碳发展的路线图。要对标国际先进技术及转型路径创新，提前对零碳技术和产业的发展进行系统谋划，大力发展氢能、储能、新能源汽车、绿色建筑等低碳产业，拓展低碳零碳示范试点，加快低碳数字化平台建设，加大绿色低碳新生活引导和培育力度，推动各地区提出项目化的实施碳达峰行动方案的施工图。要细化落实年度能源双控和碳排放双控目标与行动，突出减污降碳协同增效，强化目标评价考核，切实推动碳达峰碳中和变革在浙江率先落地生根。

三是科学把握节奏，支持节能低碳产业和新能源加快发展。全面贯彻落实习近平总书记有关坚决遏制"两高"项目盲目发展的指示批示及重要讲话精神。浙江要把遏制地方"两高"项目盲目发展作为能耗双控和实现碳达峰碳中和工作的重中之重，全面开展"两高"项目清理整治，从加强"两高"项目管理、提高准入标准、调整产业结构、实施绿色电价等方面主动施策，抓住关键，率先见效，把握好关键变量，把"压"字落实在具体成效上，以铁的决心、硬的举措，坚决将不符合要求的高耗能、高排放项目拿下来，并在绿色低碳领域加快形成新的增长点、培育新的动能。要坚持问题导向，积极主动作为，对部分碳排放量超大的重点企业要强化监管，强化企业碳排放管理台账和信息披露，强化碳排放指标管控的硬约束；对重点排放源或排放设施，要借助能耗在线监测或温室气体监测等手段进行动态管控，并开展定期跟踪分析及对标调度。要围绕战略需求，助力全省碳达峰碳中和目标实现，积极拓宽核能发展新优势与"零碳未来城"建设，做好"海"的文章，加快研究开发波浪能、潮汐能等新能源，加快构建以新能源为主体的新型电力系统。要坚持目标上保持先进、政策上持续强化、策略上尊重差异，强化省、市、县协同和有力有序推进，努力确保年度目标任务如期完成，以"浙江之窗"展示"中国之治"。

（徐华清、李湘、付琳、张曦、刘海燕、黄子晗、秦圆圆等供稿）

第二部分

战略规划

贵州低碳试点城市调研报告①

为深入了解国家低碳试点地区开展的低碳模式探索和制度创新工作，研究下一步深化低碳试点工作的可行路径，总结可复制、可推广的低碳发展经验，中心战略规划部刘强、田川、郑晓奇、耿丹和政策法规部田丹宇，与时任国家应对气候变化专家委员会主任杜祥琬、国务院参事刘燕华、中国工程院院士袁道先等专家组成调研组，对贵州省低碳试点城市工作情况进行了调研。调研组与贵州省发展改革委、贵阳市发展改革委和遵义市发展改革委等相关单位人员进行了座谈，并实地考察了贵阳市乌当区王岗村低碳农村试点及保利温泉新城低碳社区试点，并参加了"生态文明贵阳国际论坛 2015 年年会"的有关活动。现将调研情况总结如下。

一、两市低碳试点工作进展与成效

贵州省共有贵阳和遵义两市被列为国家低碳城市试点。贵阳市自 2010 年被列为首批国家低碳城市试点以来，把"全国低碳城市试点"作为城市名片，统筹城市经济社会发展和生态文明建设，提出了"既要赶，又要转"的战略目标，努力探索西部地区"在保护中发展"的低碳路径。遵义市自 2013 年被列为国家第二批低碳城市试点以来，坚持把发展低碳经济作为实现后发赶超的有力抓手，各项低碳试点工作有序推进。

（一）以低碳发展规划及配套政策为主导，构建城市低碳发展的体制机制

贵阳市成立了由市长任组长的低碳城市试点工作领导小组，建立了部门联席会议制度；组建了贵阳市低碳发展领域的专业智囊团和低碳发展专家顾问委员会，借力专家智慧为城市低碳发展保驾护航；出台了《贵阳市低碳城市试点工作实施方案》《贵阳市低碳发展中长期规划（2011—2020 年）》《贵阳市 2014—2015 年节能减排低碳发展攻坚方案》《贵阳市建设生态文明城市条例》等一系列低碳发展的政策文件；此外还正在筹备编制《贵阳市应对气候变化专项规划（2014—2020 年）》和《贵阳市应对气候变化条例》，加快构建低碳发展的政策法规体系。

遵义市按照《遵义市低碳试点工作初步实施方案》的要求，成立了以市长为组长、相关职能部门为成员的低碳试点工作领导小组，将低碳试点的各项任务分解到相关职能部门；将低碳发展相关要求纳入《遵义市国民经济和社会发展"十二五"规划纲要》，启动了低碳发展专项规划的编制；形成以遵义市环科所为代表的研究团队，开展低碳发展研究，为稳步推进低碳试点工作提供智力支持。

---

① 摘自 2015 年第 12 期《气候战略研究简报》。

（二）以重点领域为突破口，构建以低排放为特征的低碳产业体系

贵阳市将工业、能源和建筑作为控制温室气体排放的主要领域，建立以低碳、绿色、环保、循环为特征的低碳产业体系。一是推动工业转型升级。编制了《贵阳市产业发展指导目录》，杜绝新增"两高"项目，2014 年淘汰了 24 家企业的落后产能，全市产业结构不断优化，三次产业比重由 2005 年的 6.7∶47.4∶45.9 调整为 2012 年的 4.2∶42.2∶53.6。二是优化能源结构。推进"缅气入筑[①]"工程。2014 年年底，居民用气全部实现天然气供给，建成开阳、清镇两个生物质燃料基地，一期装机容量为 49.5 兆瓦的花溪云顶风电场投入运行，全市水电、风电发电量已占总发电量的 47%。三是推行绿色建筑。出台《贵阳市绿色建筑实施方案》和《贵阳市国家机关办公建筑和大型公共建筑能耗监测平台建设实施方案》，推广土壤源热泵、污水源热泵、地表水源热泵、太阳能光热等技术在建筑中的应用；2014 年，贵阳市使用可再生能源技术的建筑面积达 449 万米^2。

遵义市则实施了"新型工业化、绿色城镇化、农业现代化"三化同步的低碳发展战略，通过优化产业结构、发展可再生能源、节能与提高能效、增加碳汇等措施推动尽早达峰。一是发展低排放的特色轻工业。将烟、酒、茶等特色轻工业作为经济发展重点，推进茅台酒厂循环经济示范园技术改造，打造"遵义名烟基地"，提升茶叶种植加工水平，形成西部赤水河流域白酒工业走廊和东部烟草、茶叶加工带的产业空间布局。二是发展可再生能源。形成了以电能为主，煤炭为辅，农村沼气、城市天然气为补充的能源消费模式。2014 年，全市能源消费为 1 400 万吨标准煤，其中清洁能源使用量达 924 吨标准煤，占总量的 66%。三是节能提效。2014 年，关闭淘汰落后产能 11 户，中心城区累计改造 4 吨以下燃煤锅炉 182 台，单位地区生产总值能耗下降 5.65%。四是增加碳汇。2014 年，完成造林 75 万亩，成功创建国家环保模范城市，森林覆盖率达 53.6%。经测算，遵义市 2014 年单位地区生产总值（GDP）能耗为 1.49 吨标准煤/万元，实现"十二五"累计节能目标进度的 93.61%，预计 2015 年单位 GDP 二氧化碳排放比 2010 年下降 22%以上，此外还提出了到 2030 年左右达到碳排放峰值的目标。

（三）开展多层次试点示范，低碳发展理念深入人心

贵阳市作为第一批国家低碳城市试点，同时也是全国首个循环经济试点城市、2013 年度智慧试点城市和全国首个"国家森林城市"，全力推进低碳社区试点和低碳工业园区试点工作。贵阳市先后实施了"乌当碧水人家""温泉新城"等一批市级低碳社区试点，探索形成具有贵阳特色的低碳社区"G"模式，建立社区低碳指标统计办法和贵阳市低碳社区评价指标体系，为低碳社区建设和改造提供可以量化的评价标准；贵阳市高新区于 2014 年 6 月获得国家低碳工业园区试点，编制了《贵阳高新区低碳工业园区试点实施方案》，充分发挥高新区的区位优势和发展特色。贵阳市还积极组织"低碳日""地球一小时""垃圾换水"等形式多样的环保公益活动，鼓励市民践行绿色生活方式。在全市低碳社区、示范试点内推广绿色建筑、实施节能低碳改造、推行垃圾分类回收、传播低碳社区文化，低碳发展理念深入人心。

遵义市在低碳试点建设过程中，打造了茅台镇绿色低碳城镇、凤冈富锌富硒茶低碳示范区，累

---

① 贵阳简称"筑"。

计创建了 5 个国家级生态示范区、39 个生态乡镇、3 个省级生态县、24 个生态乡镇和 45 个生态村，积极探索适合园区、集镇发展的低碳绿色发展模式；开工建设遵义县太阳坪风电项目，凤冈县、道真县生物质发电项目和住建局公共机构节能示范项目，创建打造了一批示范性强、带动面广、关联度高的低碳项目，发挥了引导示范作用，扎实推进低碳发展。同时，遵义市通过强化低碳教育宣传，向社会普及低碳发展知识，营造低碳发展氛围，加大节能低碳产品推广力度，培育厉行节约、低碳办公、合理消费的低碳文化，于 2015 年 1 月被评为贵州省首个国家环保模范城市。

二、两市低碳试点工作特色与亮点

贵阳和遵义作为西南地区的低碳试点城市，在推进低碳试点建设的过程中形成了地方特色，其发展路径对于探索发展中地区的创新发展路径、推进生态文明建设具有重要意义。

（一）因地制宜，发展新兴低碳产业

贵阳市本着"在保护中发展"的原则，大力发展金融、旅游、会展等低碳产业。在金融领域，实施"引金入筑"工程，有近 20 家金融机构签约入驻贵阳国际金融中心。截至 2013 年 9 月，贵阳市全市金融机构人民币存款 5 684 亿元，同比增长 31%，占全省地、市、州的 43%；主打旅游业，发挥生态、气候、人文优势，打造"爽爽贵阳、避暑之都"品牌，推进旅游标准化、国际化建设，优化提升一批景区景点；发展贵阳特色的会展经济，举办"生态文明贵阳国际论坛"以及中国科协年会、酒博会、旅游产业发展大会等重大会展活动，会展经济效益年均增长 30% 以上。迄今，"生态文明贵阳国际论坛"已连续举办 7 届，成为中国生态文明建设领域中的一大国际品牌。

遵义市积极发展"红色旅游"，加快茅台、土城、苟坝、沙滩、赤水文化旅游创新区和长征文化博览园、赤水景区、中国茶海景区建设，深度开发娄山关景区，打造《传奇遵义》常态演出精品剧目和以中国长征、茅台酒、仡佬等为主题的文化旅游节，打造"红色遵义、人文遵义、醉美遵义"旅游形象品牌。

（二）创新驱动，构筑低碳发展的智慧城市

贵阳因四季温差小的气候特点被评为"最适合投资数据中心的城市"，是唯一被授予"2014 年中国智慧治理领军城市"称号的西部省会城市。贵阳将发展大数据产业作为实现后发赶超、产业转型和新型工业化的战略选择，努力打造高度信息化、全面网络化的"智慧贵阳""数谷贵阳"。截至 2014 年，大数据产业规模达 660 亿元，"云上企业"超过 2 900 家，预计 2017 年"呼叫中心"将带动就业 50 万人（贵阳市人口约 400 万人）。以上可见，大数据产业在很大程度上能够使贵阳以相对较低的排放代价实现经济的较快发展。同时，贵阳还建立了节能低碳监测平台，制定了《贵阳市节能低碳在线监测平台方案》，一期对全市 7 户重点用能企业、10 个区市县、2 栋重点耗能建筑实现在线监测，这些依托城市良好的数据产业基础的项目为贵阳的节能降碳起到了较好的服务作用。

（三）全方位推动交通领域低碳发展

贵阳市是国家甲醇汽车试点城市、国家新能源汽车推广应用示范城市，在促进交通领域低碳发展、控制交通领域碳排放方面做了大量的探索工作，取得了不错的成效。贵阳市以"疏老城、建新城"为核心推进城市建设，规划建设 1.5 环快速路，促使城市交通流由"中心集聚"向"环网分担"转变，以此改进交通运输的整体效率。城乡路网不断完善，"三条环路、十六条射线"的现代化交通路网体系全面完成，这些都进一步缓解了交通拥堵，减少了车辆尾气排放。此外，贵阳还启动编制了《贵阳市快速公交系统专项规划》，推广使用清洁能源和混合动力汽车，积极发展公共交通和轨道交通。贵阳市公交公司根据贵阳市的能源和道路特点，因地制宜，研制推广了气电双燃料混合动力汽车和甲醇燃料车，产生了良好的减排效果。

三、两市低碳试点工作的建议

贵阳、遵义两市均处于快速工业化、城镇化过程中，低碳转型难度较大。两市虽然已经在低碳城市建设方面进行了有益的探索，并取得了不错的成效，但低碳发展仍面临不少挑战，未来需要在进一步强化碳排放管控的同时，探索符合地方特色的创新发展路径，努力实现跨越式发展。

一是需尽快研究提出碳排放峰值目标及其实现路径。调研发现，遵义市提出力争到 2030 年左右达到碳排放峰值的目标，但缺乏明确的达峰路径；而贵阳市并未提出峰值目标，对于峰值目标的测算也缺乏研究。我国已经提出在 2030 年左右碳达峰，因此建议贵阳、遵义两市进一步强化应对气候变化和低碳发展的顶层设计和战略研究，提出碳排放峰值目标及可行的实现路径，并将相关目标纳入未来的规划当中。

二是进一步提高温室气体排放核算能力。调研发现，贵阳、遵义两市的关键排放源没有基础数据支撑，温室气体统计核算领域缺乏专业学者，低碳领域的研究机构和技术平台能力较弱，缺少基础数据统计及监测平台，影响了地方低碳发展进程。建议贵阳、遵义两市尽快开展本地区温室气体排放清单编制，摸清排放家底，同时加强数据收集和核算系统建设，建立相关温室气体排放数据的管理体制，为低碳发展做好数据基础支撑工作。

三是鼓励两市积极开展低碳城市间的国内、国际合作。贵阳、遵义等西部地区是全国的生态屏障，关乎国家的生态安全。全国各地特别是东部发达地区应帮助西部地区走向经济发展与生态改善的"双赢之路"，同时西部低碳试点地区也应主动吸取东部地区发展的经验教训，结合自身特点实现可持续发展。同时，建议贵阳、遵义两市总结城市低碳发展的经验和成果，积极参加中美气候智慧型城市合作。响应国家"一带一路"倡议，与"一带一路"沿线国家城市结成"低碳姊妹城市"，共享低碳发展经验。同时，积极探索气候变化南南合作框架下的低碳城市合作模式，推进本地区绿色产能国际化。

四是进一步加强制度创新和模式探索。贵阳和遵义在温室气体排放交易方面起步较晚。2014 年，贵州省首单国家核证自愿减排量（CCER）项目——上海金融机构购买贵州盘江煤层气开发利用有限责任公司 80 万吨 CCER 指标成功交易，实现碳交易的零突破。建议贵阳、遵义两市积极做好参加全国碳排放交易市场的前期准备，加强对城市碳资产的盘查工作，并推进贵阳市环境能源交易中心在参与碳排放权交易中的积极作用。

五是加强应对气候变化人才队伍建设。 发挥好贵阳市低碳发展专家顾问委员会的智囊作用，建立贵阳市低碳发展研究中心等专业研究机构，打造本土应对气候变化的专业研究团队。在国家下一步打造低碳城市试点升级版的过程中，邀请更多国际、国内专家学者为贵阳和遵义两市的低碳发展建言献策，探索出一条适合西部地区发展阶段的低碳发展之路。

（田丹宇、刘强、田川、郑晓奇供稿）

舟山柔性直流输电示范工程调研报告[①]

　　柔性直流输电作为新型输电技术，与传统交直流输电技术相比，在交流系统互连、新能源并网和孤岛供电等方面具有显著的技术优势。为对柔性直流输电技术进行深入了解，研究该技术对于我国实现低碳发展的促进作用，探索该技术对于促进海上风能、潮汐能等可再生能源电力发展的意义，中心有关人员于 2016 年 4 月 26—28 日赴浙江省舟山市调研，调研组听取了国家电网公司相关人员就柔性直流输电技术、海洋输电技术、舟山市供电及输配电情况的介绍，并就推进我国非化石能源发展、促进柔性直流输电技术发展及推广应用所面临的机遇和挑战开展了交流讨论。现将相关情况总结如下。

一、调研背景

　　随着联合国气候变化《巴黎协定》的达成，世界各国正朝着低排放和气候适应型社会转型，低碳发展逐渐成为大多数国家选择的发展道路。能源系统的低碳转型作为低碳发展的基础，其核心是摆脱对化石能源的依赖，以非化石能源尤其是可再生能源替代传统化石能源。对于我国来说，大力发展风力、水力、太阳能等可再生能源，提高其占能源消费比重，是我国主动控制碳排放的主要目标任务。“十三五”规划纲要提出要主动控制碳排放，在我国《强化应对气候变化行动——国家自主贡献》和《中美气候变化联合声明》等文件中也明确提出了非化石能源占一次能源消费比重达到20%的发展目标。在此背景下，中国科学院和中国工程院都安排了在碳排放约束下的我国新一代能源系统研究，中心参与了上述研究项目，承担了碳排放约束下新技术、新机制对新一代能源系统影响的研究。也正因如此，中心将对一系列影响未来能源系统的新技术和新机制进行调研，此次柔性直流技术即是研究项目的调研活动之一。

二、柔性直流技术及舟山柔性直流输电示范工程介绍

　　柔性直流技术是一种新型的高压直流输电技术，可广泛应用于分布式可再生能源并网、电网互联、城市及海岛供电等领域。该技术由加拿大学者于 1990 年提出，其原理是基于电压源换流器（VSC）技术，利用绝缘栅双极晶体管（IGBT）开关迅速地转换电网工作点并且独立地控制有功功率和无功功率，从而能够实现特定条件下对有功功率和无功功率的最佳控制，并具有非常灵活的调控性能。从世界范围来看，自 1997 年 ABB 公司在瑞典赫尔斯扬（Hellsjon）首次进行柔性直流输电系统工程试验以来，目前世界范围内已有约 20 个工程投入运行，包括 1999 年瑞典投入运行的哥特兰工程（世界第一个风电场接入电网柔性直流工程）、2002 年美国投入运行的 Cross Sound Cable 工程、2005

[①] 摘自 2016 年第 6 期《气候战略研究简报》。

年挪威投入运行的泰瑞尔工程等。

对于我国来说，柔性直流输电技术研究起源于 2006 年，近十年来取得了一系列自主创新成果，2011 年投运的上海南汇柔性直流输电示范工程实现了南汇风电场的接入，大幅提高了风电场的低电压穿越能力；2012 年在大连建设的连接北部主网和市区南部港东地区的柔性直流输电工程，通过成功研制出世界首套 1 000 兆瓦/±320 千伏换流阀及阀基控制器，标志着我国在柔性直流输电换流阀领域已经达到世界领先水平；2013 年在广东南澳风电场基地投运的三端柔性直流输电工程则标志着世界首个多端柔性直流输电工程的建成。此外，2014 年，浙江舟山±200 千伏五端柔性直流输电示范工程（以下简称舟山柔性直流示范工程）正式投入运行，成为世界首个五端柔性直流输电工程。

舟山柔性直流示范工程是目前世界上已投入运行的端数最多、电压等级最高以及单端容量最大的多端柔性直流工程，具有完全自主知识产权。该工程主要包括五个换流站工程、四段直流电缆工程、配套送出工程和一个试验能力建设项目。五个换流站是位于五个岛屿的±200 千伏舟定、舟岱、舟衢、舟洋、舟泗换流站，容量分别为 400 兆瓦、300 兆瓦、100 兆瓦、100 兆瓦、100 兆瓦。四段直流电缆是连接五站的四段共八根直流电缆，总长 280.8 千米，其中海缆总长度为 258 千米，陆缆总长度为 22.8 千米。配套送出工程为新建 220 千伏交流线路 2 回，共计 22.1 千米，新建 110 千伏交流线路 3 回，共 9.25 千米。舟山柔性直流示范工程的建成及投入运行，标志着我国已成为世界柔性直流输电领域的技术先锋，并抢占了世界多端柔性直流输电技术的制高点。此外，舟山柔性直流示范工程更是加强了舟山诸岛的电气联系，对增强区域网架结构、提高供电可靠性起到了积极的作用，同时实现了海上风电等新能源灵活接入、解决了电缆充电功率和冲击性负荷带来的稳定性及电能质量等问题，为浙江舟山群岛新区经济社会发展提供了强劲动力。

三、柔性直流技术优势与发展意义

柔性直流作为新一代直流输电技术，在促进可再生能源发展及提高电力系统效率等方面，具有以下几方面的独特优势及意义。一是传输灵活稳定，满足用电可靠性要求。一方面，可以实现电能逆变和反转，在不改变控制方式、不转换滤波、不关断换流站的情况下快速转换功率方向，是具有较高可靠性的并联多端直流系统。另一方面，柔性直流输电系统可以直接控制输出电压，快速控制频率，保证发电机完全进入稳定状态。柔性直流输电系统还能够逐步激发变压器等设备，不会产生过大的励磁电流。此优势为风电等可再生电力的上网提供了有利条件，同时也符合现代化大都市供电方式复杂和对电力可靠性的要求。二是输电线损低，促进电力系统效率提高。柔性直流输电可以实现交流与直流的互变，能向无源系统供电，在潮流反转时，直流电流方向反转，而直流电压极性不变。IGBT 可控硅交流技术能够减少线损，有效提高电力传输效率。三是多端并联，有利于分布式能源上网。由于分布式发电装置相对分散，且有些电源输出的电力难以直接并入传统电网，而柔性直流输电技术具有的电能反转优势可实现多端并联，也为分布式电源的并网提供了可行的技术平台。综上所述，柔性直流输电技术的发展有利于促进独立电网之间的支流互联、提高电力系统的整体效率、支持可再生能源的并网，该技术的推广应用将对我国实现低碳发展起到积极而重大的作用，是具有战略性及前瞻性的技术选择之一。

四、相关建议

加大柔性直流技术领域科研投入力度。柔性直流技术是电力领域最前沿、最迫切、最有挑战性和最具应用前景的高端技术，我国应加大对柔性直流技术基础理论研究、关键技术研究、样机研制等方面的投入力度。在柔性直流技术国内起步晚、研究难度大、可参考国外资料有限的现实情况下，我国应坚持走自主创新之路，力求掌握完全自主知识产权，进一步提高国内柔性直流技术的研发水平。

开展柔性直流技术示范工程。目前在国内，尽管已有上海南汇柔性直流输电工程、福建厦门±320千伏柔性直流输电科技示范工程、鲁西柔性及常规背靠背直流工程、舟山柔性直流输电示范工程等示范工程，但我国仍应在此基础上进一步扩大示范工程数量，探索在东北、华北、西北地区等地开展远距离多端柔性直流输电技术示范工程，以促进实现柔性直流技术的大规模推广。

推动可再生能源电源和电网协调发展。电网企业升级改造既有电网或规划新的电网项目时，应配合国家可再生能源发展战略，积极引进或自主研发可再生能源电网友好型技术，如储能技术、智能电网技术、柔性直流技术等。为此，可再生能源发电企业应加快技术进步，释放边际运行成本低的优势，逐步解决并网消纳难题。

加强电力跨省跨区互联及输送。鉴于我国可再生能源电力装机主要集中在东北、华北、西北地区的现实情况，需通过特高压及柔性直流等先进远距离输电技术将东北、华北、西北地区富余的清洁电力输送到东中部地区，但这需打破目前仍存在的跨省跨区输电壁垒，从输电基础设施建设方面促进电网跨省跨区互联，从体制机制方面需打破地域间隔阂，促进跨区跨省电力市场发展，实现电力跨区优化配置。

（田川、郑晓奇、樊星、李俊峰供稿）

"十三五"地方控制温室气体排放工作方案落实情况调研报告①

为加快推进绿色低碳发展，确保完成"十三五"规划纲要确定的低碳发展目标任务，推动我国二氧化碳排放 2030 年左右达到峰值并争取尽早达峰，2016 年 10 月，国务院印发了《"十三五"控制温室气体排放工作方案》（以下简称《控温方案》），明确要求各省（区、市）要将大幅度降低二氧化碳排放强度纳入本地区经济社会发展规划、年度计划和政府工作报告，制定具体工作方案。为了进一步推动各地区强化保障落实，我们在调研的基础上，对各地区工作方案编制情况和主要内容进行了初步分析，并提出了初步建议。

一、地方控温工作方案编制进展

2016 年 8 月—2017 年 6 月，全国已有 18 个省（区、市）发布了省级"十三五"控制温室气体排放工作方案或相关规划；其中，16 个省（区、市）发布了工作（实施）方案，分别是辽宁、吉林、福建、甘肃、天津、河北、云南、贵州、重庆、青海、河南、安徽、江西、内蒙古、广东和四川；北京和上海发布了规划，分别是《北京市"十三五"时期节能降耗及应对气候变化规划》和《上海市节能和应对气候变化"十三五"规划》。截至 2017 年 6 月 30 日，全国其余 13 个省（区、市）均已完成了地方控温方案的编制，预计将于 2017 年下半年发布。各省（区、市）的方案（规划）的发布和编制情况见表 1。

表 1　各省（区、市）方案（规划）发布和编制情况

各省（区、市）方案（规划）发布情况				
序号	省（区、市）	印发日期	方案（规划）名称	方案发布主体
1	辽宁	2017 年 1 月 25 日	《辽宁省"十三五"控制温室气体排放工作方案》	辽宁省人民政府
2	吉林	2017 年 1 月 25 日	《吉林省"十三五"控制温室气体排放工作方案》	吉林省人民政府办公厅
3	福建	2017 年 1 月 26 日	《福建省"十三五"控制温室气体排放工作方案》	福建省人民政府
4	甘肃	2017 年 2 月 7 日	《甘肃省"十三五"控制温室气体排放工作实施方案》	甘肃省人民政府
5	天津	2017 年 3 月 9 日	《天津市"十三五"控制温室气体排放工作实施方案》	天津市人民政府办公厅
6	河北	2017 年 3 月 14 日	《河北省"十三五"控制温室气体排放工作实施方案》	河北省人民政府
7	云南	2017 年 3 月 20 日	《云南省"十三五"控制温室气体排放工作方案》	云南省人民政府

① 摘自 2017 年第 10 期《气候战略研究简报》。

各省（区、市）方案（规划）发布情况

序号	省（区、市）	印发日期	方案（规划）名称	方案发布主体
8	贵州	2017年3月21日	《贵州省"十三五"控制温室气体排放工作实施方案》	贵州省人民政府
9	重庆	2017年3月22日	《重庆市"十三五"控制温室气体排放工作方案》	重庆市人民政府
10	青海	2017年3月31日	《青海省"十三五"控制温室气体排放工作实施方案》	青海省人民政府
11	河南	2017年4月1日	《河南省"十三五"控制温室气体排放工作实施方案》	河南省人民政府办公厅
12	安徽	2017年4月5日	《安徽省"十三五"控制温室气体排放工作方案》	安徽省人民政府办公厅
13	江西	2017年4月22日	《江西省"十三五"控制温室气体排放工作实施方案》	江西省人民政府
14	内蒙古	2017年4月29日	《内蒙古自治区"十三五"节能降碳工作实施方案》	内蒙古自治区人民政府
15	广东	2017年5月5日	《广东省"十三五"控制温室气体排放工作实施方案》	广东省人民政府
16	四川	2017年5月16日	《四川省"十三五"控制温室气体排放工作实施方案》	四川省人民政府
17	北京	2016年8月17日	《北京市"十三五"时期节能降耗及应对气候变化规划》	北京市人民政府
18	上海	2017年3月1日	《上海市节能和应对气候变化"十三五"规划》	上海市人民政府

各省（区、市）方案编制情况

序号	省（区、市）	各省（区、市）方案（规划）编制情况
1	山西	工作方案已编制，拟于近期由省人民政府印发
2	黑龙江	工作方案已经起草，准备近期上报省人民政府，发布主体未定
3	江苏	工作方案正在编制，拟于近期由省人民政府印发
4	浙江	工作方案正在编制，拟于近期印发
5	山东	工作方案正在编制，已有初稿，正进一步完善，拟由省人民政府印发
6	湖北	工作方案已编制，拟于近期由省人民政府印发
7	湖南	正在开展工作方案研究工作，拟由省人民政府印发
8	广西	工作方案已编制，并已完成意见征求，拟于近期印发，发布主体未定
9	海南	工作方案已上报，正在等待省人民政府专题会研究，发布时间和发布主体未定
10	西藏	工作方案已编制，拟于近期由自治区人民政府印发
11	陕西	工作方案已编制，初稿正在征求各市区意见，发布方式还未确定
12	宁夏	工作方案已编制，正在征求意见，拟由自治区人民政府印发
13	新疆	工作方案正在编制，已完成征求意见

二、地方控温工作方案主要特点

一是碳排放达峰目标缺失普遍。在已发布的18个省（区、市）的方案（规划）中，北京、天津、重庆、甘肃4省（市）根据本地区的产业发展状况、城镇化进度及低碳发展进程，提出各自的碳排放达峰时间，其余14个省（区、市）未提出达峰具体时间。其中，北京提出了"2020年二氧化碳排放总量达到峰值"的目标，天津提出"推动全市碳排放 2025 年左右达到峰值"，峰值时间均早于国家的 2030 年达峰时间；重庆提出"2030 年之前全市碳排放总量达到峰值"；甘肃提出"推动全省二氧化碳排放 2030 年左右达到峰值并争取尽早达峰"。此外，部分地区提出与达峰相关的目标，如贵州提出"贵阳市率先实现二氧化碳排放达到峰值"，四川提出"部分重化工业 2020 年左右与全国同行业同步实现碳排放达峰"等。

二是碳排放总量控制目标缺乏量化。在已发布方案（规划）的 18 个省（区、市）中，共有 14 个省（区、市）提出了"到 2020 年碳排放总量得到有效控制"的工作要求，其中天津提出了"碳排放总量得到有效控制"的工作要求。北京和重庆虽提出了峰值目标，但未提及碳排放总量控制，河北未对碳排放总量控制做出安排，但提出钢铁、建材等重点行业二氧化碳排放总量得到有效控制的目标，江西未提出碳排放总量控制目标（表 2）。

表 2　碳排放总量控制目标

序号	省（区、市）	目标
1	天津	碳排放总量得到有效控制
2	内蒙古	2020 年碳排放总量得到有效控制
3	辽宁	2020 年碳排放总量得到有效控制
4	吉林	2020 年碳排放总量得到有效控制
5	上海	2020 年碳排放总量得到有效控制
6	安徽	2020 年碳排放总量得到有效控制
7	福建	2020 年碳排放总量得到有效控制
8	河南	2020 年碳排放总量得到有效控制
9	广东	2020 年碳排放总量得到有效控制
10	四川	2020 年碳排放总量得到有效控制
11	贵州	2020 年碳排放总量得到有效控制
12	云南	2020 年碳排放总量得到有效控制
13	甘肃	2020 年碳排放总量得到有效控制
14	青海	2020 年碳排放总量得到有效控制

三是碳强度控制目标得到落实。《控温方案》明确提出了"十三五"期间我国碳强度的下降目标，即"到 2020 年，单位国内生产总值二氧化碳排放比 2015 年下降 18%"，并对各省（区、市）"十三五"期间的碳强度下降目标做出了具体安排，分别是：北京、天津、河北、上海、广东碳排放强度分别下降 20.5%；福建、江西、河南、重庆、四川下降 19.5%；辽宁、吉林、安徽、贵州、云南分别下降 18%；内蒙古、甘肃分别下降 17%；青海分别下降 12%。在已发布方案（规划）的 18 个省（区、市）中，各省（区、市）设定的碳强度下降目标均与《控温方案》中提出的目标保持一致（表 3）。

表 3　碳强度下降目标（2020 年较 2015 年下降百分比）　　　　　单位：%

序号	省（区、市）	省级方案（规划）设定目标	国家分配指标
1	北京	20.5	20.5
2	天津	20.5	20.5
3	河北	20.5	20.5
4	上海	20.5	20.5
5	广东	20.5	20.5
6	福建	19.5	19.5
7	江西	19.5	19.5
8	河南	19.5	19.5
9	重庆	19.5	19.5
10	四川	19.5	19.5
11	辽宁	18	18
12	吉林	18	18
13	安徽	18	18
14	贵州	18	18
15	云南	18	18
16	内蒙古	17	17
17	甘肃	17	17
18	青海	12	12

　　四是能源总量及强度"双控"目标较为明确。在已发布方案（规划）的 18 个省（区、市）中，各省（区、市）都提出了加强能源消费总量和强度控制制度。其中，有 14 个省（区、市）提出了具体的能源消费总量控制目标，分别是广东、河北、河南、四川、内蒙古、福建、安徽、上海、贵州、江西、天津、吉林、甘肃、北京，其中广东、安徽、天津、北京 4 个省（市）进一步提出了煤炭消费总量控制目标。重庆没有提出能源消费总量的目标，但提出了煤炭消费总量的目标（表 4）。

表 4　2020 年能源消费总量和煤炭消费总量控制目标

序号	省（区、市）	能源消费总量/万吨标准煤	煤炭消费总量/万吨
1	广东	33 800	17 500
2	河北	32 785	在国家要求以内
3	河南	26 700	—
4	四川	22 900	—
5	内蒙古	22 500	—
6	福建	14 500	—
7	安徽	14 200	18 000
8	上海	12 357	—
9	贵州	11 800	—

序号	省（区、市）	能源消费总量/万吨标准煤	煤炭消费总量/万吨
10	江西	11 000	
11	天津	9 300	4 130
12	吉林	9 250	—
13	甘肃	8 951	—
14	北京	7 651	900
15	辽宁	—	—
16	重庆	—	6 500
17	云南	—	—
18	青海	—	—

《控温方案》还提出了"十三五"期间我国能源强度的控制目标，即"到 2020 年，单位国内生产总值能源消费比 2015 年下降 15%"。在已发布方案（规划）的 18 个省（区、市）中，有 14 个省（区、市）明确提出其省级能源强度下降目标，但福建、重庆、江西、辽宁 4 个省（市）未列出该项目标。在已经提出省级能源强度下降目标的 14 个省（区、市）中，各地目标均与《"十三五"节能减排综合工作方案》中列出的地方分解目标保持一致（表 5）。

表 5　能源强度下降目标（2020 年比 2015 年下降的百分比）　　　　　单位：%

序号	省（区、市）	省级方案（规划）设定目标	国家分配指标
1	北京	17	17
2	天津	17	17
3	上海	17	17
4	河北	17	17
5	广东	17	17
6	河南	16	16
7	安徽	16	16
8	四川	16	16
9	吉林	15	15
10	云南	14	14
11	内蒙古	14	14
12	贵州	14	14
13	甘肃	14	14
14	青海	10	10
15	福建	—	16
16	重庆	—	16
17	江西	—	16
18	辽宁	—	15

　　五是能源结构优化目标差异较大。《控温方案》提出要"加快发展非化石能源，优化利用化石能源，到 2020 年非化石能源比重达到 15%、天然气占能源消费总量比重提高到 10% 左右"。在已发布方案（规划）的 18 个省（区、市）中，17 个省（区、市）提出了各地区的非化石能源比重目标，内蒙古仅提出"非化石能源消费比重达到国家要求"。受能源结构、可再生能源开发潜力等因素的影响，各地目标值差异较大，其中目标值较高的是云南、青海、四川、广东、福建、甘肃，均比国家目标值高出 5 个百分点以上（表 6）。

表 6　非化石能源比重目标（2020 年非化石能源占比）

序号	省（区、市）	省级方案（规划）设定目标/%
1	云南	42
2	青海	41
3	四川	35
4	广东	26
5	福建	21.6
6	甘肃	20
7	贵州	15
8	重庆	15
9	上海	14
10	江西	11
11	吉林	9.5
12	北京	8
13	河北	7
14	河南	7
15	辽宁	6.5
16	安徽	5.5
17	天津	4
18	内蒙古	非化石能源消费比重达到国家要求

　　在已发布方案（规划）的 18 个省（区、市）中，13 个省（区、市）提出了天然气发展目标，另外 5 个省（区、市）未提出。已提出目标的省（区、市）中，主要受天然气供应能力等因素的影响，目标值差异较大，目标值较高的是青海、天津、重庆、上海、广东，均比国家总体目标高出 2 个百分点以上。从各省（区、市）指标变化情况来看，较 2015 年本省（区、市）天然气消费比重增幅较多的依次是云南、贵州、吉林（表 7）。

表 7　天然气消费比重目标（2020 年天然气消费占比）　　　　　　　　　　　单位：%

序号	省（区、市）	方案（规划）设定目标	2015 年省级天然气占能源消费总量比重	目标较 2015 年的增幅
1	青海	16.3	14.3	14
2	天津	15	10.3	46

序号	省（区、市）	方案（规划）设定目标	2015 年省级天然气占能源消费总量比重	目标较 2015 年的增幅
3	重庆	14	13.2	6
4	上海	12	9.0	33
5	广东	12	6.4	87
6	吉林	8.6	3.5	147
7	河南	7	4.5	55
8	福建	6.7	5.0	35
9	安徽	5.9	3.8	57
10	贵州	5	1.8	181
11	甘肃	5	4.6	9
12	内蒙古	4	2.8	45
13	云南	2.8	0.8	244
14	北京	—	28.5	
15	河北	—	3.3	
16	辽宁	—	3.4	
17	江西	—	2.8	
18	四川	—	11.4	

六是产业结构调整目标预期不同。《控温方案》中提出产业结构调整的主要方向是积极发展战略性新兴产业和大力发展服务业，并提出"2020 年战略性新兴产业增加值占国内生产总值的比重力争达到 15%，服务业增加值占国内生产总值的比重达到 56%"。在推动服务业发展方面，上海提出了服务业占比到 2020 年达到 67% 的目标，高于全国目标，另有 15 个省（区、市）的目标低于全国目标。北京、四川未在方案（规划）中提出目标（表 8）。

表 8 服务业增加值占国内生产总值的比重目标（2020 年）

序号	省（区、市）	省级方案（规划）设定的目标/%
1	上海	67
2	广东	56
3	天津	55
4	云南	50
5	甘肃	50
6	重庆	50
7	河南	47
8	辽宁	47
9	内蒙古	45
10	贵州	45
11	青海	45
12	河北	45
13	吉林	45

序号	省（区、市）	省级方案（规划）设定的目标/%
14	福建	42
15	江西	42
16	安徽	41.5
17	北京	—
18	四川	—

　　在推动战略性新兴产业发展方面，天津、江西、河北、辽宁、贵州、广东、甘肃、福建、云南、内蒙古、安徽、吉林等12个省（区、市）提出了明确的发展目标，其中安徽和吉林提出的是绝对量目标。河南、重庆、四川、青海、北京和上海 6 个省（市）在其方案（规划）中未提出该项目标（表9）。

表 9　战略性新兴产业增加值占国内生产总值的比重目标（2020 年）

序号	省（区、市）	省级方案（规划）设定的目标/%
1	天津	35
2	江西	30
3	河北	20
4	辽宁	20
5	贵州	20
6	广东	16
7	甘肃	16
8	福建	15
9	云南	15
10	内蒙古	10
11	安徽	2 万亿元（绝对值）
12	吉林	1 万亿元（绝对值）
13	河南	—
14	重庆	—
15	四川	—
16	青海	—
17	北京	—
18	上海	—

　　七是森林碳汇目标约束明确。《控温方案》对提高森林碳汇设定了明确目标，即"到2020 年，森林覆盖率达到23.04%，森林蓄积量达到 165 亿米^3"。在已发布方案（规划）的 18 个省（区、市）中，除天津外均提出了森林覆盖率的目标，其中目标值较高的省如福建、江西、广东、贵州、云南，均超过了 60%。相较于 2014 年各省（区、市）实际的森林覆盖率情况，上海、贵州、河北等地的目标增幅较大，分别是 68%、62% 和 50%，贵州则无论是森林覆盖率还是增幅都较高（表10）。

表 10 森林覆盖率目标 单位：%

序号	省（区、市）	方案（规划）中的森林覆盖率目标	2014 年森林覆盖率	目标较 2014 年的增幅
1	福建	66	65.95	0.08
2	江西	63	60.01	5
3	广东	60.5	51.26	18
4	贵州	60	37.09	62
5	云南	60	50.03	20
6	重庆	46	38.43	20
7	吉林	45	40.38	11
8	辽宁	42	38.24	10
9	北京	41.6	35.84	16
10	四川	40	35.22	14
11	河北	35	23.41	50
12	安徽	30	27.53	9
13	河南	25	21.5	16
14	内蒙古	23	21.03	9
15	上海	18	10.74	68
16	甘肃	12.58	11.28	12
17	青海	7.5	5.63	33
18	天津	—	9.87	—

在已发布方案（规划）的 18 个省（区、市）中，除北京、天津、内蒙古、上海、甘肃外，其余 13 个省（区、市）均提出了森林蓄积量的目标，其中目标值较高的依次是云南、四川、吉林，目标增幅较大的依次是广东、重庆和河北（表 11）。

表 11 森林蓄积量目标

序号	省（区、市）	方案（规划）中的森林蓄积量目标/亿米³	2014 年森林蓄积量/亿米³	目标较 2014 年的增幅/%
1	云南	19.01	16.93	12
2	四川	18	16.80	7
3	吉林	10.4	9.23	13
4	福建	6.53	6.08	7
5	广东	6.43	3.57	80
6	江西	6	4.08	47
7	贵州	4.71	3.01	57
8	辽宁	3.4	2.50	36
9	安徽	2.7	1.81	49
10	重庆	2.4	1.47	64
11	河南	2	1.71	17
12	河北	1.71	1.08	59

序号	省(区、市)	方案(规划)中的森林蓄积量目标/亿米³	2014 年森林蓄积量/亿米³	目标较 2014 年的增幅/%
13	青海	0.53	0.43	22
14	北京	—	0.14	—
15	天津	—	0.04	—
16	内蒙古	0	13.45	—
17	上海	—	0.02	—
18	甘肃	—	2.15	—

八是主要工作任务基本落实。《控温方案》从低碳引领能源革命、打造低碳产业体系、推动城镇化低碳发展、加快区域低碳发展、建设和运行全国碳排放权交易市场、加强低碳科技创新、强化基础能力和广泛开展国际合作等八个方面，明确提出了"十三五"控制温室气体排放的主要工作任务。在已发布方案(规划)的 18 个省(区、市)中，各地提出的工作任务基本都涵盖了上述八个方面。总体来看，各省(区、市)方案(规划)中提出的工作任务都较为具体，包含了多项量化目标，且将任务分解落实到了不同单位，有利于各项工作任务的执行与落实。但由于各地发展情况的不同，各省(区、市)在具体任务安排和发展目标上有所差异。在推进区域低碳发展方面，北京、天津、内蒙古、上海、安徽、福建、广东、云南、甘肃、青海 10 个省(区、市)提出了设立近零碳排放试点或开展近零碳排放区示范工程；吉林、安徽、福建、河南、广东、重庆、四川、贵州、云南、甘肃、青海 11 个省(市)进一步突出了通过试点以及其他因地制宜的各项措施开展低碳扶贫的内容。在推进碳市场建设方面，除重庆、福建、辽宁、上海和安徽外，各地区都提出了尽快出台本地区的碳排放交易管理办法，北京还提出探索跨区域碳排放权统一交易设想。在强化基础能力建设方面，除辽宁、重庆、河南外，绝大多数地区都提出了完善应对气候变化相关法规规章和标准等内容，但侧重点有所不同，上海还提出加快制订和完善碳排放总量及强度"双控"制度。

九是配套措施基本到位。《控温方案》提出了强化保障落实的四个方面，即加强组织领导、强化目标责任考核、加大资金投入、做好宣传引导。已发布方案(规划)的 18 个省(区、市)都从这四个方面明确了强化保障落实的具体措施。在加强组织领导和做好宣传引导方面，各地区所提措施基本类似。在强化目标责任考核方面，各地区都将省级碳排放控制目标分解落实到了区县，其中甘肃省还以附件的形式详细规定了强化碳排放强度控制目标考核评估办法、指标及评分细则；北京市在将碳强度控制目标落实到区县的同时，进一步对重点企业的碳排放进行了具体规定。在加大资金投入方面，各地均提出要加大资金投入和拓宽融资渠道，如贵州、上海等已建立应对气候变化专项资金，天津、河南等建立节能专项资金，辽宁、吉林、安徽、江西、青海等提出积极申请并利用中国清洁发展机制基金。

三、结论与建议

总体来看，各省(区、市)都高度重视"十三五"控制温室气体排放工作，并按照《控温方案》的总体要求制定了省级方案或规划，其中 18 个省(区、市)已经发布，另外 13 个省(区、市)也已完成编制，预计将在 2017 年下半年公开发布。从已经发布的 18 个省(区、市)的方案(规划)

来看，各地均按照国家总体要求并结合本地区实际，提出本地区"十三五"控制温室气体排放的目标、要求、任务和保障措施，但与此同时，对一些重点工作的推进力度，如提出峰值目标、探索开展碳排放总量控制、增加资金投入、强化基础能力建设、推进制度创新等方面还略显不足。

基于上述分析，我们提出以下建议。

一是切实强化碳排放总量控制的约束作用。实行碳排放总量与强度"双控"，不仅对推动"十三五"时期的低碳转型具有非常重要的意义，更是实现我国峰值目标的重要支撑。各地对此应高度重视，强化碳排放总量控制这一"硬约束"，明确碳排放总量控制的时间表和路线图，尽早研究确定和提出省级碳排放峰值目标。同时，在设置地区发展指标时，应充分考虑碳排放总量的约束，将碳排放控制与产业结构调整、能源革命和生态文明建设有机结合，推动全社会的统筹协调发展。

二是加快建立区域碳排放总量控制制度。建议各省（区、市）尤其是东部经济发达省份，积极探索并尽快建立碳排放总量控制制度。各地区可根据其自身区域特点、发展目标、发展阶段、转型战略等，研究确定其碳排放总量控制目标，并建立与之对应的目标分解、评价考核和责任追究制度，逐步形成以碳排放总量控制为核心的温室气体排放管理体系。

三是继续强化统计核算等基础能力建设。"十二五"以来，各省控制温室气体排放的基础能力虽已得到显著提升，但与控制温室气体排放及开展碳排放权交易的总体要求相比还有不小差距。建议各地区进一步加强相关部门间的协调配合，建立分工明确、任务清晰、监督有力的协调工作机制，并以清单编制和碳市场建设为契机，加强温室气体排放数据的统计、报告和核查，尽快建立企业温室气体排放直报制度，为推进控制温室气体排放的各项工作奠定坚实基础。

四是积极推进政府与市场驱动制度创新。当前，各省（区、市）政府多是将碳强度控制指标分配到下级地方政府，但如何强化对企业温室气体排放的控制，仍缺少明确的制度安排和具体的措施落实。即将运行的全国碳市场虽可以覆盖主要行业的碳排放源，但从控制区域温室气体排放的总体要求出发，各省（区、市）仍需进一步厘清各行各业的温室气体排放主体和减排责任主体，在强化法律约束和地方政府监管职责的同时，探索建立有利于企业控制温室气体排放的创新激励机制，推动企业主动实现低碳转型。

五是加大预算内资金支持力度。当前，大部分地区尚未建立应对气候变化预算科目和推动低碳发展的专项资金，对地方低碳发展的支撑力度仍显不足。建议各地进一步加大对推动低碳发展和控制温室气体排放的资金投入，综合运用财税、价格、金融等手段，探索并建立气候投融资机制，更好地发挥中国清洁发展机制基金、绿色气候基金、全球环境基金等国内外基金的作用，加大对地方低碳转型的经济激励。

（刘强、曹颖、李晓梅、马爱民供稿）

推动部分区域碳排放率先达峰调研分析报告[①]

习近平主席在气候变化巴黎大会开幕式上的讲话中重申"中国在'国家自主贡献'中提出将于2030年左右使二氧化碳排放达到峰值并争取尽早实现"，并强调"虽然需要付出艰苦的努力，但我们有信心和决心实现我们的承诺"。国家碳排放达峰目标的实现，不仅需要钢铁、建材等高耗能行业在"十三五"期间率先实现碳排放的零增长，更需要经济发达地区在2020年左右率先达峰。推动经济发达地区碳排放率先达峰，不仅有助于加快形成绿色低碳转型的发展模式和倒逼机制，也有助于协同推动经济的高质量发展和生态环境的高水平保护。

一、我国碳排放达峰总体思路及地方达峰目标落实情况

从2014年我国首次在联合国气候峰会上提出"努力争取二氧化碳排放总量尽早达到峰值"以来，国家层面相继出台了一系列政策性文件，对我国碳排放峰值目标及实现路径提出了明确的要求，绝大部分地区也根据国家峰值目标和总体要求，结合各自对峰值目标和发展阶段的认识逐渐推进。

一是国家层面明确2030年左右达峰并争取尽早达峰。2015年6月，我国向《联合国气候变化框架公约》秘书处提交《强化应对气候变化行动——中国国家自主贡献》文件，确定了到2030年的自主贡献目标，包括2030年左右二氧化碳排放达到峰值并争取尽早达峰、单位国内生产总值二氧化碳排放比2005年下降60%～65%。"十三五"规划纲要明确提出，到2020年有效控制电力、钢铁、建材、化工等重点行业碳排放，推进工业、能源、建筑、交通等重点领域低碳发展；支持优化开发区域率先实现碳排放达到峰值；深化各类低碳试点，实施近零碳排放区示范工程等措施。《"十三五"控制温室气体排放工作方案》进一步要求：到2020年，单位国内生产总值二氧化碳排放比2015年下降18%，碳排放总量得到有效控制；支持优化开发区域率先达到峰值，力争部分重化工行业2020年左右实现率先达峰，能源体系、产业体系和消费领域低碳转型取得积极成效。从这一系列政策文件可以看出，我国政府已将强化碳排放总量控制和推动碳排放达峰作为今后一段时期应对气候变化的核心工作，并针对重点区域和行业提出了早于全国率先达峰的目标，对推动各地加快低碳转型具有重要的指导意义。

二是省级层面峰值目标及落实进度差异较大。截至2018年6月，全国31个省（区、市）均发布了省级"十三五"控制温室气体排放的相关方案或规划；其中，25个省（区、市）发布了"十三五"控制温室气体排放工作方案，6个省（区、市）以相关规划、方案或意见的形式对"十三五"控制温室气体排放工作进行了安排。调研发现，31个省（区、市）的方案（规划）中，针对峰值目标的规定不尽相同。其中，北京、天津、山西、山东、海南、重庆、云南、甘肃、新疆等9省（区、市）提出了明确的整体碳排放达峰时间；其余省（区、市）虽未针对省域整体提出达峰时间，但根

---

① 摘自2018年第11期《气候战略研究简报》。

据各自省情，针对重点地区、试点城市或重点行业提出了峰值目标；没有提出具体峰值目标的部分省份，也根据各自省情开展了碳排放达峰相关研究。详见附表。

三是大部分低碳试点城市提出了明确达峰目标。分析发现，除了部分省（区、市）在其"十三五"控制温室气体排放工作方案或规划中对省域整体及省（区、市）内试点城市提出了达峰要求，大部分低碳试点城市也在各自试点方案中提出了具体的达峰目标。自 2013 年以来，我国已开展三批共计 87 个低碳省市试点，据初步统计，截至 2017 年 10 月，共有 73 个低碳试点省市以不同方式提出了碳排放峰值目标，包括 28 个第一批、第二批试点省市和 45 个第三批试点省市。

四是各地区提出的达峰路径总体相似、亮点不多。初步分析结果显示，目前已经设立达峰目标的省（区、市）均采取了一系列积极有效的措施来推动达峰目标的实现，主要包括加快产业低碳转型、促进服务业发展、强化节能管理、加强重点领域节能减排、优化能源消费结构、开展各领域低碳试点和行动、增加森林碳汇等，并普遍重视低碳相关重点工作，如积极分解落实碳强度下降目标，全面积极参与全国碳市场建设，大力提升温室气体排放数据统计核算、清单编制和基础研究等方面的能力，加强国际和地区间的交流与合作等。部分省（区、市）也在积极探索推动碳排放达峰的新思路和新举措，如推动建立以峰值目标倒逼碳减排的新机制、以大数据支撑碳排放管理、主动开展近零碳排放区示范工程建设、探索跨区域碳排放权交易试点、探索低碳扶贫新模式等，为其他省（区、市）提供了很好的借鉴。

二、发达地区碳排放达峰目标调查及路径分析

通过对北京、上海、广东和浙江四个发达省（市）碳排放达峰目标和实施路径的调查分析，初步发现，这四省（市）2017 年经济总量占全国的 24.2%，但碳排放只占全国的 14.4% 左右，四省（市）的经济发展重点和路径不尽相同，在控制温室气体排放、探索达峰路径方面也各具特色。

一是四省（市）中只有北京和上海提出明确的达峰目标。在国家发布"十三五"规划纲要之后，上述四省（市）均制定了中长期碳排放控制目标，自上而下地分解到各个区域和行业部门，引导各区域对重点领域和高耗能行业进行结构调整和优化升级，以推动达峰进程。北京和上海都在政府文件中正式对各自的碳排放达峰年份和总量提出了具体目标；其中，《北京市"十三五"时期节能降耗及应对气候变化规划》中提出"二氧化碳排放总量在 2020 年达到峰值并尽早达峰"的目标，达峰碳排放量约 1.6 亿吨 CO_2；《上海市城市总体规划（2017—2035 年）》中提出"全市碳排放总量与人均碳排放于 2025 年之前达到峰值""到 2020 年二氧化碳排放总量控制在 2.5 亿吨以内""至 2040 年碳排放总量较峰值减少 15% 左右"的目标，达峰目标时间早于国家的达峰时间。《广东省"十三五"控制温室气体排放工作实施方案》中提出"到 2030 年前碳排放率先达峰"，虽没有明确具体年份，但对所辖广州、深圳等发达城市提出了争取在 2020 年左右达峰的要求。浙江省目前尚未在政府文件中明确提出达峰目标，仅在相关研究中提出到 2030 年碳排放总量得到有效控制、比国家提前达到碳排放峰值，并同时提出所辖的杭州、宁波、温州等发达城市提前达峰。

二是四省（市）碳排放达峰主要依赖重点领域的关键举措。在优化产业结构方面。浙江省主要通过做精做细第一产业、做强做大第二产业来实现产业结构的调整优化。其中，第一产业重点推动

绿色低碳集约型农业的发展，第二产业大力发展附加值较高的产业；北京市则严格控制企业的存量和增量，重点发展第三产业；上海市提出按照"高端化、智能化、绿色化、服务化"的要求，大力发展先进制造业和现代服务业，同时严格控制重化工业发展规模及能耗，并加大落后产能调整力度；广东省主要通过淘汰高耗能产业的落后产能和严格控制新增产能，控制第二产业中高耗能行业的比重。在调整能源结构方面。浙江省积极开展建设清洁能源示范省的工作，以发展非化石能源为重点，推动能源结构低碳化，特别提出要加快核电站建设和提高非化石能源比例；北京市持续推进四大燃气热电中心的清洁化、低碳化，加强本地可再生能源的应用开发，并进一步加快建设外调绿色电力通道；上海市大力消减煤炭消费总量，提高天然气等低碳能源比重；广东省有序淘汰落后产能和过剩产能，重点控制工业领域排放，推动出口结构低碳化。在推动建筑领域低碳发展方面。浙江省由于正处于建筑行业增长期，采取的主要措施是大力推广绿色建材和节能设备；北京市主要是严格控制建筑规模，并强化对既有建筑的节能改造和加大煤改气、煤改电措施力度；上海市积极推广装配式建筑与市政基础设施的技术应用；广东省主要提高基础设施和建筑质量，推进既有建筑节能改造，强化新建建筑节能，推广绿色建筑。在推动交通领域低碳发展方面。浙江省强调积极推进绿色交通省试点，加快建设客运专线和城际轨道交通，大力发展绿色水路运输等；北京市的主要措施包括提高清洁能源车比例、控制机动车保有量、发展交通智能化技术等；上海市的主要措施包括提高绿色交通出行比例、推进航空运输和水路运输的低碳化；广东省的主要措施包括推进现代综合交通运输体系建设，加快发展铁路、水运等低碳运输方式，完善公交优先的城市交通运输体系，鼓励使用节能、清洁能源和新能源运输工具等。

三是四省（市）积极开展试点示范和路径创新。这些省（市）充分结合本地特点，因地制宜采取多种试点行动和创新举措，推动分区域、分阶段达峰。北京市根据首都城市战略定位，对市域内不同功能区实施差异化的节能减碳措施，降低能源需求强度，减少存量排放，同时积极开展低碳乡镇、低碳社区等多类型、多层次的绿色低碳试点和示范建设，结合生态建设以及可再生能源开发，实施了一批近零碳排放区示范工程。浙江省以碳排放峰值和总量控制为重点，鼓励省内发达城市率先达峰，支持杭州、宁波和温州在"十三五"时期末率先达到峰值并总结推广试点经验，鼓励嘉兴、金华、衢州等第三批国家低碳试点城市制定峰值目标和达峰路线图，同时积极推动近零碳排放园区建设。广东省主动开展多项创新性低碳试点示范，率先提出建立"珠三角地区实施近零碳排放区示范工程"，并开展近零碳排放示范工程项目遴选，积极推进碳交易试点、实施碳普惠制、推广低碳产品认证等创新举措。上海市分阶段、分批次推动低碳试点和创新实践，积极推动第二批低碳试点创建，深入推进上海市碳市场建设。

三、地区推动落实碳排放达峰存在的主要问题

调研分析发现，尽管我国明确提出峰值目标已经过去三年，但至今仍有相当部分省（市）碳排放达峰目标缺失，还有相当一部分地区并未从国家战略角度充分认识碳排放峰值对于形成倒逼机制的作用，将峰值目标简单理解为限制本地区发展空间的指标，在峰值目标决策上"不主动"，也有部分地区在初步研究的基础上提出峰值目标，但存在基础数据不足、对经济发展新常态研判不充分、

缺乏社会共识等问题，以及峰值时间也与国家要求相差甚远等现象。

一是各地区达峰目标设置仍相对保守。目前很多省份提出了达峰目标，但一些东部经济发达地区在峰值目标提出方面相对保守，有些地方目前仍未提出明确的峰值目标，有些地方虽较早开展研究并提出碳排放达峰时间，但峰值目标年为 2030 年后，仍较为保守，未来需要做进一步修正和调整。对于很多省份来说，省级、市级乃至区县级的峰值目标仍存在不匹配的问题，有些省级达峰目标超前于市级、县级，导致市、县提出的达峰目标和配套措施无法支撑省级目标的完成。

二是高碳锁定效应仍将是达峰目标实现的重要障碍。部分地区的产业结构长期偏重高碳行业，有些地区的传统产业占比高达 70%左右，尽管在"转方式、调结构"方面做了很多努力，但短期内还难以扭转经济发展主要靠重化工业拉动的现实情况。有些地方虽然已经提出达峰目标，但同时又上马一些新的高能耗项目和工程，如果不能采取合理措施加以控制，将难以保证碳排放峰值目标的实现。许多地区的能源结构长期以煤炭、石油等高碳能源为主，能源生产、运输等都围绕煤炭而建，但由于快速城镇化和工业化产生了巨大的、刚性的能源需求，或受限于可再生能源禀赋不足且开发潜力有限，能源供应系统无法短期内摆脱高碳的格局，导致推动碳排放达峰工作较为艰巨。

三是基础能力仍难以为达峰目标实现提供充分支撑。各地区温室气体排放相关的统计数据体系仍不够完善，相关基础数据还较为缺乏，难以为碳排放达峰分析提供足够的数据支撑。目前，大部分省（区、市）都完成了省级温室气体清单的编制，但很多地区还没有更详细的市级、县级温室气体排放清单，对行业温室气体排放的核算也较为薄弱，因此也难以为碳排放达峰分析提供有效支持。此外，目前各地在对碳排放达峰目标和路径进行分析时，采用的方法参差不齐，对路径的合理性、科学性和可操作性也缺乏充分的论证，很大程度上影响了碳排放目标和路径的设定，而相关研究队伍的能力和资金支持也需加强。

四、推动地方率先达峰的政策与建议

推动经济发达地区碳排放率先达峰是确保国家峰值目标实现的重要基石和风向标。北京、上海等低碳试点地区通过对碳排放峰值目标及实施路线图开展研究，不断加深对峰值目标的科学认识和政治共识，不断强化低碳发展目标的约束力和引领作用，不仅有助于加快形成绿色低碳转型的倒逼机制和发展模式，而且也有助于协同推动经济的高质量发展和生态环境的高水平保护。为此建议如下：

一是加强顶层设计，推动尽早达峰。在我国经济进入新常态、供给侧结构性改革取得明显成效、能源结构和产业结构调整进程加快等新形势下，我国碳排放有可能提前达峰。建议充分利用我国发展转型的战略机遇期，在综合考虑我国经济社会发展形势和需求的基础上，从国家层面尽早制定碳排放达峰行动路线图，并提出落实碳排放达峰目标的配套政策和保障措施。各地区应进一步提升对碳排放达峰的认识和宣传，结合本地区在经济发展水平、低碳产业培育、低碳能源利用、生态功能定位等方面的特点，进一步强化对本地区碳排放达峰路线图的研究，明确推动碳排放达峰的重点领域和关键措施。

二是强化总量控制，完善相关机制。为推动碳排放达峰目标的顺利实现，应积极推动建立碳排放总量控制制度，在做好全国碳排放总量控制目标设计的同时，研究提出碳排放总量控制目标的行业、地区分解机制，并加强目标责任考核和配套机制完善，引导各行业、各地区加快推进低碳转型。针对经济发达地区，应发挥其先进示范作用，按照提升经济质量和控制碳排放的总体要求，尽快研究提出碳排放总量控制目标和落实方案。对于生态脆弱和开发强度大的地区，应鼓励其尽早提出地区碳排放总量控制目标和思路，以控制增量为重点，并与生态保护、脱贫和提高碳汇等目标综合考虑。

三是强化宏观指导，加强统筹协调。推动部分区域率先达峰是碳排放达峰和总量控制工作的坚强保障，也是在不同经济、产业、能源和政策支持条件下，探索差异化低碳发展模式的"试验田"。建议进一步加强对碳排放达峰推进工作的统筹和协调，加强国家与地方以及省与市、县之间的协调互动，推动国家顶层设计与地方先行先试的有机结合。国家应进一步强化对各地区推动碳排放达峰工作的指导，并加强在资金、人力、技术等方面的支持力度。各地应深入总结和积极分享推动碳排放达峰和总量控制工作中的经验教训，加强相关基础能力建设，在低碳制度建设、低碳管理体系、低碳投融资机制等方面开展积极探索，形成推进碳排放达峰和总量控制的创新思维及模式。

附表　各省（区、市）"十三五"控温方案有关达峰的表述

提出整体达峰年的省（区、市）		
1	北京	2020 年并尽早达峰
2	天津	2025 年左右达峰
3	云南	2025 年左右达峰
4	山东	2027 年左右达峰
5	重庆	2030 年前达峰
6	山西	2030 年左右
7	海南	2030 年前达峰
8	甘肃	2030 年左右达峰
9	新疆	2030 年
提出重点区域（城市）达峰年的省（区）		
1	江苏	苏州、镇江，2020 年
2	广东	广州、深圳，2020 年
3	陕西	延安、安康，分别在 2029 年、2028 年
4	山西	晋城，2025 年
5	新疆	乌鲁木齐、昌吉、伊宁、和田，2025 年
6	甘肃	兰州，2025 年
7	山东	青岛、烟台，2020 年；济南、潍坊，2025 年
提出行业达峰目标的相关省（市）		
1	江西	力争部分重化工业 2020 年左右实现率先达峰
2	四川	部分重化工业 2020 年左右与全国同行业同步实现碳排放达峰
3	天津	钢铁、电力等行业率先达峰
4	海南	水泥、石油、化工、电力等重点行业按照国家要求尽早实现达峰目标
5	甘肃	争取部分重点行业在 2020 年左右实现率先达峰

提出支持重点区域（城市）达峰的省（区、市）		
1	宁夏	支持都市功能核心区和都市功能拓展区率先达峰
2	江西	鼓励南昌市、景德镇市、赣州市、抚州市、吉安市、共青城市率先实现达峰目标，鼓励其他设区市及具备条件的县（市、区）提出峰值目标
3	福建	支持福州、厦门、泉州中心城区等优化开发区域率先实现峰值目标，鼓励南平、莆田等其他区域提出峰值目标
4	重庆	支持都市功能核心区和都市功能拓展区率先达到峰值
5	江苏	鼓励淮安、南京、常州、无锡等城市突出峰值目标
6	山东	支持优化开发区域碳排放率先达到峰值，青岛、烟台力争 2020 年前实现峰值年目标，济南、潍坊力争 2025 年前实现峰值年目标，其他市要建立碳峰值倒逼机制
7	云南	支持优化开发区域开展碳排放达峰先行先试
8	宁夏	支持银川市、吴忠市碳排放提前达到峰值
提出低碳试点城市率先达峰的省（市）		
1	湖北	支持武汉市、长阳县等国家低碳试点城市明确达峰路线图，实现碳排放率先达峰
2	重庆	支持都市功能核心区和都市功能拓展区率先达到峰值
3	安徽	支持国家低碳试点城市碳排放率先达到峰值
4	河南	国家低碳城市试点碳排放率先达到峰值
5	四川	支持国家和省级低碳试点城市根据自身的优势和特点，主动实施在 2025 年前碳排放率先达峰行动
6	贵州	力争国家低碳试点城市碳排放率先达到峰值
提出"中国达峰先锋城市联盟"城市率先达峰的省		
1	贵州	支持"中国达峰先锋城市联盟"，贵阳市率先实现二氧化碳排放达到峰值
2	甘肃	支持兰州市在 2025 年前实现碳排放率先达峰，全省低碳试点城市碳排放率先达到峰值
3	海南	鼓励与"中国达峰先锋城市联盟"开展合作，支持海口、三亚率先达峰
4	江苏	鼓励镇江等"中国达峰先锋城市联盟"城市和其他具备条件的地市力争提完成达峰目标
提出开展达峰研究的省（区）		
1	青海	开展青海省碳排放峰值研究
2	云南	开展碳排放峰值研究
3	广西	开展碳排放峰值、碳排放总量控制和目标分解方法及实现途径研究
4	福建	开展全省碳排放峰值研究
5	黑龙江	推进碳排放峰值和碳排放总量控制研究
6	山西	开展全省碳排放峰值目标和达峰路径研究
7	吉林	加强碳排放峰值预测研究
8	甘肃	开展碳排放峰值预测研究

（曹颖、刘强、李晓梅、赵旭晨、徐华清供稿）

深圳市国家低碳城市试点及应对气候变化规划研究调研报告①

今年是国家启动低碳省区和低碳城市试点工作十周年。深圳作为国家第一批低碳试点城市，在市委、市政府的领导下，积极发挥先行先试的优势，初步形成了具有深圳特色的低碳发展模式。为了更好地总结深圳在"十三五"期间推动应对气候变化及低碳发展方面的经验，梳理其在开展"十四五"规划研究方面出现的问题和面临的困难，在更高起点上推进城市碳排放达峰和空气质量达标，中心主任徐华清率调研组一行，于 2020 年 9 月 14—17 日赴深圳市开展调研，与深圳市生态环境、发展改革等部门相关负责人进行了座谈，并赴前海自贸区、大鹏国家生态文明建设示范区、大亚湾核电站、比亚迪股份公司等开展现场调研。结合中心专题研究，现将相关情况总结如下。

一、"十三五"应对气候变化进展明显

"十三五"期间，深圳市围绕应对气候变化规划，在落实控制温室气体排放、适应气候变化、加强体制机制创新、强化科技支撑作用、深化区域交流合作等五大任务方面，以及在推进能源结构优化、低碳交通建设、绿色建筑推广、低碳试点示范、废弃物处理、水环境管理、生态系统完善、灾害风险管理等八大重大工程项目上，均取得了明显进展。

一是控制温室气体排放目标全面完成。初步分析，2019 年单位地区生产总值二氧化碳排放为 0.20 吨/万元，比 2005 年下降 70%左右，二氧化碳排放增速继续减缓，预计"十四五"初期，全市二氧化碳排放能够达到峰值。能源结构进一步优化，非化石能源占一次能源消费比重达 48.2%。产业结构进一步优化，工业、建筑、交通等重点领域节能降碳取得积极成效，工业生产过程、废弃物处理等非能源活动温室气体排放得到有效控制，低碳生产和低碳生活方式基本建立。

二是适应气候变化能力大幅提升。供水安全保障持续增强，再生水利用率已实现 70%，全市应急备用水源的供水能力提升。低洼地带、危险边坡防洪除涝和滑坡整治能力显著提高，初步实现市区防涝能力 20～50 年一遇、防洪（潮）能力 200 年一遇。重点区域和生态脆弱地区适应气候变化能力显著提升，气候友好型生态系统初步建成。建设气象灾害立体观测网，科学防范和应对极端天气与气候灾害能力显著提高，灾害预警信息发布覆盖率已达 99%，预测预警和防灾减灾体系逐步完善。

三是体制机制创新取得重要成果。深圳市从法规条例、提高履约率和流动性、强化市场开放、提升能力建设等多角度积极推进试点碳市场建设。积极推进电力等重点领域资源价格体制改革和自然资产管理体制改革，建立健全绿色金融支撑体系，出台《深圳市人民政府关于构建绿色金融体系的实施意见》，在绿色金融政策体系、绿色金融基础设施建设、绿色金融区域合作等方面取得显著成效，初步具备绿色金融创新的金融产业基础。

四是科技创新引领作用不断提升。创新是深圳发展的不竭动力，"十三五"期间，深圳在下一

---

① 摘自 2020 年第 26 期《气候战略研究简报》。

代通信网络、生命健康、新材料、新能源、数字化装备、高端芯片等领域，实现了一批产业核心技术和关键技术的重点突破，并加大了对极端天气气候领域科技应用、节能、非化石能源、二氧化碳捕集利用与封存技术等领域的研发扶持力度，设立对新能源汽车、节能环保产业项目的绿色低碳扶持计划，新建节能环保、新能源领域等各级各类创新载体 137 家。

五是应对气候变化交流合作继续深化。国际交流合作得到不断强化，积极参与 C40 城市气候领导联盟、达峰城市联盟、全球环境基金项目组织的相关会议。与"一带一路"沿线国家、"南南"国家在清洁能源、生态保护、防灾减灾和低碳智慧城市等领域的合作进一步深化，承办中国—东盟应对气候变化政策座谈与技术对接交流会，开展国际低碳清洁技术交流合作平台建设工作。与国内城市的技术、项目合作更加紧密，成为全国十大"双创基地"，逐步成为国际低碳要素和产业集聚发展的新载体。

六是重点工程项目建设顺利推进。在能源结构优化方面，全市天然气总储备库容达到 10 万米^3，天然气管网覆盖率从 72.6% 提高至 84.0%，全市电源总装机容量达 1 490 万千瓦，其中，核电、气电等清洁电源装机占全市电源总装机容量比重达 87%，建成生活垃圾焚烧发电厂 9 座；在低碳交通建设方面，全市实现公交车 100% 纯电动化，各类新能源车保有量超过 38 万辆，已开通轨道交通运营里程 304.3 千米，港口已建成 18 套岸电设施，岸电覆盖率有望达到 80% 以上；在绿色建筑推广方面，新增绿色建筑评价标识项目 848 个，涉及建筑面积 7 558.75 万米^2，引入社会资金完成既有建筑节能改造面积超过 2 000 万米^2；在低碳试点示范方面，积极开展低碳政府机关、低碳企业、低碳城区、低碳园区、低碳商业和低碳社区等试点，设立绿色低碳扶持计划和科技计划，绿色工厂、绿色供应链、绿色产品、绿色制造系统集成项目等初具规模；在废弃物处理方面，全市垃圾焚烧处理能力达到 1.8 万吨/日，建成 15 处建筑废弃物固定式综合利用设施，年设计处理能力共计 3 490 万吨；在生态系统完善方面，全市建成公园 1 090 个，绿道覆盖密度为全省第一，挂牌建立涉及红树林的自然保护地 7 个，其中，自然保护区 2 个、湿地公园 5 个；在灾害风险管理方面，近海海上大风和沿岸海区海雾、强对流等灾害性天气监测率达到 90%，台风监测率稳定在 100%，形成"事前有预警，事中有决策，事后有应急指挥"的全过程三防业务体系。

二、低碳发展特色鲜明成效显著

作为中国改革开放的排头兵和国家第一批低碳试点城市，"十三五"时期以来，深圳在经济社会快速发展的同时，通过综合施策积极应对气候变化和推动低碳发展，成为中国碳排放水平最低的特大城市，也是迄今为止碳排放增长最缓慢的城市之一。

一是产业低碳化助推经济高质量发展。围绕提升经济发展质量和有效降低碳排放水平，深圳市通过开展企业技术改造扶持计划和工业强基工程扶持计划，共计支持技术改造项目超 3 700 项，承担 12 个国家工业强基项目建设，并设立绿色低碳扶持计划，对新能源、生物医药、新材料、文化创意、新一代信息技术等低碳型战略性新兴产业发展和节能低碳关键技术研发进行扶持。2019 年，全市绿色低碳产业增加值 1 084.61 亿元，分别占全年战略性新兴产业增加值和地区生产总值的 11% 和 4%。积极推动科技研发服务、金融服务、商贸物流等生产性服务业向专业化和价值链高端延伸，第三产业增加值占全市地区生产总值的比重达到 60.9%，其中现代服务业增加值占第三产业比重达73.4%，在"全球金融中心指数"排名中上升至第 9 位，集装箱吞吐量连续 6 年位居全球前四，机场货邮吞吐量连续 16 年位居国内前五。

二是能源低碳化引导能源结构持续优化。 加快天然气储备与调峰站等基础设施建设，推动形成天然气多气源供应格局。积极推进天然气分布式能源项目落地，2020 年投入商业运营的集天然气三联供、储能装置于一体的深燃大厦分布式能源项目的综合能源利用效率超过 80%。加快推进电力系统低碳化发展，截至 2018 年年底，非化石和气电等清洁电源装机在电源总装机中的占比达到 87%，超过全国平均水平约 50 个百分点，其中，结合"无废城市"建设加快推进垃圾焚烧发电厂项目建设，2020 年上半年，全市垃圾发电总装机容量达到约 540 兆瓦，相比"十二五"时期末，增长约 2.7 倍。率先于全国布局氢能产业，产业领域涵盖制氢、运氢、氢燃料电池电堆、氢燃料电池系统等产业链上、中、下游。

三是管理低碳化推动工业领域碳排放控制。 深圳市高度重视制造业节能潜力，持续推进工业领域能效对标工作，并在"十三五"期间累计完成能效对标 78 家，2020 年在全国率先采用"节能+互联网"模式，计划完成节能诊断 177 家。加大针对电机能效提升的扶持力度，近年来共扶持电机能效提升项目 10 批次 426 个项目，通过电机能效提升计划，实现年节电量约为 2.1 亿千瓦时。积极开展重点用能单位"百千万"行动，推动重点用能企业能源管理体系和能源管理中心建设，2019 年已完成全市 55 家重点用能单位和 3 家数据中心的节能监察。

四是基础设施低碳化推进城镇化低碳发展。 加快推进新建建筑绿色发展，并率先开展绿色住宅使用者监督机制试点，2019 年年底已完成绿色建筑面积 6 700 万米²，大幅超额完成 3 700 万米² 的任务。圆满完成首批国家公共建筑能效提升重点城市示范建设，并率先在国内全面推行合同能源管理，引入社会资金完成既有建筑节能改造面积超过 2 000 万米²。加快探索超低能耗与近零能耗建筑，超低能耗与近零碳排放建筑项目均已开展了建筑主体工程施工。加快推广新能源汽车，2017 年年底已实现全市公交车 100%纯电动化，计划 2020 年年底实现出租车全面纯电动化。截至 2019 年年底，全市新能源车推广保有量超过 38 万辆，占全国新能源车数量的 10%左右。加快推进"轨道—公交—慢行"三网融合，2019 年高峰期公共交通占机动化出行分担率达 62.6%。

五是市场化碳排放权交易激励企业节能减碳。 作为国家 7 个碳交易试点地区之一，"十三五"期间，深圳在碳金融产品方面实现四大突破，包括支持投资机构成立首个私募"碳基金"，完成国内首单纯配额"碳质押"业务，完成国内首单、最大跨境碳资产回购交易业务，实现国内最大单笔碳配额置换交易。目前，深圳碳排放管控单位总数从首批纳入的 636 家增至 766 家，履约率持续保持在 98%以上，已接近或等同于国际成熟碳市场的履约率。深圳碳市场率先引进境外投资者，截至2020 年 5 月，境外投资机构累计交易量超 1 000 万吨，交易额达 2.4 亿元人民币，分别占深圳碳市场现货交易量的 20%和交易额的 16%。碳市场的发展对于管控纳管企业碳排放发挥了明显作用，与2011 年相比，2018 年 766 家管控企业碳排放绝对量下降 272 万吨，其中，电力、燃气行业碳排放强度分别下降 10.68%和 8.12%，741 家制造业企业工业增加值增幅达 92.98%，碳排放强度下降 48.72%。

三、主要问题与挑战

尽管"十三五"时期以来，深圳市在应对气候变化及推进低碳发展等方面取得了显著成绩，但调研发现，深圳在协同推进城市碳排放达峰和空气质量达标、更高起点上推进经济高质量发展、系统谋划"十四五"应对气候变化顶层设计等方面，仍面临一些问题和挑战。

一是低碳发展思想认识仍待进一步提高。调研发现，发展改革、能源等领域的主管部门仍主要强调能耗和碳排放增长的历史刚性规律和"十四五"新建项目的潜在能耗影响，未充分认识到深化存量节能减排潜力、对标国际先进城市进一步提升经济产业高质低碳转型的必要性。各部门尚未围绕强化温室气体减排建立有效协同合作机制，亟待进一步解放思想和统一认识，按照建设好中国特色社会主义先行示范区和创建社会主义现代化强国的城市范例的要求，落实新发展理念，以强化二氧化碳排放控制和推动尽早达峰为抓手，推动经济向更为绿色低碳和可持续的发展方向转型。

二是低碳发展创新思路尚需进一步厘清。以新能源汽车发展为例，作为比亚迪新能源汽车的总部所在地，深圳已成为全国新能源汽车发展的领军城市，而相较于已提出 2030 年全面禁售目标的海南，深圳具有产业链更为完整和电网结构更清洁等优势条件，在电动汽车发展已具备不依赖政府补贴的背景下，具备提出燃油车全面退出时间表的基础，但目前深圳市仍未明确率先全面推进交通电动化的思路。在全球争相布局新兴低碳产业和构建绿色产业链的背景下，深圳市有必要在进一步梳理发展战略重点的基础上，提前布局相关行业，创新性提出具有雄心的行业发展目标，同时明确制约行业发展的关键问题，并从相关政策上予以扶持。

三是低碳发展统计核算制度亟待完善。温室气体排放统计与核算制度对于推动低碳发展具有基础性作用。目前，深圳市尚未建立完整的温室气体排放统计与核算制度，全口径能源统计数据缺失，"十三五"期间省统计部门统计指标计算方式的调整成为万元地区生产总值二氧化碳排放下降、非化石能源占比等指标提前和大幅超额完成 2020 年目标的关键因素，相关经济、能源等统计和核算制度也难以很好地支撑对"十三五"低碳发展实际进展的分析判断，也将对开展碳排放总量控制及碳排放达峰研究形成制约。

四是气候适应性城市建设有待进一步加强。深圳市濒临南海，台风、暴雨、雷电、大风、高温等极端天气频繁，城市基础设施、危险边坡、海岸带等地区更容易受到极端天气影响。2018 年，"山竹"台风正面登陆深圳，对深圳的能源、交通等城市基础设施和生命线造成了较大影响。调研同时发现，由于建设标准较低，大亚湾核电站于 20 世纪 90 年代建造的防波堤就在"山竹"登陆时对其造成明显破坏，这也从侧面反映出需要进一步增强深圳市气候变化适应能力，统筹发挥应对气候变化对基础设施建设、生态保护与修复及防灾减灾等工作的引领作用。

五是应对气候变化工作尚缺乏法治保障。尽管深圳市为了对碳排放进行管控，已颁布《深圳经济特区碳排放管理若干规定》等法规，但其主要服务于碳排放交易管理，法条设定也相对单一，缺乏促进低碳发展系统性、综合性的规范内容，无法满足深化、推进低碳发展的整体形势和要求。深圳市低碳发展工作面临的困难也折射出国家应对气候变化工作缺乏上位法的现实困境。随着"十四五"应对气候变化工作的进一步推进，建设并完善应对气候变化和推动绿色低碳发展的法制环境的必要性是不言而喻的。

四、下一步工作建议

习近平总书记在深圳经济特区建立 40 周年庆祝大会上的讲话中，对深圳市提出了"建设好中国特色社会主义先行示范区，创建社会主义现代化强国的城市范例"的历史使命，对深圳市"十四五"推动生态文明建设提出了更高要求。针对深圳市"十三五"应对气候变化及低碳发展中存在的问题和"十四五"深化推进绿色低碳发展的内在需求，特提出如下对策与建议。

一是进一步提升应对气候变化认识。深入学习领会习近平生态文明思想并不折不扣地坚决贯彻落实，按照高质量发展的要求，进一步提高政府、企业、公众推动低碳发展的认识，以提高碳生产力为核心倒逼推进供给侧结构性改革，实现更高质量、更有效率、更加公平、更可持续、更为安全的发展。进一步加强与发展改革、能源、住建、交通、林草、气象等领域主管部门的有效沟通和统筹协调，在政策制定、项目实施等过程中，充分考虑应对气候变化工作需求。统筹国内与国际合作，积极打造深圳应对气候变化的国际名片。

二是加强"十四五"应对气候变化规划研究。充分利用深圳市深化改革和对外开放最前沿的政策优势，以及全国领先的产业和技术优势，按照建设中国特色社会主义先行示范区和社会主义现代化强国的城市范例的定位，对标国际先进城市，按照引领全国二氧化碳排放达峰的定位，研究提出与"十四五"初期达峰和中长期深度减排目标相协调的"十四五"应对气候变化目标和思路，全面提高减缓和适应气候变化能力，并以应对气候变化为主线，统筹产业高质量发展转型、城镇化低碳发展、生态环境保护、防灾减灾等工作，高质量编制好"十四五"应对气候变化专项规划。

三是研究提出具有引领意义的深圳碳排放达峰目标和路线图。按照深圳市及各辖区碳排放总量的历史趋势、排放现状与基本特征，结合"十四五"主要耗能产业、能源等领域的专项规划，在碳排放强度目标基础上，实施二氧化碳排放强度和总量双控，研究提出"十四五"碳排放总量控制目标，并作为预期性目标向所辖区和行业分解，发挥低碳发展目标的引领和倒逼作用，推动发展改革、能源、建筑、交通等重点部门和行业研究提出面向尽早达峰和中长期深度低碳发展的技术路线图，提前对相关行业和技术发展进行布局，并从财税、金融、价格、投资、产业等领域强化政策支持，努力打造中国城市率先达峰的样板。

四是全面提升应对气候变化治理能力。加强应对气候变化统计体系建设，建立健全与温室气体清单编制相匹配的基础统计体系。加强温室气体排放核算与报告体系，推动市级清单编制和年度核算常态化，加强对碳排放控制目标的评估及跟踪分析。将二氧化碳排放控制目标完成情况纳入生态文明建设目标评价考核体系，加强对辖区及重点部门目标完成情况的跟踪、评估和考核。引导企业开展绿色低碳供应链建设，积极开展节能低碳产品的标准、标识制定与认证等工作。

五是前瞻性地开展深度减排路径研究及示范工程建设。对标国际碳中和目标城市，研究深圳市率先实现碳中和愿景的总体思路和技术路径，识别和提出能源、工业、建筑、交通等重点领域及行业分阶段温室气体低排放发展目标、关键减排技术和政策，强化碳减排对经济、产业、能源、生活消费转型的目标导向。按照国家推动碳中和/近零碳排放示范工程建设要求，选择地理边界清晰、管理主体明确、低碳发展基础较好、资源禀赋较优越的园区、社区、景区等区域开展示范工程建设。

六是加快市场机制创新。加快推进碳市场建设，健全深圳碳交易体系设计，制定服务于达峰目标的碳排放绝对总量控制目标，并基于企业减排潜力优化配额分配方法，逐步开展配额有偿分配。逐步建立城市碳普惠制度，开发绿色出行、绿色生活、绿色消费等领域的低碳行为量化核证方法学体系，创新聚焦公众生活消费领域的减排机制。研究探索广东省"中小板"碳市场建设。加快完善气候投融资政策和标准体系，引领打造国际绿色金融创新中心。

（陈怡、柴麒敏、徐华清、赵旭晨、刘婧文、刘仲夏供稿）

第三部分

政策法规

镇江市国家低碳城市试点工作调研报告[①]

　　为进一步梳理国家低碳城市试点工作进展与成效，总结试点城市在低碳发展制度创新方面好的做法，推动试点城市研究提出碳排放峰值目标及分解落实机制，为国家低碳发展相关立法研究、制度设计及"十三五"深化低碳试点工作提供技术支撑，中心政策法规部有关人员组成调研组，于2014年10月28—29日赴江苏省镇江市调研，调研组听取了镇江市发展改革委、南京擎天科技有限公司等单位领导和专家的介绍，并就推进地方低碳发展面临的挑战及政策建议展开了交流和讨论。结合中心对镇江市低碳试点工作的跟踪与分析，现将相关情况总结如下。

一、镇江市低碳试点工作进展与成效

　　镇江市于2012年11月被国家发展改革委列为第二批国家低碳城市试点。在镇江市委、市政府的领导下，镇江市围绕"强基础、抓示范、明路径、造氛围、优机制"的工作思路，通过低碳发展目标的倒逼机制，积极探索城市低碳发展路径与机制，试点工作取得了明显成效。

　　一是全面实施"九大行动"，持续推进低碳试点各项工作。镇江市委、市政府把低碳城市建设作为镇江推进苏南现代化示范区建设的战略举措，明确提出力争到2019年在全国率先达到碳排放峰值的战略目标。市政府在《镇江市低碳城市试点工作实施方案》基础上，研究出台了《关于加快推进低碳城市建设的意见》（镇政发〔2012〕80号），于2013年和2014年先后制订了《镇江低碳城市建设工作计划》，全面实施了优化空间布局、发展低碳产业、构建低碳生产模式、碳汇建设、低碳建筑、低碳能源、低碳交通、低碳能力建设、构建低碳生活方式等九大行动共102项目标任务，启动实施了25个低碳示范项目以及165家低碳企业、低碳交通、低碳小区、低碳学校等试点工作。2013年，全市碳排放强度比2010年下降13%左右，非化石能源占一次能源消费比重比2010年上升了2.8个百分点。

　　二是率先开展碳平台建设，积极探索低碳制度创新。镇江市将碳管理云平台作为低碳城市建设的重要抓手，并积极探索城市碳排放峰值、项目碳排放评估、区县碳排放考核与碳管理云平台同步推进的"四碳"同建工程，经过实践，城市低碳能力建设及制度创新体系构建成效显著，为全国城市低碳发展做出了榜样：首先，率先在全国首创城市碳排放管理云平台，实现了低碳城市建设与管理工作的科学化、数字化和可视化；其次，率先开展城市碳排放峰值研究，利用全市碳排放变化趋势分析模型，研究确定了2019年左右出现碳排放峰值的战略目标；再次，率先实施固定资产投资项目碳排放影响评估，不断构筑促进镇江低碳产业发展的"防火墙"；最后，率先提出以县域为单位实施碳排放总量和强度的"双控"考核，较好发挥了考核评估指挥棒的导向引领作用。

　　三是以低碳试点为突破口，大力推动生态文明建设试点工作。镇江市以低碳试点为契机，率先

---

① 摘自2014年第22期《气候战略研究简报》。

探索低碳试点和生态文明建设的申报与试点工作的同步推进、融合发展。具体表现在：第一，研究制定《镇江市生态文明建设规划纲要》，统筹推进镇江国家低碳试点城市建设和国家生态文明先行示范区建设、江苏省生态文明建设综合改革试点等工作，积极探索具有时代特征和镇江特色的生态文明建设及低碳发展模式；第二，结合主体功能区定位和碳排放峰值实现路径，以产业结构调整、能源结构调整、新上投资项目碳评估等基本要素为主体，建立科学、公平和合理的低碳发展评价考核制度，发挥低碳发展在生态文明建设中的导向作用；第三，通过加快城市碳平台二期建设，并在充分整合水、气、土等数据的基础上，建设大数据时代的城市生态文明建设管理云平台，以低碳管理信息化助推生态文明建设。

四是加强组织领导，落实项目化推进机制。镇江市成立了以市长朱晓明为组长的低碳城市建设领导小组，负责协调各领域低碳工作的开展，统筹解决在低碳城市建设工作中遇到的重大问题，对低碳城市建设开展情况进行监督和评估。领导小组办公室通过制定《镇江低碳城市建设目标任务分解表》，将低碳城市建设九大行动计划分解细化为 102 项目标任务，每个目标任务都排出具体的支撑项目，并且将低碳城市建设重点指标、任务和项目分解落实，纳入市级机关党政目标管理考核体系。市、区两级都分别成立低碳城市建设工作领导小组，明确分管领导和专门负责人，形成了"横向到边、纵向到底"的工作网络，以着力推进低碳建设项目的切实开展。同时强化低碳领导小组办公室的职能，按月督查、每季调度低碳建设项目，确保项目按序、时推进，并以简报形式及时通报相关情况，至今已经发布了低碳试点工作简报 48 期。

二、镇江市低碳试点工作特色与亮点

镇江市在低碳试点工作中敢于担当、勇于探索、精于管理，目前已经初步形成了以城市碳排放管理平台为载体，以碳排放峰值目标为导向，以项目碳排放评估和区县碳排放目标考核为突破口的管理体制和工作机制，努力为全国低碳城市建设探索制度、积累经验、提供示范。

在全国首创城市碳排放核算与管理平台，为碳排放精细化管理和科学决策奠定了基础。该平台具有如下特点：一是功能强大。碳平台是镇江市城市碳管理体系的核心和基础，主要包括：（1）三个管理层级——城市、区县和行业、重点企业和项目；（2）三类核心指标——总量指标、结构指标、综合指标；（3）三个时间跨度——历史、现状、未来。碳平台通过其采集、核算、管理三大系统，可以直观展现全市碳排放状况，并为现状评估、趋势预测、潜力分析、目标制定与跟踪预警提供科学的决策支撑。二是智能化突出。通过充分利用云计算、BI 智能分析、地理信息系统和物联网等高科技技术实现碳采集，并整合多部门数据资源，形成一个完整的碳排放数据智能化收集、智能化核算分析、智能化发布和智能化监管体系，实现低碳城市建设相关工作的系统化、信息化、空间可视化。三是应用潜力巨大。碳平台二期工程建设通过实时采集重点企业的能源消耗、工业生产过程等与碳排放相关的活动水平数据，全市 48 家年温室气体排放在 2.5 万吨以上二氧化碳当量的重点企业被纳入监测。同时，二期工程还将为"镇江生态文明建设云平台"开发预留相关数据接口。该平台相关同志在中心举办的 2014 年中美企业温室气体数据管理能力建设联合研讨会上还做了专题介绍，受到与会人员的高度评价。

在全国率先提出碳排放峰值目标，探索利用碳峰值形成低碳发展倒逼机制。一是加强研究。镇江市加强对全市排放峰值及其实现路径等重大问题的研究，综合镇江历年能源消耗的数据，综合考虑人口、地区生产总值（GDP）、产业结构、能源结构等因素，运用环境经济学模型进行回归分析，建立了全市碳排放变化趋势模型。二是明确路径。研究结果表明，影响全市碳排放峰值最主要的两个因素为产业结构和能源结构。镇江市第三产业占 GDP 比重每上升 1 个百分点、第二产业占 GDP 比重每下降 1 个百分点，全市碳排放量将下降 1.53%；煤炭占一次能源消费比重每下降 1 个百分点，全市碳排放量下降 0.22%。正常情景下镇江市将在 2030 年以后才能达到碳排放峰值，而在产业结构和能源结构优化强减排情景下，可在 2020 年左右基本实现排放峰值。三是果断决策。基于坚持"生态立市、低碳发展"的理念，结合国家对第二批国家低碳试点城市目标先进性的要求，镇江市政府果断提出力争在 2019 年左右实现碳排放峰值目标，把峰值目标作为推进低碳城市建设的倒逼机制，促使企业加快低碳化转型、升级和改造，推进城市加快低碳能源供应体系建设，引导市民加快走进低碳生活，推动整个城市更新发展理念、转变发展方式、创新体制机制。

率先探索实施项目碳评估与准入制度，从源头上控制高能耗、高碳排放项目。一是管理规范。为有效控制镇江市温室气体排放总量，在深入研究和充分论证的基础上，2014 年 2 月，镇江市人民政府印发了《镇江市固定资产投资项目碳排放影响评估暂行办法》的通知。办法包括目的、含义、适用范围、运作机制、碳评估流程、碳评估结论、碳评估使用、碳评估费用、竣工验收、监督检查以及附则共 11 条，并附碳评估流程图、碳评估指标体系、碳评估报告书内容要求和镇江市固定资产投资项目碳评估备案登记表等 4 个附件。二是方法科学。项目碳评估是在能评和环评等预评估的基础上，通过测算项目的碳排放总量、碳排放强度以及降碳量等指标，综合考虑能源、环境、经济、社会等因素，建立包括单位能源碳排放量、单位税收碳排放量、单位碳排放就业人口等 8 个指标的评估指标体系，科学确定指标权重，从低碳发展的角度综合评价项目的合理性和先进性，并将评估结论作为项目建设的必要条件。三是结果可达。将评估结论划定为用红灯、黄灯、绿灯表示的三个等级，对红灯项目坚决不予通过，对黄灯项目则强制要求其进一步采取低碳技术和减排措施，达到准入标准后方可通过，绿灯项目在提出进一步控制排放建议后可直接通过。

率先探索低碳发展目标任务考核评估体制，发挥考核评估指挥棒导向作用。一是探索开展区县碳排放双控目标考核。在充分考虑主体功能区定位、产业结构、能源结构、人口占比、GDP 占比等因素基础上，镇江市探索以县域为单位，实施碳排放的总量和强度"双控"目标的考核机制，2014 年全市碳排放总量增幅控制在 6.3% 以内，碳排放强度下降 4.8% 以上，7 个所辖市区实施差异化的目标分配及考核机制。二是探索开展各类试点评估考核。在低碳景区、低碳社区、低碳学校、低碳机关、低碳村庄等低碳试点创建标准研究的基础上，逐步建立低碳试点标准体系，并将据此对低碳试点单位进行评估考核，形成"一级抓一级、层层抓落实"的工作格局。三是加快构建突出生态文明建设的政绩考核体系。在研究制定全市碳排放目标责任考核制度的基础上，按照主体功能区规划划定的不同地域发展定位，通过科学设定生态文明建设评价考核指标体系，探索建立分类考核机制，并将考核结果纳入全市目标管理体系。

三、镇江市低碳试点工作挑战与建议

调研发现，镇江市电力行业碳排放总量的有效控制是确保全市碳峰值实现及低碳城市建设成效的关键。据估算，2012年，全市电力行业二氧化碳排放量约为2 882万吨，约占工业碳排放总量的68.6%，而工业碳排放占全市碳排放的73%左右。2013年年底，全市发电装机容量约为727.8万千瓦，若在"十二五"甚至"十三五"期间仍新上煤电机组，总装机容量将达到1 126万千瓦，将严重影响整个城市碳排放峰值的实现进度及控制目标。

调研还发现，由于镇江市领导对低碳试点工作高度重视，全国低碳试点城市面临的许多共性问题（如领导干部认识不到位、目标先进性不够、制度创新积极性不高、基础与能力建设不足等）在镇江都得到了一定程度的化解。镇江市深化低碳试点工作所面临的挑战更多的是涉及国家层面的顶层制度设计以及法律和政策的不配套和不协调。为此，我们对着力推进全国低碳发展、深化低碳试点工作提出如下三点建议：

一是进一步加快推进低碳发展重大制度与法规的顶层设计。低碳发展是一项全新事业，没有现成的法规和可实施的制度可以借鉴，目前工作中最为突出的问题就是无法可依，并已在不同程度上制约着低碳发展。试点地区政府在研究确定碳排放总量控制目标及分解落实机制、开展碳排放权交易等方面也因无法可依，经常受到有关单位消极抵制，而仅靠政府行政协调的工作机制又受到行政许可法规的限制。因此，建议主管部门加强对促进低碳发展的总量控制、排放许可和排放权交易等重大制度的顶层设计，加快应对气候变化法和低碳发展促进法等相关法律的前期研究和立法进程，为力争在2030年左右实现二氧化碳排放达峰保驾护航。

二是进一步加快、深化低碳试点的体制机制先行先试。低碳试点是一项新生事物，没有现成可复制的模式和路径，目前试点工作中比较突出的问题是创新动力不足，并在一定程度上影响了试点工作的成效。建议国家有关部门加强对低碳试点工作的阶段性评估，加快组织开展"十三五"深化低碳试点工作研究，研究制定关于深化低碳试点的指导意见，加强对试点工作的总体指导和协调。建议试点地区政府围绕尽快实现本地区二氧化碳排放峰值目标，提出具有显示度的碳排放总量控制目标或碳强度显著下降目标，倒逼地方围绕政府碳排放控制目标分解落实及考核评估、企业碳排放核算与报告、固定资产投资项目碳排放评估、低碳产品认证以及各类低碳试点建设规范和评价标准等体制机制的创新，为建立公平、高效的碳排放管理制度和工作机制奠定坚实的基础。

三是进一步统筹低碳发展试点与其他相关试点的协调推进。低碳试点作为推动生态文明制度建设的重要抓手，需要将低碳试点同生态文明建设工作部署及其他相关试点工作结合起来。重点要与节能减排、淘汰落后产能、发展可再生能源、开展循环经济等生态文明建设相关试点相结合，充分发挥国家已经出台的价格、税收、财政等支持政策，并用好、用足。同时，建议尽快从中央政府预算中加强对低碳发展工作的财政支持，进一步研究、完善支持低碳试点的金融、投融资、技术等专项配套政策，加大对低碳试点地区的支持力度。

（刘恒伟、丁丁、徐华清供稿）

杭州市国家低碳城市试点工作调研报告①

为进一步梳理国家低碳城市试点工作进展与成效，总结试点城市在低碳发展模式探索等方面好的做法，推动试点城市研究提出碳排放峰值目标及分解落实机制，为国家低碳发展相关立法研究、制度设计及"十三五"深化低碳试点工作提供技术支撑，中心政策法规部有关人员组成调研组，于2014年10月27—28日赴浙江省杭州市进行调研。调研组听取了杭州市发展改革委、杭州市工程咨询中心等单位领导和专家的介绍，并就地方推进低碳发展面临的挑战及政策建议展开了交流和讨论。结合中心对杭州市低碳试点工作的跟踪与分析，现将相关情况总结如下。

一、杭州市低碳试点工作进展与成效

杭州市于2010年7月被国家发展改革委确定为首批国家低碳城市试点。在杭州市委、市政府的领导下，杭州市加快发展方式转变，先行先试，努力探索出了一条以低碳产业为主导、以低碳生活为基础、以低碳社会为根本的低碳发展道路，试点工作取得了明显成效。

一是强化规划编制与实施，初步形成了"六位一体"的城市低碳发展模式。杭州市将低碳城市试点作为建设生态文明的重要抓手，将应对气候变化工作全面纳入本地区国民经济和社会发展"十二五"规划和中长期发展战略，研究制定了低碳发展等相关规划及年度计划，在全国率先探索打造低碳经济、低碳交通、低碳建筑、低碳生活、低碳环境、低碳社会"六位一体"的低碳城市模式。2010年12月，杭州市人民政府提出了《杭州市低碳城市试点工作实施方案》；2011年12月，杭州市人民政府办公厅印发了《杭州市"十二五"低碳城市发展规划》；2014年9月，经杭州市人民政府同意，杭州市发展改革委印发了《杭州市应对气候变化规划（2013—2020年）》，制订了2011—2014年度《杭州市低碳城市建设行动计划》，并明确提出了"十二五"期间"五年任务四年完成"的目标，即力争于2014年年底完成单位地区生产总值（GDP）二氧化碳排放比2010年下降20%的目标，力争在"十三五"末实现化石能源活动二氧化碳排放量达到峰值。全面实施了建设低碳产业集聚区、推广利用低碳能源、加大森林城市建设、加强低碳技术研发应用、优化城市功能结构、建设低碳示范社区、发展公共交通、推行特色试点工程等八大建设任务，扎实推进十大重点示范工程、51个低碳示范项目建设。据初步测算，2013年，全市碳排放强度比2010年下降了14.5%左右。

二是注重试点探索与示范，基本形成了"五区二行业"城市低碳试点格局。杭州市将推行不同类型的特色试点与示范作为构建示范城市的重要载体，尊重和发挥区县、部门和社区群众首创精神，采用地方申报、全市统筹、分头推进的办法，明确试点方向，推动特色试点，凝聚低碳城市建设合力，从实践中寻找最佳方案。杭州市先后开展了低碳城区、低碳县、低碳乡（镇）、低碳社区、低碳园区和低碳交通、低碳建筑的"五区二行业"试点工作。下城区探索以发展现代服务业为特色的

---

① 摘自2014年第24期《气候战略研究简报》。

低碳主导产业，开展低碳城区试点；桐庐县则通过打造低碳经济、低碳环境和低碳生活的"低碳桐庐"，建设低碳县试点；杭州经济技术开发区和钱江经济开发区通过提高主导产业低碳准入门槛、加强重点企业能耗与碳排放监管、建设新加坡低碳科技园等多种措施，落实低碳园区试点；下城区环西社区等 46 个社区通过引导、培育社区居民的低碳生活理念及消费模式，深化低碳社区试点；萧山区临浦镇、临安市潜川镇、富阳市新登镇、淳安县枫树岭镇等 4 个乡镇，通过积极探索不同类型农村地区低碳建设好的做法，推进低碳农村试点；杭州市建委早在 2010 年 12 月就组织开展了绿色低碳建筑建设示范试点工作，到目前为止已有 399 个、总建筑面积约为 3 231 万米^{2}的建筑参与了相关活动；杭州市交通运输局扎实推进国家低碳交通运输体系试点城市"八大工程"建设工作，基本完成了试点期间的各项任务与要求。

　　三是加强清单编制与管理，研究开发了"三合一"的城市碳排放管理平台。浙江省是全国温室气体清单编制的试点省份，杭州市在全国低碳城市试点中率先通过了 2005—2010 年分年度温室气体清单编制验收，形成了"一个总报告加五个子报告"的市级温室气体清单研究成果，并完成了 2011 年和 2012 年全市温室气体清单编制工作，市级温室气体清单编制工作已经进入常态化。在国家"十二五"科技支撑项目支持下，杭州市又率先在下城区开展了县区级温室气体清单编制方法探索，完成了下城区 2010 年温室气体清单编制工作，并计划从 2015 年开始，杭州市的温室气体清单编制工作将覆盖到所有区县。在全市温室气体清单数据库的基础上，杭州市研究开发了企业温室气体排放核算和报告系统，初步建成了全市统一的碳排放综合管理平台，主要包括清单管理、清单编制、清单分析、模板管理、公式管理、指标体系管理、系统管理、重点企业填报和添加新应用等 9 个模块，具备了市区两级能源活动、工业生产过程、农业、林业和土地利用变化、废弃物处理等领域温室气体清单编制及企业碳排放信息的核算、报告、审核、汇总和分析等功能，并已完成了 2005—2010 年清单入库工作。

二、杭州市低碳试点工作特色与亮点

　　杭州市在低碳试点工作中积极探索一条城市"以低碳经济为发展方向、市民以低碳生活为行为特征、政府公共管理以低碳社会为建设蓝图"的绿色低碳发展道路，着力建设"六位一体"的低碳示范城市，率先形成有利于低碳发展的政策体系和体制机制，为全国低碳城市建设积累了经验。

　　在全国率先提出低碳城市发展模式，着力打造低碳发展之城。杭州市在低碳城市建设道路上一直走在全国的前列，早在 2008 年 7 月，杭州市委十届四次全会上就明确提出杭州要在全国率先打造低碳经济、低碳生活和低碳城市。一是出台低碳决定，明确发展方向。2009 年 12 月，在杭州市委十届七次全会上通过了《关于建设低碳城市的决定》，明确提出探索一条经济以低碳产业为主导、市民以低碳生活为行为特征、社会以低碳社会为建设蓝图，体现中国特色、时代特点、杭州特征的低碳发展道路，特别是通过建设低碳经济、低碳建筑、低碳交通、低碳生活、低碳环境、低碳社会"六位一体"的低碳城市，确保杭州在低碳城市建设上走在全国前列，这一决定也得到了全市人民的广泛响应。二是加强组织领导，狠抓工作落实。成立了由市委书记任组长、31 个部门和 13 个区（县、市）为成员单位的低碳城市建设领导小组，编制完成了低碳发展规划，制订了年度低碳行动计划，提出了重点低碳建设项目以及配套政策等重大事项。杭州市发展改革委还专设了应对气候变化处，全面负责协调、推进全市应对气候变化工作的开展，各区（县、市）及交通、建筑等有关部门都积极开展了各具特色的低碳建设相关工作。三是选准低碳载体，夯实民意基础。按照"五位一体"城市公共交通发展构架，2008年5月，杭州市在全国率先运行了符合民心民意和城市建设发展方向的免费单车服务系统，成为引导百姓参与低碳城市建设、缓解交通两难、还市民蓝天白云的"撒手锏"，成为杭州低碳城市建设最为亮丽的风景和名片。公开征集公众对中国杭州低碳科技馆展示内容、方式和参与形式等的意见和建议。2012年7月，全国首个以低碳为主题的大型科技馆——中国杭州低碳科技馆正式开馆，成为老百姓特别是青少年了解低碳知识的"第二课堂"。

在全国率先开展低碳社区试点，大力打造低碳生活品质之城。杭州市坚持将"低碳社区"建设作为低碳城市建设的着力点和落脚点，早在2009年就明确提出按照低碳城市"六位一体"的总体部署，建立"政府推动、社区主体、部门联动、全民参与"的工作机制，积极开展低碳社区建设试点。2011年1月，杭州市发展改革委又在"中国杭州"门户网站向市民征集对《深化我市低碳社区试点》方案的意见和建议，通过借助群众的智慧和创造，探索出一条具有杭州特色的低碳社区建设之路。一是注重低碳社区建设规范和评价标准，引领低碳社区建设。杭州市在下城区确定了36个社区开展"美丽杭州低碳社区建设标准化试点"，探索建立杭州低碳社区标准化体系，以点带面推动全市低碳社区建设。下城区作为全市首批低碳城区试点，为推进社区建设，区政府成立了低碳社区建设工作领导小组，全面统筹协调低碳社区建设工作，并先后制定了《下城区"低碳社区"考核标准》《下城区"低碳社区"验收标准》《下城区低碳（绿色）家庭参考标准》等多项制度标准，科学合理地设置量化绩效指标，为全市广泛开展低碳社区建设探索了方法、积累了经验。二是大力推广低碳建筑，强化低碳社区硬件建设。近年来，杭州大力推广低碳建筑技术，实施城市"屋顶绿化"计划，开展"阳光屋顶示范工程""金太阳示范工程"等项目，提升社区低碳化水平。富阳市新登镇积极实施"美丽乡村千户民居屋顶光伏瓦发电项目"，首批240余户村民采用光伏陶瓷瓦片技术进行并网发电，该项目中每户安装25米^{2}光伏瓦，每年可发电约2 200千瓦时，政府每千瓦时电补贴0.6元，预计8年可收回成本。三是创新低碳社区管理方式，加快低碳社区软环境建设。杭州市充分利用现代信息手段，发挥基层社区的作用，将积极引导社区居民参与低碳社区建设作为低碳社区试点的重要内容。东新园社区充分利用现代化信息手段推进低碳化进程，通过建设数字化示范社区和推进社区网站、电子阅览室、拼车平台等信息化项目，打造"多功能社区服务中心"，方便社区居民就近享受菜单式服务，减少居民出行的碳排放；稻香园等社区则通过智能回收平台试行垃圾分类制度，居民可通过向垃圾分类回收终端机投放各种废旧物资获得积分，并可以拿积分或"碳币"兑换现金或礼品，例如，2014年6月，一位居民共累计积攒102万分，成为年度"积分王"，换得一辆价值近19万元的比亚迪油电混合动力汽车的5年使用权。四是开展"十万"家庭低碳行动，提升低碳社区居民参与度。杭州市有关部门通过编写低碳家庭行为手册，开展低碳主题和低碳示范家庭评比等活动，大力营造低碳生活氛围。环西社区通过建立家庭低碳档案，实施家庭低碳计划，倡导居民"低碳饮食""低碳装修""低碳出行"，通过采集家庭水、电、气、热等资源的使用情况，核算每月家庭减少的碳排放量，做到天天有记录、周周有小结、月月有心得，并且通过小区保安巡查，对每周少开一天车的车主，奖励洗车票，鼓励居民参与低碳社区建设。在中心举办的2014年中国低碳发展战略高级别研讨会上，张鸿铭市长应邀作了题为"以低碳社区建设引领杭州低碳发展"的主旨演讲，受到与会人员的高度评价。

率先探索强化制度和配套政策创新，努力打造低碳产业之城。杭州市委、市政府高度重视低碳产业发展以及集聚区建设，并在《杭州市"十二五"低碳城市发展规划》中，将建设低碳产业集聚区作为推进低碳试点城市建设的首要任务。一是加强政策引导，加快构筑低碳产业体系。通过制定分类考核管理制度、取消对部分县市唯 GDP 的考核办法等多种手段，大力发展文化创意、旅游休闲、金融服务、电子商务等十大低碳产业。2013 年，全市服务业增加值占 GDP 的比重达到 52.9%，比 2010 年上升了 5.5 个百分点，其中电子商务、信息软件、文化创意、物联网产业增加值比 2012 年分别增长了 55.7%、23.5%、18.0% 和 15.8%。二是研究制定低碳产业集聚区建设方案，明确指导思想和目标任务。聚焦产业低碳化、基础设施低碳化、社会生活低碳化和环境低碳化，以杭州经济技术开发区、杭州国家高新技术产业开发区（滨江）、钱江经济开发区、杭州未来科技城、青山湖科技城五个集聚区作为首批重点示范单位，着力打造生产、生活、生态"三生融合"的低碳产业集聚区，使低碳产业集聚区成为全市低碳产业集聚的主平台、低碳经济发展的先导区、低碳城市建设的示范区。争取到 2015 年，各集聚区努力实现"一个完善、四个显著"目标，即基本形成较为完善的低碳工作机制，在产业低碳化、基础设施低碳化、社会生活低碳化和集聚区环境低碳化建设方面取得显著成效。三是开展低碳产业导向目录研究，严把产业低碳准入门槛。基于 2009 年出台的《杭州市产业发展导向目录及空间布局指引》，在原有投资强度、单位用地产出、容积率、产值能耗、产值水耗和全员劳动生产率等六项约束性指标基础上，增加碳排放强度约束性指标，研究建立杭州市低碳产业体系目录，提出一批重点发展的产业导向目录，积极培育低碳支柱产业，作为协同推进国家级低碳试点城市和节能减排财政政策综合示范城市，落实国家节能低碳产业与财政政策的重要举措。

率先探索协同低碳城市与交通试点，积极打造低碳交通之城。杭州市委、市政府在《关于建设低碳城市的决定》中明确提出实施"公交优先"战略，倡导绿色出行，打造低碳交通，并将大力发展公共交通、加快构建低碳交通体系作为《杭州市"十二五"低碳城市发展规划》提出的八大重点任务之一，明确 2015 年和 2020 年的具体建设目标。一是明确提出低碳交通发展模式，大力打造"五位一体"绿色低碳交通运输体系。即落实"公交优先"战略，从政策保障有力、组织保障到位、公交都市创建、公交规划超前等，全面推进地铁、公交车、出租车、免费单车、水上巴士"五位一体"公交优先战略，推进八城区与五县（市）公交一体化，加快打造杭州特色"五位一体"的"8+5"品质大公交体系，努力建成全国第一个实现五种公交方式"零换乘"的城市，打造低碳化城市交通运输体系。二是全方位开展低碳交通试点，探索体制创新及项目示范。以入选交通运输部低碳交通运输体系建设试点为契机，以综合交通系统低碳化、交通基础设施低碳化、交通运输装备低碳化为基础，推进低碳交通运输体系区域性试点，深化"车、船、路、港"千家企业低碳交通运输专项行动，打造低碳高速公路、低碳港口和低碳车管，加快构建全市统一的全过程监管、全社会服务、全天候运行的综合交通信息枢纽，全方位推进低碳交通试点。三是以"免费单车"为载体，率先打造全球一流公共自行车服务体系。2008 年至 2011 年年底，杭州市财政共投入资金 34 609.69 万元，建成公共自行车网点 2 482 个，购买公共自行车 5 万辆，形成了具有鲜明特色的杭州公共自行车运营模式。到目前为止，已经发展成为拥有 7.8 万辆公共自行车及 3 113 个服务网点、平均每日提供 20 万以上出行人次、具有鲜明运营模式特色的杭州公共自行车交通系统，成为杭州市"五位一体"绿色低碳公交体系中最亮丽的一张金名片，也成为杭州打造低碳城市过程中的最大特色。四是以节能与新能源汽车推广试点城市为抓手，加快城市交通运输工具低碳化。预计到 2014 年年底，杭州市公交集团公共汽电车将达到 8 200 余辆，新能源汽车和清洁能源汽车占比达到 50%，其中纯电动客车占比达10% 以上，即充式纯电动公交车 115 辆，占比达 1.4%，油电混合动力客车 1 140 辆，占比达 14%，液化天然气（LNG）客车 2 011 辆，占比达 24% 以上。市区出租汽车 9 965 辆，其中纯电动出租汽车2014 年年底达到 1 000 辆左右，压缩天然气（CNG）双燃料出租汽车在主城区和萧山区分别达到 2 200辆和 1 079 辆，95% 以上的更新出租车采用清洁能源。此外，还推广应用 5 400 多辆微公交，建成充电换电智能立体车库租赁站点 13 座。

三、杭州市低碳试点工作挑战与建议

调研发现，大幅降低杭州市电力、建材等重点企业的二氧化碳排放强度是确保有效控制全市二氧化碳排放总量并提前一年完成强度下降指标的关键。作为国家节能减排财政政策综合示范城市，在《浙江省控制温室气体排放实施方案》（浙政办发〔2013〕144 号）中，明确要求杭州市"十二五"期间单位地区生产总值二氧化碳排放下降 20% 指标须提前一年完成。2011—2013 年，杭州市地区生产总值增长了 29.6%，单位地区生产总值二氧化碳排放下降约 14.5%，若要提前一年完成"十二五"期间碳强度下降 20% 的目标，则意味着 2014 年单位地区生产总值二氧化碳排放须下降 6.5% 以上。根据杭州市发展改革委组织的有关课题的研究结果，2011 年杭州市年能耗万吨标准煤以上的 153家企业全部分布于工业部门 11 大行业；其中，电力、热力生产和供应业是万吨标准煤以上企业的第一大碳排放行业，14 家企业单位工业产值二氧化碳排放量是全部企业平均值的 16 倍，其次为非金属矿物制品业，15 家企业的平均值约为全部企业平均值的 5 倍，而且这 153 家企业的万元工业产值二氧化碳排放量平均值是 11 个行业规模以上企业万元工业产值二氧化碳排放量均值的 2 倍。显然，电力、热力生产和供应业及非金属矿物制品业等行业年能耗万吨标准煤以上企业的降低碳排放强度潜力较大、作用深远。

调研还发现，在杭州市有关领导和专家层面尚没有形成具有指导意义和可操作性的全市碳排放峰值目标及其路线图。尽管杭州市作为第一批国家低碳试点城市，在《杭州市应对气候变化规划（2013—2020 年）》中也明确提出力争在"十三五"末化石能源活动二氧化碳排放量达到峰值，但由于我国计划到 2030 年左右二氧化碳排放达到峰值且将努力早日达峰，这一战略目标尚未清晰地传递并有效地落实到我国东部沿海发达地区及低碳试点省市，杭州市目前有关峰值的研究方法及分析模型尚在完善之中，有关峰值的时间及大小结合对新常态的研判正处在调整与决策之中。结合杭州市在推进低碳发展工作中好的做法以及所面临的挑战，我们对下一阶段狠抓落实、深化低碳试点工作、持续推进全国低碳发展提出如下两点建议：

一是充分发挥规划的导向作用，狠抓峰值目标的落实。2030 年左右实现二氧化碳排放峰值是我国建设现代化国家的战略目标，也是当前及今后相当长一段时间内促进我国社会经济可持续发展及生态文明建设的重大举措。杭州市委、市政府早在 2009 年《关于建设低碳城市的决定》中，围绕建设低碳城市总体要求、培育低碳产业、打造低碳经济等 8 个方面，提出了 50 条实实在在的决定和意见，系统阐明了杭州市低碳发展的战略蓝图，明确提出了到 2020 年全市万元地区生产总值二氧化碳排放比 2005 年下降 50%左右的主要目标，并在《杭州市"十二五"低碳城市发展规划》得到全面落实。2014 年，根据新的形势和要求，杭州市在《杭州市应对气候变化规划（2013—2020 年）》中明确提出"力争在'十三五'末将化石能源活动二氧化碳排放量达到峰值"作为全市应对气候变化的主要预期目标，充分体现了一张蓝图、一个目标抓到底的定力。建议其他的国家低碳试点省市以及东部沿海发达地区的领导干部，也应从政治高度和战略角度充分认识碳排放峰值对于形成倒逼机制的意义，尽快研究提出本地区峰值目标及分解落实机制，并及时融入"十三五"时期地区国民经济和社会发展规划之中。另外，在狠抓峰值目标落实过程中，要有"功成不必在我任期"的理念和境界，不贪一时之功、不图一时之名，多干"打基础、利长远"的事。

二是健全管理体制和工作机制，狠抓任务与工作落实。低碳发展既是一项全新的事业，也是一项涉及经济、社会、能源、建筑、交通等领域的系统工程，需要统筹协调，形成整体合力。从杭州市的部门职责及实际分工情况来看，一方面，全市的节能工作由杭州市经信委负责，而应对气候变化工作则由杭州市发展改革委负责，这种条块式的分割方式在全国其他城市也有一定的普遍性；另一方面，从杭州市人民政府办公厅印发的《杭州市能源消费过程碳排放权交易管理暂行办法》来看，又明确由杭州市节能行政主管部门对碳排放权交易实施统一监督管理，这在一定程度上影响了任务的有效落实和工作的顺利开展，需要健全科学合理、行之有效的工作责任制，以责任制促落实、以责任制保成效。从杭州市低碳社区的试点实践来看，建立"政府推动、社区主体、部门联动、全民参与"的工作机制，通过发挥基层社区的作用，创新管理思路；通过征求百姓建言等方式，引导居民参与低碳社区建设；通过开展"万户低碳家庭"示范创建活动，鼓励百姓从自身做起。通过鼓励基层群众解放思想、积极探索，推动低碳社区建设顶层设计和基层探索互动，减少低碳社区试点建设指标体系顶层设计中的约束性指标，增加鼓励社区居民参与的激励性指标，对于研究提出具有指导意义、可操作、可复制的低碳社区试点建设指南具有重要的借鉴作用。

（刘恒伟、丁丁、徐华清供稿）

武汉市国家低碳城市试点工作调研报告[①]

为进一步梳理国家低碳城市试点工作进展与成效，总结试点城市在低碳发展模式探索等方面好的做法，推动试点城市研究提出碳排放峰值目标及分解落实机制，为国家低碳发展相关立法研究、制度设计及"十三五"深化低碳试点工作提供技术支撑，时任中心副主任徐华清率政策法规部项目碳评课题组一行4人，于2016年1月25—26日赴湖北省武汉市开展调研。调研组听取了武汉市发展改革委、武汉市节能监测中心等单位有关同志的介绍，并就地方推进低碳发展面临的困难挑战及意见建议进行了交流与讨论。结合中心对武汉市低碳试点工作的跟踪与分析，现将相关情况总结如下。

一、武汉市低碳试点工作进展与成效

武汉市于2012年11月被国家发展改革委列为第二批国家低碳试点城市。在武汉市委、市政府的领导下，武汉市围绕实现二氧化碳排放峰值目标，努力探索以低碳转型为重点、试点示范为引领、制度创新为支撑的低碳发展模式，试点工作扎实推进，并取得了初步的成效。

一是以碳排放峰值目标为导向，加快形成低碳发展倒逼机制。武汉市将积极应对气候变化、加快推进低碳城市建设作为生态文明建设的重大举措和重要抓手，不断强化碳排放峰值目标的导向作用，以科学规划引导城市低碳发展。早在2011年，武汉市人民政府就印发了《武汉市"十二五"时期节能降耗与应对气候变化实施方案》，明确提出妥善应对资源环境巨大压力和应对气候变化严峻挑战，充分发挥资源环境约束对转变发展方式的倒逼作用，确保到"十二五"末期，全市万元地区生产总值二氧化碳排放量比"十一五"末期下降19%。2013年，在武汉市人民政府印发的《武汉市低碳城市试点工作实施方案》中明确提出，力争到2020年实现能源利用二氧化碳排放量达到峰值，单位地区生产总值二氧化碳排放量比2005年下降56%左右，基本建立以低碳排放为特征的现代产业体系，基本形成具有示范效应的低碳生产生活"武汉模式"。2013年以来，武汉市发展改革委先后启动了"武汉市2020年低碳发展规划研究""武汉市碳排放峰值预测及减排路径研究"等课题，通过对人口、城市化率、人均地区生产总值（GDP）、产业结构、能耗强度、能源结构等因素的情景分析，初步提出了2022年达峰的目标，提出了低碳发展的主要目标和重点任务。2015年9月，在美国洛杉矶召开的第一届中美气候智慧型/低碳城市峰会期间，武汉和其他城市共同签署了《中美气候领导宣言》，明确承诺将于2022年左右达到二氧化碳排放峰值的低碳发展战略目标，并计划在"十三五"期间投资近1 000亿元，用于建设包括低碳工业园区改造等在内的6大类共120余项重大低碳工程。通过上述举措，不断加深对峰值目标的科学认识和政治共识，强化低碳发展的目标约束和制度创新，加快形成促进低碳发展的倒逼机制。据分析，2014年，武汉市单位地区生产总值二氧化碳排放强度比2010年下降了15.7%，2015年全市规模以上工业增加值单位能耗下降了9.5%左右，

[①] 摘自2016年第4期《气候战略研究简报》。

有望超额完成"十二五"碳排放强度下降目标。

二是以低碳项目和技术为载体，着力推进城市低碳转型。武汉市以实施战略性新兴产业为主导的工业倍增计划和现代服务业升级计划为抓手，以低碳项目、低碳技术和低碳产品为载体，着力形成以低碳发展为特征的现代产业体系和城市基础设施。组织和实施了一批重点低碳工程和项目。截至目前，已有16个重点低碳示范工程与项目建成投产，花山生态新城、武汉四新生态新城等生态城示范项目正在加快建设中，20个园区低碳循环改造项目基本完成，金口垃圾填埋场生态修复项目荣获了第21届联合国气候变化大会"C40城市气候领袖群第三届城市奖"。加快推进低碳智慧交通体系建设。大力发展低碳轨道交通，目前轨道交通运营里程已达126千米，尚有11条地铁线路正在同时建设，新能源汽车使用量达到4 000辆左右，公共交通出行率达到43.6%，建成慢行交通系统160千米，公共自行车站点近800个，投入运营公共自行车2万辆，"江城易单车"手机App还为市民提供了便捷的租车功能。着力构建特大中心城市碳汇体系建设。以园博园建设为龙头，以张公堤城市森林公园、三环线生态隔离带、绿道、城市主干道绿化建设为重点，带动了全市园林绿化整体大提升，2015年新增绿道233.7千米。注重加强重大低碳技术的研发与推广。中美清洁能源联合研究中心"清洁煤"产学研联盟依托华中科技大学，建成了国内首套3兆瓦富氧燃烧与二氧化碳捕捉综合试验台，积极推进低碳产业专业技术平台建设，支持了126项低碳产业技术研发建设项目。2015年，武汉市经济结构调整呈现"两升两降"新态势，第三产业比重达到了51%，比2014年提升了2个百分点，高新技术产业增加值达到2 235.65亿元，占GDP比重比上年提升了0.3个百分点，而重化工业占比下降了3.2个百分点，单位规模以上工业增加值能耗则下降了9.5%左右。

三是以试点示范为引领，着力推进重点低碳示范区建设。武汉市以国家、湖北省及市级低碳新城、园区、社区试点为契机，着力推进以集中展示低碳绿色发展为特色、以制度创新为重点的示范区建设，形成了一批"可看、可学、可推广"的典范。武汉华山生态新城作为国家首批低碳城（镇）试点，重点探索了政府引导、企业主导的市场化运行机制以及低碳生产生活综合体建设规范。武汉青山经济开发区作为国家首批低碳工业园区试点，重点推动传统产业的低碳化转型、升级和改造，探索低碳循环发展新模式与新机制。东湖新技术开发区和百步亭社区是湖北省第一批低碳园区和低碳社区，前者重点发展光电子信息、生物技术、环保节能、高端装备制造、高技术服务业等低碳产业，力争低碳产业比重超过90%；后者通过低碳交通系统、万树工程系统、垃圾减量处理系统、绿色建筑系统、公共配套服务系统、健康运动系统和管理信息化系统等八大类低碳项目的集中建设与示范，探索建立了低碳社区建设规范和行为准则，并在此基础上编制了《武汉市低碳城区、低碳社区试点实施方案编制指南》，建立了低碳城区评价指标体系，为低碳城镇、低碳社区试点与示范建设提供了技术支撑。

二、武汉市低碳试点工作特色与亮点

作为第二批国家低碳试点城市，武汉市紧紧围绕《武汉市低碳城市试点工作实施方案》，在创新体制机制、深化国际合作、强化平台建设等方面积极探索，努力为全国中西部大城市低碳发展积累经验、提供示范。

　　一是主动参与全省碳排放权交易制度，打造碳市场创新中心。从 2013 年开始，武汉市发展改革委对全市年综合能源消费在 1 万吨标准煤以上的 50 余家工业企业进行了碳排放初步盘查，积极推动 17 家重点企业纳入湖北省碳排放权交易试点工作。积极参与并配合湖北省发展改革委组织开展的湖北省碳交易政策体系建设，扎实推进国家碳排放权交易试点相关工作，先后推出了碳资产质押贷款、碳众筹项目、配额托管、引入境外投资、建立低碳产业基金等创新之举；截至 2015 年年底，湖北碳市场交易活跃，累计成交配额 2 495 万吨，交易总额达到 6 亿元左右。

　　二是探索建立新建项目碳排放评价制度，打造能评的升级版。武汉市人民政府在《武汉市低碳城市试点工作实施方案》中明确提出建立新建项目碳核准准入制度，武汉市发展改革委研究出台了《市发展改革委关于在武汉市固定资产投资项目节能评估和审查中增加碳排放指标评估的通知》和《武汉市固定资产投资项目碳排放指标评估指南》，明确要求节能评估文件编制机构在编制节能评估文件时，增加碳排放测算、评价、控制措施等内容并填写摘要表，并对评审、审查和监察等机构的相关工作提出了明确要求，确保既不新增项目审批事项、延长审批时间，又能强化企业的低碳发展意识，并对项目的温室气体排放实施源头控制，倒逼企业的低碳转型、升级和改造。2015 年度共完成评审项目 1 397 个，项目总投资额为 6 472.68 亿元，年二氧化碳排放总量为 467.27 万吨，经评估和审查核减的二氧化碳排放量为 15.23 万吨，约占排放总量的 3.26%。

　　三是积极开展区域碳计量研究及国际合作，打造碳标准高地。早在 2011 年 9 月，武汉市有关部门就研究发布了《温室气体排放量化、核查、报告和改进的实施指南》，该指南成为国内首个地方性碳核查执行标准，并被国家标准化委员会批准作为省标发布实施。近年来，武汉市在开展市级温室气体清单编制工作的同时，还积极开展碳计量国际合作，与法国波尔多市签署了"碳值计量法"（Bilan Carbone）合作协议，学习、消化对方的碳值计量法，筛选本地部分重点企业，运用碳值计量法进行测量，力争尽快建立武汉重点行业温室气体排放标准。与此同时，还积极推行低碳产品认证，武汉长利玻璃（汉南）有限公司获得了国家发展改革委和国家认监委颁发的首批低碳产品认证证书。另外，通过与法方在碳计量、绿色公共建筑、生态示范城建设等方面开展合作以及加入"C40 城市气候领袖群"等网络，借助先进国家的经验、资金和技术，推动武汉市低碳发展，深化城市低碳发展合作，扩大中国低碳城市的影响力。

　　四是率先探索节能与低碳融合智慧系统，打造低碳管理平台。为统筹推进全市节能智慧管理系统建设与城市碳排放管理工作，提升全市能源管理和低碳建设信息化的整体水平，在《武汉市节能智慧管理系统建设实施方案》的基础上，武汉市发展改革委于 2014 年启动建设了"武汉市节能低碳智慧管理平台"，计划用 3 年左右的时间，将约 500 家主要用能和排放单位纳入监管范围，初步构建监管指标体系，健全互联互通标准，完善节能低碳制度，并实时掌握重点行业、重点企业和关键工序的能耗和碳排放数据，为全省和全国节能低碳智慧管理系统建设奠定数据、技术和管理基础。武汉市发展改革委还会同有关部门建设了"武汉低碳新生活服务平台"，运用现代网络信息技术，搭建公益性、实用性低碳生活综合服务平台，实现低碳商品交易与兑换、节能补贴产品网上申购、低碳基金服务、低碳志愿者联盟、低碳出行倡导、二手商品寄售与交换、低碳企业家俱乐部等七大服务功能，扩大公众参与，引导低碳消费。

三、武汉市低碳试点工作面临的挑战与初步建议

调研发现，武汉市产业结构与生活用能是影响全市碳排放峰值实现及低碳城市建设成效的关键。2015 年，武汉市 GDP 已达到 10 905.6 亿元。随着国家长江经济带战略的实施，预计"十三五"期间 GDP 年均增幅将达到 8.5%，未来一段时期将有一批重大工程项目上马，且"偏重"的产业结构在短期内难以得到转变，碳排放总量将在一定时期内保持上升趋势，这无疑增加了碳排放量提前达峰的难度。武汉市属于典型的夏热冬冷地区，全年非舒适气温长达 9 个月；近年来，随着住房面积的增加和居住条件的改善，绝大部分居民采用分户供暖、制冷，提升生活方式的绿色低碳水平显然面临着严峻的形势。

调研还发现，武汉市仍然存在基础数据不足、未来形势研判不充分的问题，制约着城市碳排放峰值目标的分解与落实。主要表现为：在经济发展新常态下，对于碳排放峰值目标的科学认识和政策含义尚有差距，提出的"争取在 2022 年左右达到二氧化碳排放峰值"目标的时间及数量低于预期；温室气体清单编制及碳排放核算的统计基础仍比较薄弱，尚未建立完整、系统的城市、区县以及企业层面温室气体排放"一本账"，在开展项目碳排放评估时也无法评估项目对区域碳排放总量、增量的影响。基于以上分析，我们对下一阶段深化低碳试点工作提出两点建议。

一是坚持生态优先，引领绿色低碳长江经济带建设。习近平总书记在推动长江经济带发展座谈会上强调，长江是中华民族的"母亲河"，也是中华民族发展的重要支撑，要在生态环境容量"过紧日子"的前提下，自觉推动绿色循环低碳发展，有条件的地区率先形成节约能源资源和保护生态环境的产业结构、增长方式、消费模式，真正使黄金水道产生"黄金效益"。作为长江中游城市群中心城市，武汉市应进一步强化在国家长江经济带战略中的责任地位和辐射作用，严格控制沿江高耗能、重化工产业的发展与布局，努力推动钢铁、化工等重点行业二氧化碳排放的有效控制，带动形成新能源汽车产业等低碳产业走廊，加快构建服务流域的低碳综合运输体系，率先兑现碳排放达峰承诺；作为沿江中西部低碳试点城市，武汉市应深化低碳城市试点工作，进一步建立和完善促进低碳发展的总量控制制度、排放交易制度、重大项目碳排放评价制度等，尽快研究提出具有先进性和示范价值的行业碳排放标准及低碳城镇、园区和社区建设规范与评价标准，推动建立长江中游低碳发展共建共享联盟以及碳排放信息共享平台。

二是科学研判峰值，落实碳排放目标分解落实机制。《中共中央关于制定国民经济和社会发展第十三个五年规划的建议》中明确提出要支持优化开发区域率先实现碳排放峰值目标。武汉市作为国家中心城市以及第二批国家低碳试点城市，应积极引领经济新常态，加快绿色低碳转型，抢抓机遇、主动作为。研究确定武汉市碳排放峰值及其实现路径是促进产业低碳化转型、升级和改造，引导低碳消费模式和生活方式，把握控制温室气体排放工作主动权的关键所在，也是加快形成绿色低碳倒逼机制，加快推进生态文明建设的内在需要，更是谋划发展战略、实现"大武汉复兴战略"的重大举措。建议加强对碳排放峰值目标的科学研判，提升对碳排放峰值目标战略意义的认识，在摸清历史和排放现状、厘清行业碳排放数据、分析"十二五"碳排放控制目标完成情况的基础上，科学假设新常态下武汉未来的社会经济发展与碳排放情景，充分考虑国家低碳试点城市的示范、带动

与突破作用，尽快研究提出具有先进性和可操作性的 2020 年左右碳排放达峰目标及分解落实方案，将峰值目标分解落实到区县与重点部门和行业，并与重点工程和重大项目布局相匹配，与体制机制创新相衔接。

（周泽宇、杨秀、王雪纯、徐华清供稿）

南昌市和石家庄市低碳发展促进条例调研报告①

南昌市和石家庄市分别作为第一批、第二批国家低碳试点城市，率先于 2016 年出台了《南昌市低碳发展促进条例》《石家庄市低碳发展促进条例》，通过立法强化低碳发展理念、固化低碳试点成果、深化低碳转型实践。为深入了解两市在促进低碳发展法制化方面好的做法及面临的挑战，近日由时任中心副主任徐华清带队，组织政策法规部相关同志赴两地开展专题调研，并进行了座谈，现将调研情况总结如下。

一、《南昌市低碳发展促进条例》基本情况及特色亮点

江西省南昌市作为第一批国家低碳试点城市，于 2016 年 4 月经市人大审议通过了《南昌市低碳发展促进条例》，并于 2016 年 9 月施行。该条例共 9 章 63 条，包括总则、规划与标准、低碳经济、低碳城市、低碳生活、扶持与奖励、监督与管理、法律责任和附则，其立法聚焦于依法构建城市低碳发展的体制机制，依法巩固城市低碳试点好的做法与经验探索，依法保障南昌"森林大背景、空气深呼吸、江湖大水面、湿地原生态"的生态文明建设成果，为城市低碳发展提供法律保障。

（一）不断夯实立法共识，确保条例顺利出台

一是立法需求上多次沟通，充分发挥立法部门的积极性。 立法初期，南昌市立法机构对低碳发展立法的重要性认识并不到位，对低碳发展条例立法的可行性把握不准，对低碳发展目标是否会约束地区经济增长和产业发展存在担忧。南昌市发展改革委作为条例起草部门，在立法过程中与相关立法机构和政府职能部门进行了充分沟通，对国内低碳试点地区进行了广泛调研，并组织经济专家、法律专家和能源专家反复论证，认为低碳立法对优化经济结构、促进产业转型具有积极作用。南昌市法制办也先后牵头组织召开了 3 次座谈会，对条例内容进行反复修改。江西省人大法工委也牵头组织了多次意见征求会，按照立法规范严格把关。在各方努力下，2015 年，《南昌市低碳发展促进条例》被列入市人大立法计划和市法制办调研论证项目，2016 年被列入年内提请市人大常委会审议的立法项目，并最终顺利出台。

二是立法内容上求同存异，取得相关部门的最大公约数。 在立法过程中，起草部门通过反复修改条例内容，协调几个政府主要部门，逐步取得了立法内容上的共识，并妥善解决了省人大、市人大和企业代表的关切。首先，在确保立法核心要素的前提下，对立法争议较大的内容进行了适当删减；其次，对涉及环保、能源等相关领域的内容，起草部门主要是吸收相关部门意见，以进一步充实条例，包括实施清洁能源计划、执行建筑节能标准、推广新能源汽车、推动再生水市场有效供给、鼓励低碳生态农业等内容；最后，根据立法部门要求规范执法后果等相关的规定，采纳了市人大的

---

① 摘自 2017 年第 3 期《气候战略研究简报》。

意见，在条例最后部分增加了罚则，使之更加符合立法规范。

三是立法步骤上循序渐进，强化开门立法与广泛参与。从《南昌市低碳发展促进条例》列入立法计划开始，就在《江西日报》、新华网等主流媒体上进行了专题报道，广泛宣传低碳发展的必要性，广泛征求公众对立法的意见和建议，为开门立法和科学立法造势。考虑到公众对低碳发展意识的接受程度和对一部新法的知晓需要一定的过程，市人大也将条例出台后的一年定位为"宣传年"，南昌市发展改革委还组织召开新闻发布会，对条例进行全面解读，并在《南昌日报》上全文登载该条例，使条例列为政府年度宣传重点。

（二）科学制定法律条文，兼具可操作性和导向性

一是聚焦规划目标和责任评价考核，明确低碳政策导向。该条例集中体现了南昌市的低碳转型思路，对低碳发展的综合施策进行了立法布局，为城市未来的发展方向指明了着力点。条例明确提出了编制低碳城市发展规划，建立低碳发展决策和协调机制，建立低碳发展目标行政首长负责制和离任报告制度，建立低碳发展考核评价指标体系，建立低碳项目库并制定低碳示范标准，对项目进行以温室气体排放评估为主要内容的产业损害和环境成本评估，加强低碳高端人才引进并制定特殊优惠政策等内容，这些促进低碳发展的重大举措及其可能产生的效果也值得我们持续跟踪分析。

二是聚焦公众低碳认知度和获得感，倡导低碳生活方式。调研发现，南昌市非常重视"可视化低碳城市"的建设目标与行动，即低碳成果不能只停留在总结报告中，要让老百姓看得到、感受得到。为此，条例专门设置了"低碳城市"一章，将城市规划、公共设施布局、低碳建筑、低碳交通、新能源汽车、城市园林绿化、低碳示范创建等内容纳入其中，且条例在有限的立法体量下，关于公众低碳生活的规定非常的细致，如明确规定要"循环使用筷子、不得无偿提供不可降解塑料袋、鼓励新建建筑一次性装修到位"等细节性要求，并相应设定了"500元以上、5 000元以下罚款"的罚则，具有较强的可操作性。

三是聚焦扶持与奖励等激励性手段，推动社会广泛参与。条例专门设置了"扶持与奖励"一章，并将倡导和鼓励作为条例实施的主要途径，将监督和惩罚作为辅助性手段。南昌市政府自2014年起，每年安排500万元的财政预算作为低碳城市建设专项资金，用于支持低碳重点工程建设、低碳新技术推广、低碳产品生产应用。该条例中提出"对低碳发展贡献突出的单位和个人给予表彰和奖励""将温室气体排放监测纳入财政预算"等，由于有了市财政预算内低碳专项资金，落实工作得到了保证。

（三）有序推进法律落实，打好配套组合拳

一是将配套实施意见同步纳入立法视野。本着"先粗后细、先易后难"的立法原则，南昌市发展改革委制定了"条例+实施意见"的立法路线：将那些争议较小、原则性强的内容优先纳入条例；在条例实施后的一年中，根据实施效果及面临的新情况和新问题，及时制定《南昌市低碳发展实施意见》，细化条例中的具体措施，弥补条例中的不足。这样的立法配套组合拳既保证了条例的及时出台，又保证了条例的有效实施。

二是按部门落实法律任务，确保权责明确。本着"责任主体细化、任务节点细化"的原则，南

昌市计划将部门任务分解作为条例执行的主要手段，即将现有条例和将要出台的实施意见中的主要任务，在市政府职能部门之间进行任务分解，有效利用现有政府工作机制，确保条例中的各项任务措施落到实处。

三是实施执法跟踪机制，珍惜立法资源。据南昌市发展改革委介绍，条例出台前，该市在绿色建筑节能、区域低碳规划、新能源汽车普及、城市垃圾分类、LED 灯推广等方面已具有一定的工作基础。条例出台后，将对条例涉及的规划、能源、建筑、交通、宣教等主要职能部门的执行情况进行跟踪评估，借助地方性法规的强制力，进一步推动各部门为低碳发展工作提供更多的资金保障和工作动力。

二、南昌市条例实施面临的挑战

一是条例中的重大制度落地尚待时日。考虑到《南昌市低碳发展促进条例》出台时间不长，缺乏执法实践，目前还无法从司法、执法和法律监督方面评判该条例产生的社会影响。调研发现，条例提出的重大低碳发展制度中，尚有部分内容仍处在研究和探索之中，并未开展实质性工作，亟须抓好顶层设计，做好深化落实。

二是条例中的执法基础尚需夯实。调研发现，由于目前地方碳排放数据基础比较薄弱，地方统计局有关温室气体排放的基础统计制度尚处在建立和完善之中，地方发展改革部门有关企业温室气体核算和报告制度及信息披露制度也处在推进之中，尚未形成系统的数据管理制度和工作基础，难以作为法定采信的碳排放数据依据，亟须加快企业层面温室气体排放数据统计、监测和核查体系建设。

三是条例中的惩罚措施尚无经验。调研发现，作为新生事物，由于国内低碳试点城市对处罚性的执法尚没有先例，条例中对于国家机关及其工作人员、温室气体重点排放单位和其他社会主体的法律责任，在执法主体、执法权划分、处罚裁量权等相关问题方面都需要未来作进一步探索。

三、《石家庄市低碳发展促进条例》好的做法及挑战

《石家庄市低碳发展促进条例》自 2016 年 1 月 22 日经石家庄市人大通过，2016 年 5 月经河北省人大批准，于 2016 年 7 月 1 日起施行。该条例共 10 章 63 条，包括低碳发展的基本制度、能源利用、产业转型、排放控制、低碳消费、激励措施、监督管理和法律责任等内容。

一是率先开展国内城市低碳立法。2012 年，河北省石家庄市被列为第二批国家低碳试点城市，出台的《石家庄市低碳发展促进条例》是全国第一部城市低碳发展促进条例，开创了城市低碳立法的先河。调研发现，石家庄市在申请和建设国家低碳城市试点过程中，逐步明确了通过立法保障地区低碳转型的路径，力求借助法律的强制力促进该地区的产业转型升级和跨越式发展。该条例于 2013年 6 月被列入石家庄市政府和市人大的五年立法计划，2014 年正式启动草案起草工作。由于是国内第一部城市低碳发展促进条例，条例起草部门与市法制办一起就条例框架和内容进行了多次沟通、修改和完善，并对名词解释、罚则设定等基础性问题进行了较为充分的讨论，条例题目也从原来的

《石家庄市绿色低碳发展促进条例》改为《石家庄市低碳发展促进条例》，条例内容从繁到简，最终获得了各方面的认可，从而得以顺利出台。

二是全面布局城市低碳制度与政策。《石家庄市低碳发展促进条例》涉及的低碳制度与政策比较全面：在控制温室气体排放方面，提出了建立碳排放总量、碳强度控制制度，温室气体排放统计核算制度，温室气体排放报告制度，低碳发展指标评价考核制度以及碳排放标准和低碳产品认证制度，提出鼓励重点排放单位实施碳捕集、利用和封存技术，积极增强林木、草地、耕地、湿地的储碳能力；在推动能源转型方面，提出了煤炭消费总量制度和煤炭质量标识制度，鼓励新能源和可再生能源发展，推广先进的用能技术；在促进产业转型方面，提出制定重点生态功能区产业准入负面清单，对固定资产投资项目实行准入管理，将碳排放评估纳入节能评估内容、重点碳排放单位的能源审计和清洁生产审核之中；在引导公众参与方面，提出优先发展公共交通，加强公共机构节能，鼓励低碳消费、低碳生活等。该条例在低碳制度创新方面有了一定的突破，提出了"碳排放总量控制制度""产业准入负面清单制度""将碳排放评估纳入节能评估"等内容。

三是多层次设定法律责任。条例用"监督管理"和"法律责任"两个章节对约束和罚则进行了规定，其中处罚对象除国家机关及其工作人员外，还包括企事业单位、生产经营者等权利主体，处罚方式包括行政罚款、警告、记过等行政处罚和不良记录登记等多种形式，可以看出条例虽然立法层级不高，但仍是一部综合性的法规。由于该条例施行时间较短，目前尚无法看出实施效果，如果执行到位，可以预见其将是一部约束力较强的地方性法规。

四是重立法轻执法现象不容忽视。《石家庄市低碳发展促进条例》的法律调整范围不仅限于控制碳排放，还包括合同能源管理、负面清单等能源和产业转型的内容，其执法面临的挑战将是巨大的。调研发现，条例的起草部门至今仍缺乏执法勇气和自信，尚没有明确的执法计划，相关执法措施和手段也未落实到位。

四、启示与建议

在国家应对气候变化立法进展缓慢，地方立法面临"目的不明、定位不清、执法不力"等共性问题的大背景下，南昌市和石家庄市两个国家低碳试点城市克服重重困难取得的立法成果确实来之不易，对国内其他城市和国家层面推进气候立法具有一定的借鉴意义。

一是将法治建设作为地区低碳转型的重要抓手。综合研究表明，地方立法机关的层级越高，内容越完善，对应对气候变化和低碳发展制度的运用越丰富，这个地区的低碳发展推进和碳市场运行就越有效、越规范。调研发现，在南昌和石家庄两市的低碳发展促进条例中出现了建立低碳发展目标县（区）行政首长负责制和离任报告制度、建立低碳项目库、鼓励低碳人才引进等立法亮点，这些重大制度和抓手的有效实施对于强化城市低碳发展目标引领、加快打造城市低碳产业体系、凝聚城市低碳社会合力均将起到良好的促进作用。建议地方立法机关和政府高度重视气候法治建设，将其作为加快地方生态文明建设的基本途径，作为依法推动城镇化低碳发展、加快区域低碳发展的重要抓手。

二是地方立法应更加注重制度的可操作性。调研发现，南昌和石家庄两市的低碳发展促进条例中不乏规定过于宽泛的内容，在执法层面缺乏可操作性。由于地方立法机构对地区情况更熟悉，地方性法规的适用对象更具体，建议在地方立法过程中考虑执法的可行性，尽量在规则适用对象、惩罚力度裁量、制度实施程序等方面进行详细具体的规定，做到既精准又精细。同时建议在立法过程中，要超前谋划执法相关问题，明确执法主体、执法对象和执法程序，最大限度地发挥监督及法律效力。

三是建议及时总结地方立法亮点并上升至国家层面。通过对地方立法成果的梳理，发现地方立法过程中对低碳发展制度进行了积极探索，涌现出很多立法亮点。例如，《南昌市低碳发展促进条例》在立法过程中提出的注重公众低碳成果可视化和感知度、多领域协同治理的推进思路，建立低碳发展目标行政首长负责制和离任报告制度、建立低碳项目库、对项目进行排放评估为主要内容的产业损害和环境成本评估等立法内容，以及注重后期普法宣传和配套立法的做法，均值得持续跟踪总结，并在国家气候立法时加以借鉴和吸收。

四是建议加强国家和地方气候变化立法的协调。首先，在立法内容上应加强互补。国家立法应明确应对气候变化管理机构之间的职责分配，厘清省级、市级、县级地方政府的权责，搭建低碳发展的基本制度框架。地方立法应在落实国家重大制度的前提下，突出区域特色，聚集地方关切。其次，在立法进程中应加强互动。国家立法过程中应广泛征求地方的立法建议，考虑地方立法诉求和执法可操作性。地方立法作为下位法，在立法内容上不能与国家立法相矛盾，在罚则种类和力度上不能超过国家立法。最后，在法律术语上应加强衔接。国家和地方的立法成果之间要注意协调法律术语内涵和外延的一致性。

（田丹宇、杨秀、周泽宇、徐华清供稿）

上海市低碳社区试点调研报告[①]

低碳社区是指通过构建气候友好的自然环境、房屋建筑、基础设施、生活方式和管理模式，降低能源资源消耗，实现低碳排放的城乡社区。开展低碳社区试点，是在新型城镇化背景下，形成以人为本和绿色低碳的社区运行模式，控制居民生活领域温室气体排放过快增长的重要探索。为及时跟进低碳社区试点的工作进展、总结工作经验与亮点、分析面临的问题与挑战，中心于 2017 年 7 月赴上海市开展了低碳社区试点调研，现将有关情况汇报如下。

2014 年 3 月和 2015 年 2 月，为了落实《国务院关于印发"十二五"控制温室气体排放工作方案的通知》（国发〔2011〕41 号）有关工作部署，倡导低碳生活方式，推动社区低碳化发展，国家发展改革委先后发布了《关于开展低碳社区试点工作的通知》（以下简称《通知》）和《低碳社区试点建设指南》（以下简称《指南》），组织开展低碳社区试点工作。据不完全统计[②]，全国共有各级低碳社区试点约 440 个，29 个省（区、市）已陆续开展了低碳社区试点的组织申报与创建工作，约 251 个省（区、市）级低碳社区试点正式获批，已有多地发布试点实施方案编制指南、出台试点创建和示范标准、编制技术导则、制定评价指标。

一、进展与成效

上海市第一批低碳社区试点工作基本达到"将低碳理念融入社区规划、建设、管理和居民生活中"的创建目标，并对控制城市社区碳排放水平的途径进行了初步探索。

（一）试点工作稳步推进

2014 年 7 月至 2017 年 5 月，上海市根据《通知》要求，组织完成了低碳社区试点的启动、创建、评审、验收工作：2014 年 7 月印发《上海市发展改革委关于开展上海市低碳社区创建工作的通知》（沪发改环资〔2014〕124 号），启动低碳社区创建工作；2015 年 2 月印发《关于启动开展凌云街道梅陇三村等 11 个市级低碳社区试点创建工作的通知》（沪发改环资〔2015〕32 号），确定首批市级低碳社区试点名单；2016 年 8 月印发《关于开展上海市首批低碳社区创建试点评审验收的通知》（沪发改环资〔2016〕100 号），启动首批试点评审验收工作；2017 年 5 月发布《关于公布上海市首批低碳社区试点创建工作验收评价结果的通知》（沪发改环资〔2017〕48 号），评选出 4 个低碳示范社区和 7 个低碳试点社区。

2017 年 5 月，在总结第一批试点经验的基础上，上海市印发《上海市发展改革委关于开展本市第二批低碳社区试点创建工作的通知》（沪发改环资〔2017〕47 号），启动了第二批低碳社区试点

[①] 摘自 2017 年第 14 期《气候战略研究简报》。
[②] 根据 31 个省（区、市）2016 年度控制温室气体排放目标责任评价考核自评报告内容整理。

创建工作。

（二）明确工作思路重点

上海市针对城区老旧社区居多的特点，结合"城市更新"理念开展试点，在组织试点创建的过程中突出重点、思路明确。一是注重试点的典型性。聚焦中心城区和郊区的城市化地区，首批低碳社区试点均为城市既有社区，并注重突出社区的居住属性、兼顾工作开展的难易程度、结合社会与民生安全问题，设置了低碳社区试点申报门槛，如社区住户须达 2 000 户以上、具有较好的节能降碳工作基础和工作思路、近五年内未出现重大环境安全责任事故和群体性不稳定事件等。二是注重方案的针对性。基于前期实地调研及对试点实施方案的综合评审结果，上海市在试点启动时结合各试点的不同特点和工作基础，对每个试点的创建重点提出针对性建议；在后期评审验收中，兼顾各试点的不同特点制定差异化的评分体系。三是注重评审验收工作的一致性，兼顾评价指标与国家要求的衔接性。从试点筛选、组织创建到评审验收、遴选示范，上海市基于《指南》提出一套综合评价指标体系，包括低碳组织管理、低碳行为方式培养、低碳技术应用和重点示范项目建设、创建建议落实情况、创新探索情况等五个一级指标，并在二级指标中体现试点指标的差异性，实现试点评价指标的前后一致。

（三）完善体制机制和配套政策

上海市在低碳社区试点组织创建中充分融入自身特点，做出有益探索和创新。一是构建起多方协同的工作推进机制，实现"市发展改革委统筹协调、区县发展改革委动员遴选、街道办事处牵头实施、社会第三方提供技术支持"的联动机制，以形成多方面合力。具体来说，上海市发展改革委负责统筹协调，区（县）发展改革委负责区域内低碳社区创建工作的组织和指导协调，街道办事处作为责任主体进行申报并牵头实施具体创建工作，社会第三方上海市认证协会具体负责并承担创建申报的受理、审核、组织评选、跟踪推进和日常事务管理工作。二是采取"滚动推进"的试点管理模式。上海市引入"试点毕业"与"动态调整"相结合的管理模式，激励与淘汰并行。如"列入示范社区的将持续示范运营"，确保示范社区工作的可持续性，及时发挥试点的示范带动作用；"连续两个创建期后均未列入示范的将取消试点资格"，为提升试点的工作质量提供机制保障。三是初步构建起多层次、多渠道的资金支持机制。上海市发展改革委统筹协调、适度引导，明确要求"各区县街道给予相应资金支持"，还充分挖掘各相关渠道资金的"低碳元素"，并积极引导试点社区申请。区县发展改革委和街道充分整合与低碳相关的工作资源，如各区县发展改革委安排区级节能减排专项资金、节能改造项目资金补贴等用以支撑试点工作，社区所属街道也在年度预算中设立"低碳建设专项资金"予以支持。社区试点主动拓宽融资思路，如部分试点引入企业或社会公益组织赞助，用于社区低碳建设。

二、特色与亮点

上海市低碳社区试点单位紧密围绕《通知》的要求开展相关工作，探索形成了一套卓有成效的长效工作机制，在低碳社区试点的管理手段、工作推进路径、运营模式、沟通交流机制和组织保障方面都有不同程度的创新经验，具体如下。

（一）因地制宜，紧密围绕《通知》要求开展工作

第一，以低碳理念统领社区建设全过程。 一是进行低碳改造设计，如举办"社区低碳改造设计比赛"，或对社区的低碳改造方案和低碳宣传内容进行总体规划设计。二是初步建立起低碳社区管理体系，并定期考核完成情况和实施成效。

第二，培育低碳文化和低碳生活方式。 一是精心设计各有特色的评价标准，开展低碳家庭创建活动，如南梅园社区侧重量化数据，详细考察家庭节水节电器具的数量、用电、用水、用气量、空调数量、汽车加油量，延吉七村则结合定性与定量评价方法，重点考核低碳知识、创建参与度、节能产品使用、家庭能耗。二是制定发布社区低碳生活指南和低碳手册、发放低碳宣传扇子和毛巾等小物品，以广泛便捷地宣传低碳理念。三是采用补贴等手段鼓励居民使用低碳产品，并取得初步成效。四是通过正向宣传倡导低碳出行，如开展"低碳环保单车骑行"活动等。五是设立社区低碳宣传教育平台，通过低碳宣传栏、低碳专题讲座、微信公众号推送等方式，全方位营造低碳宣传教育氛围。

第三，探索推行低碳化运营管理模式。 一是引入第三方运营企业，充分利用现代信息手段，实现社区运营管理高效低碳化。如联合第三方企业建立互联网+垃圾分类回收系统。二是通过设置旧衣物回收箱、开设跳蚤市场、"互联网+旧物交换"等方式搭建共享平台，促进居民间的资源循环利用。三是管理手段精细化，如采用了定期维护、现场指导、建立督查机制等管理手段。四是管理方式数据化，据统计，南梅园社区采用节水型水龙头后，单次节水量在 30%左右，延吉七村社区将楼道灯更换为节能灯后，总节电量在 30%以上。五是初步建立起能源与温室气体排放信息系统和降碳减排的长效机制，如多个社区主动委托第三方机构开展家庭碳排放统计调查，初步核算社区碳排放水平。

第四，推广节能建筑和绿色建筑。 一是量力而行开展节能改造活动，努力降低建筑能耗，如窗户隔热节能改造、添加建筑外墙保温层等。二是实施公共区域节能改造，如将社区公共照明更换为节能灯、住宅电梯节能改造等。三是积极建设社区光伏发电系统，并将发电量用于宣传栏供电。四是自发探索"自发自用，余电上网"的低碳模式，如南梅园社区安装 20 千瓦的光伏发电设备，并实现发电公用和余电上网。

第五，建设高效低碳的基础设施。 一是合理配置社区内商业、休闲、公共服务设施，优化社区生活圈，降低出行碳排放水平。二是探索以"互联网+"方式解决居民出行"最后一公里"问题，如社区自发选购"绿色自行车构建社区公共自行车租赁"微系统，设置共享单车分时租赁自行车集中停放点等。三是加强电动车管理，如建设安装投币式电动自行车充电桩或电动汽车充电设施。四是完善社区给排水、雨水收集利用设施，如社区透水路面改造、二次供水改造、建设雨水收集器等。五是与企业共建互联网+源头回收、环保回收便民服务站、物流中转、专业分拣的垃圾分类回收再利用系统。

第六，营造优美宜居的社区环境。 一是利用原生植物，建设适合本地气候特色的小型社区"百草园"。二是加强社区生态环境规划设计，建设公共绿地和步行绿道，如开辟社区直通环滨的林荫

小道，修建社区绿道、塑胶跑道等。三是建设开放式低碳科普公共服务场所，营造居民社交活动的低碳氛围，如构建社区低碳屋、低碳工作坊、低碳教育培训基地等。

（二）形成有效的工作推进路径

针对社区层面低碳工作推进经常面临居民不理解、不支持、不配合的问题，上海市低碳社区试点探索形成有效的"四步走"工作推进路径，巧妙变"被动"为"主动"。第一步，初识"低碳"——创造社区居民近距离接触低碳技术的机会，如建立地标性的社区低碳宣传展示设施并辅以宣传展示，让低碳进入居民日常生活视野；第二步，试用"低碳"——让居民从低碳实践中实实在在"得实惠"，如推广低碳节能小器具、低碳产品有偿试用活动，让居民产生低碳"获得感"；第三步，践行"低碳"——定期、深入、持续地开展日常工作以获得居民"认同感"，如开展低碳评比、低碳讲座、"我们的百草园"等活动，让低碳理念深入人心；第四步，自发"低碳"——建立社区间/社区内的沟通机制，发挥社区间/居民间"一带多"的帮带模式，以低碳示范扩大低碳影响力。

（三）强化责任，广泛调动全社会参与

第一，社区党政工作"分工不分家"。党支部、居委会、业委会等社区工作的"三驾马车"联动，既各司其职，又不拘泥于责任分工，在实际工作中主动相互"补位"，充分打通社区工作者、志愿者与居民的沟通渠道，有效提升工作效率。

第二，探索建立"居民自治"的社区管理手段。建立稳定、具有居民影响力的志愿者团队，开设低碳行为兴趣小组，或是借鉴"精细化管理"理念，精准设计低碳活动方案，这些都是引导居民积极参与低碳活动、维护居民低碳自治团体存续、扩大居民低碳影响力、巩固低碳创建成果的有效管理手段。如梅陇三村的"绿主妇"团队，鞍山四村的社区芳龄花友会、百草园志愿者，南梅园社区的"分龄自治"等都是典范。

第三，引入第三方参与运营管理。该办法从根本上扭转了低碳设施安装后无人管理甚至处于停运或半停运状态的局面，专业化、集约化的管理方式还能降低运维成本。如梅陇三村与企业共建的"垃圾回收智能平台"，延吉七村与非政府组织合作的"湿垃圾减量化物理处理系统"等。

第四，设置社区间/社区内部的沟通交流机制。上海市发展改革委牵头开展社区试点间的季度交流活动，多个试点社区也建立起内部沟通机制，促进低碳社区建设工作。例如，凉城街道已初步实现了创建经验的推广复制，即先从 3 个居委会试点起步，逐渐扩大到 15 个居委会，最终在 27 个居委会全面推广。

三、问题与挑战

一是国家顶层设计的滞后、社区层面评价标准的空白、技术导则的欠缺，在一定程度上影响了社区工作的积极性。《通知》和《指南》发布至今，国家层面尚未发布评价指标体系、低碳社区技术导则等社区试点建设和评价的指导性文件，也尚未公布示范社区遴选的具体规则和标准。出于对今天引入的低碳技术有不被纳入国家低碳技术导则或与国家标准冲突的可能性等的担忧，部分试点

单位对低碳技术的引入和对标暂持"观望"态度，工作不够积极。

二是低碳发展理念尚未"落地"。绿色低碳发展是我国新发展理念的有机组成部分，但是调研发现，部分低碳社区建设的一线工作者和社区居民对低碳理念的认识还不够准确、全面、深刻，例如，认为"低碳"等同于"环保""节约""循环利用"，在低碳发展理念上"不落地"，造成一些措施缺乏针对性，实际降碳成效不明显。

三是多数试点单位尚不具备对《指南》提出的约束性指标的数据储备或统计渠道。由于我国现行的统计体系未将社区层面的数据纳入统计范畴，目前也缺乏社区层面能源和碳排放相关的统计核算技术细则和规范，尽管已有部分社区自发开展了年度碳排放核查，但相关数据质量、公开性、可信度和可比性都难以保障，造成低碳社区工作成果缺乏定量化认定和反馈。

四是资金机制不灵活，导致部分资金使用效率不高。上海市通过国家科普示范区专项资金、区发展改革委节能减排专项资金、区发展改革委节能改造项目资金补贴、区级创业投资引导资金、街道低碳建设专项资金、环保协会自筹资金、企业赞助等相关资金，极大地支持了低碳社区建设，但由于资金申请和到位周期一般较长，而试点社区往往在得到正式批复后才会提出相关资金申请，因此资金的到位时间和项目资金需求的高峰期存在"时间差"，且在创建的中后期还面临资金过剩的尴尬。

四、对策与建议

基于调研情况，同时从国家、地方和社区三个层面的特点考虑，针对做好低碳社区试点、推进社区低碳发展工作，提出如下建议。

（一）国家主管部门应做好顶层设计，规范引导试点建设

一是加快低碳社区评价标准和技术导则的制定出台，加强对社区在低碳技术、低碳运营管理等方面的指导培训。国家层面加快研究制定低碳社区相关评价标准、技术导则、社区示范遴选的相关指导性文件，在国家或者省（区、市）层面开展必要的低碳技术培训，明确社区层面适用的低碳技术种类、范围与实施细则要求，解除社区试点的"后顾之忧"。

二是构建社区碳排放数据统计核算体系，建立常态化的碳排放数据统计机制。探索建立科学、公平、合理的社区碳排放数据统计方法，明确社区能源消费和碳排放量的计算范畴、边界和方法，规范数据来源，明确相关单位的职责分工。探索建立常态化的碳排放数据统计机制、动态监测、控制社区碳排放情况，探索形成降碳减排的长效机制。探索控制碳排放水平的有效途径，努力提升社区工作进展与成效的量化水平。

三是进一步加强低碳示范引领。及时总结现有各省（区、市）在组织低碳社区试点创建、推进低碳社区试点工作、社区建设与运营等方面好的做法，查找问题与不足，加强指导，促进经验分享和交流，开展传播推广。

（二）地方主管部门应完善配套政策，支持社区低碳建设

一是创新投融资机制，鼓励既有资金适度灵活使用，精准支持低碳社区建设。省（区、市）相关部门应明确"给予低碳社区建设相应资金支持"的政策倾斜，同时提倡相关社会资金的适度灵活使用。鼓励省（区、市）相关部门设立低碳社区建设专项资金，或将相关资金用于低碳社区建设，以财政补贴、以奖代补、贷款贴息等方式加大对低碳社区建设的投入力度。与金融机构共同探索构建适应社区工作特点的投融资机制，如绿色信贷、绿色债券、绿色保险、绿色基金等。

二是构建低碳社区试点间、社区试点内部、试点与非试点间的沟通交流机制。省（区、市）层面牵头构建低碳社区试点之间的信息沟通、人员交流平台，定期组织相关活动。充分发挥社区工作"三驾马车"的作用，建立健全低碳社区试点工作者、低碳社区试点与非试点社区、社区工作者和居民之间的良好沟通协调机制，发挥低碳示范性、引领性，促进先进经验和做法的推广。

三是注重与其他相关政策的融合协调。加强国家低碳试点城市与低碳社区试点在建设规范、评价标准和考核办法等方面的协调，加强国家低碳社区试点与生态文明建设目标评价考核的协调，以及低碳社区建设与建筑、交通、绿色生活等方面相关政策与指标的协调融合。

（三）低碳社区应因地制宜推进工作，勇于探索创新

一是充分认识社区低碳发展的重要意义。结合《通知》和《指南》的要求，进一步提升将低碳理念融入社区规划、建设、管理和居民生活的深度。

二是探索控制碳排放水平的有效途径。充分挖掘各项社区工作的"低碳元素"，以"低碳"引领相关工作的开展。以"低碳社区试点"创建为契机，提升社区管理水平，实现"居民自治"的良性循环。

三是加强低碳宣传培训。扩大低碳宣传培训范围，组织开展低碳社区试点工作相关人员的宣传教育，引导其正确树立低碳发展理念。结合国内外应对气候变化工作形势，普及气候变化、低碳发展的科学知识，推动全民广泛参与、践行绿色低碳发展的生活方式和消费模式。

（付琳、杨秀、林昀供稿）

陕西安康市国家低碳城市试点工作调研报告①

为进一步跟进第三批国家低碳城市试点工作进展情况，了解扶贫开发与低碳发展的结合路径，梳理特色小镇发展建设过程中的低碳元素，探索下一步低碳体制机制创新的工作方向，结合国家发展改革委机关团委及项目研究调研任务要求，中心 3 名青年组成调研组，于 2017 年 9 月赴陕西省安康市进行调研。调研组认真听取了安康市及所属部分区县的有关单位领导和专家的介绍，并就试点实施方案落实进展及面临的问题与挑战展开交流，对其他事项进行了实地调研。现将相关情况总结如下。

一、试点工作进展和挑战

安康市具有森林覆盖率高、人均碳排放低等特点和优势，2017 年 1 月被国家发展改革委列为第三批国家低碳城市试点。作为国家主体功能区规划中的限制开发重点生态功能区，发展不足、贫困人口多是当地急需解决的困难。安康市低碳试点工作通过将低碳发展或生态文明建设与脱贫工作密切结合，在探索欠发达地区低碳转型路径中不懈努力，目前已初显成效。

（一）以低碳试点示范为抓手，推进试点工作平稳起步

成为第三批国家低碳城市试点以来，安康市积极部署开展低碳城市试点相关工作，按年度完成情况良好。一是完善组织领导。2017 年 3 月，成立了以市长为组长、各相关单位主要负责人为成员的低碳试点工作领导小组，负责全市低碳试点工作组织领导和综合协调；领导小组下设办公室，由安康市发展改革委主要领导负责，协调低碳试点相关事务；同时要求各县区参照成立相应工作机构，领导并组织实施本县区的低碳试点工作。二是发布配套政策。2017 年 8 月，安康市人民政府印发《安康市国家低碳城市试点工作实施方案（2016—2020 年）》（以下简称《方案》），作为"十三五"时期指导低碳试点工作实施的重要抓手。《方案》明确了 2020 年单位地区生产总值（GDP）二氧化碳排放较 2015 年降低 20% 左右，并于 2028 年达到碳排放峰值的目标；提出了在主体功能区试点"多规合一"、建立碳汇生态补偿机制和发展低碳产业扶贫的创新机制；同时，分三阶段对试点工作实施进行了安排。三是实施重点任务。开展现代生态循环农业建设，制定《关于加快发展现代生态循环农业的意见》，推行配方施肥、绿色防控、有机农产品生产试点，启动建设山林经济园区；开展"气化安康工程"项目，建成多座城区气站和重点镇供气站；加强国家森林城市创建，增加碳汇能力。

（二）以低碳实施方案为统领，制定主体功能区差异化政策

安康市主体功能区规划分为四大区域：重点开发区域、点状开发重点城镇和园区、限制开发区

---

① 摘自 2017 年第 18 期《气候战略研究简报》。

域、禁止开发区域。《方案》贯彻《"十三五"控制温室气体排放方案》要求，将低碳理念落实至城市功能和空间布局中，严格按照主体功能区规划布局，引导各区科学有序开发，促进生产空间集约高效、生活空间宜居适度、生态空间山清水秀，探索不同规划区低碳发展新途径、新模式。一是重点开发区域优先发展，做大装备制造、富硒食品、现代物流等新兴产业，提升改造茧丝绸等传统产业，大力发展现代农业和生态旅游业，成为安康市经济发展、城镇化开发核心承载区。二是点状开发重点城镇和园区重点发展，高标准走出一条城乡统筹、产城融合、低碳绿色的新型城镇化道路。适度开发附加值高的矿产资源，重点发展先进制造、生物医药、新型建材产业，积极发展劳动密集型产业，成为适度工业化、城镇化的产城融合发展区。三是限制开发区域科学发展，强限制开发区适度发展与生态保育区功能相容的山林经济和生态旅游业；弱限制开发区大力发展特色高效低碳农业，推进涉水产业发展，注重产业融合，因地制宜发展山林经济、农产品加工等特色经济、适宜产业，成为特色生态产业发展的核心区。四是禁止开发区域保护性发展，以保护森林、野生动物资源和水源涵养林为主要发展方向，严格遵守禁止开发区域管制原则。自然保护区和森林公园根据保护对象，培育自然保护区的生态功能，增加碳汇能力，成为自然资源重要保护区。

（三）以温室气体清单编制常态化为基础，支持低碳发展规划编制

安康市不断加强基础数据统计，已完成 2010—2014 年度市级温室气体清单编制工作，现正在进行 2015 年度市级温室气体清单编制工作。同时，白河县率先开展县级清单编制工作，其余各县也在积极准备中。委托陕西省晶元低碳经济服务中心编制《安康市低碳发展规划》（以下简称《规划》），目前已进入政府审批阶段。在温室气体清单编制的基础上，《规划》针对安康市温室气体排放现状、峰值和总量目标确定以及目标分解落实等进行了分析说明。一是研判排放现状，2014 年安康市 CO_2 排放总量占陕西省的 2.62%，在 12 个地市中排名第十；2015 年单位 GDP 二氧化碳排放为 1.02 吨/万元，低于全省平均水平（1.68 吨/万元），较 2010 年累计降低 43.40%，超额完成陕西省下达的"十二五"期间降低 16% 的目标任务。碳排放强度处于较低水平，为安康市走低碳发展之路奠定了良好基础。与此同时，安康市排放总量仍然呈逐年增长趋势，控制温室气体排放、寻求低碳发展之路迫在眉睫。二是确定峰值和总量目标，以排放清单为依据，安康市控制温室气体排放总量增速趋缓，确定了 2028 年实现二氧化碳排放总量达峰的目标，早于国家 2030 年目标，并提出了 1 065 万吨的峰值总量和人均 CO_2 3.95 吨的达峰目标，同时还建议"十三五"期间单位 GDP 二氧化碳排放降低 17% 的目标。三是指导分解落实方向，安康市能源活动碳排放占总排放的 79.67%，以化石燃料燃烧为主，其中工业和建筑业排放量最大，其次是居民生活和交通运输业，工业生产过程占 20.33%，且主要来自水泥生产。基于此，安康市制定了重点控制工业、建筑业低碳发展，推广低碳节能技术和大力发展清洁能源，加快发展循环产业，整合现有资源，降低工业碳排放水平，发展低碳农业，增加土地利用变化和林业吸收汇的控排措施。

（四）低碳试点工作存在的问题与面临的挑战

一是低碳发展理念有待提高。自安康市成为国家低碳试点城市以来，依据《方案》要求逐渐开展工作，但低碳发展理念并未切实融入地区经济社会发展之中并成为培育新增长点的重要抓手。一

些政府人员认为安康市碳排放量偏低，已符合低碳城市要求，优越感大于压力感，消极看待低碳发展，违背试点城市应积极探索发展模式、引领示范全国其他城市低碳建设的初衷。二是低碳发展目标有待强化。《规划》提出的安康市单位 GDP 碳强度下降目标低于陕西省和全国平均水平，也低于《方案》提出的目标，使本地区生态文明建设引领作用难以发挥。三是国家缺乏对试点地区分类指导的针对性政策。国家针对低碳试点的政策和资金支持不够明朗，缺少实质性资金和政策支持；针对贫困地区低碳发展的差异化扶持政策和评价指标体系缺失，发达地区与贫困地区在低碳发展方面联动工作机制并未建立，导致安康市在面临限制资源开发和加大环保刚性支出的双重压力时，虽然对寻求低碳发展新增长点迫切性高，但实际积极性并不高的矛盾。

二、低碳扶贫工作探索和挑战

安康市 10 个县区均处于秦巴连片特困地区，有 9 个国家扶贫重点县，1 个省级扶贫重点县，全市 304 万人口中，贫困人口有 51.35 万人，脱贫攻坚任务艰巨。基于现实经济社会发展水平、交通和矿产资源条件等先天短板，以及国家限制开发重点生态功能区定位等诸多事实因素，安康市积极探索脱贫与低碳发展相结合机制，推进低碳产业脱贫，实现脱贫和低碳发展共赢。

（一）调用多类资源渠道，统筹推动光伏扶贫

安康市全年平均日照时数 1 610 小时，属于国家太阳能资源III类资源区，2016 年太阳能光伏上网享受补贴电价 0.98 元/千瓦时。目前全市已建和在建光伏电站 30 余家，光伏发电项目惠及安康市 11.28 万贫困户，带动 2 672 户农户脱贫。2016 年光伏扶贫带动脱贫人数约占全部脱贫人数的 6.8%。安康市光伏扶贫模式主要为三种：一是试点县模式。汉阴县作为陕西省光伏扶贫试点县，享受陕西省光伏上网优惠政策，实行"政府引导、农户参与、市场运作、收益分成"模式。如三柳村建立的村级光伏电站于 2016 年 12 月成功并网，总装机容量 265.2 千瓦，年发电量 20 万千瓦时，年减排约 199 吨 CO_2。采用"5+3+2"分成模式，即 50%贫困户分红、30%项目管护、20%支付屋顶租金，为低收入村民提供稳定增收渠道。二是企业带动模式。基于贫困户较多的现状，一些企业利用聘用贫困户可享受国家光伏扶贫专项政策性贴息贷款的条件，申请贴息贷款建设光伏发电系统，与贫困户建立利益联结机制。如陕西元阳农业科技有限公司建设汉阴县"农光互补"光伏农业示范园区，年发电量约 2 400 万千瓦时，减排约 2.4 万吨 CO_2，为当地带来了显著的经济效益、生态效益和社会效益。三是个体自发模式。鼓励贫困户申请贴息贷款，在自家屋顶或院落建设 3～10 千瓦装机家庭光伏发电系统，可享受国家电价补贴 20 年。目前已有少数贫困户陆续安装了户用光伏发电系统，预计 5～7 年可收回成本，为其后期持续收益提供保障。

（二）利用自然资源禀赋，积极开展碳汇扶贫

安康市先后实施国家造林补贴试点和国家碳汇造林项目，开发了十县区生态创建工程。"十二五"期间，实现绿化造林 326 万亩，年森林碳储量约 1.19 亿吨。已建成特色经济林 770 万亩，林业园区 242 个，实现林业综合产值 154 亿元，从事林业生产的贫困人口 32.1 万人，人均年增收 1 700 元。截

至 2016 年，共带动 12.2 万贫困人口通过碳汇脱贫。当前碳汇扶贫主要有三种模式：一是森林建设和管护增收模式。部分地区以镇村为单位，组建以贫困户为主体的种苗繁育、造林绿化、公益林管护、经济林经营的林业合作社。积极吸纳建档立卡贫困人口参与林业重点工程劳务，增加劳务性收入，2016 年全市林业工程惠及 5.26 万人，人均劳务收入近 500 元。兑付森林生态效益补偿资金直接惠及贫困人口 40 余万人，人均增收 600 余元。争取生态护林员名额 2 325 人，新增设天然保护林员岗位 664 个，优先聘用建档立卡贫困人口，实现当年脱贫。二是园区带动模式。通过发展森林公园景区和山林经济园，探索生态保护与减贫相结合。例如，宁陕县先后引入 30 余家企业参与投资域内森林景区开发，开展景区建设征地和林地流转补偿工作，组织移民搬迁，2016 年全市实现森林旅游综合收入 3.6 亿元。通过"龙头企业+合作社+基地+农户"组织模式、公益林预收益质押贷款等模式，探索全国集体林业综合改革，人均收入达 5 000 元，实现脱贫。三是退耕还林模式。通过退耕还林工程获得国家专项资金补助，通过在工程实施过程中重点向贫困村、贫困户倾斜，为每个符合退耕还林条件的贫困户规划落实退耕还林人均 1.5 亩以上的补偿，实现年人均增收 600 元。

（三）结合产业扶贫特点，注重低碳发展方式

安康市注重在现有产业扶贫模式中更多地融入低碳理念，成为产业扶贫与低碳发展相结合的主要抓手。产业扶贫以农林富硒产业为核心，促进农业、旅游和电商发展相衔接。"十二五"期间，全市 70%以上的贫困人口已通过富硒产业实现脱贫。一是深化富硒产业扶贫主体作用。依托富硒优势，将富硒农业打造为高附加值的富硒产业，并成为特色和主导产业，通过订单收购、土地流转、入股分红、园区务工等方式，引领全市新型农业经营主体参与到产业脱贫工作中，建立了带动贫困户发展的长效机制。截至 2016 年年底，全市 303 个脱贫村共组织 122 个农业园区，67 个龙头企业，654 个专业合作社。二是发展电商平台助力减贫功效。培育新型低碳宣传物流模式，代替传统高碳运输模式。安康市先后培育设立各类电商企业 3 000 家，在 200 个贫困村建立了电子商务服务点。电商主体结对帮扶，紫阳县硒锌粮农业公司结对庙坝村 71 户贫困户，推广富硒特产，实现每户增收 3 000 元以上；引导贫困户电商创业，帮助 2 200 户贫困户节支增收。三是拓展乡村旅游丰富脱贫手段。依托生态环境良好的优势，积极发展第三产业，以乡村旅游带动区域发展和脱贫。推进 23 个生态旅游类市级重点项目建设；实施陕西省乡村旅游扶贫培训示范项目，培训村民 2 万余人次，直接旅游从业人员 4.2 万人。创建国家乡村旅游与休闲农业示范县 1 个，国家乡村旅游模范村 3 个，已有 3 个县纳入国家全域旅游示范区创建，254 个村纳入国家乡村旅游扶贫重点村。

（四）低碳扶贫工作问题与挑战

一是安康市政府主观能动性不够。政府在协调地方电网各方利益方面缺乏强制性措施，受并网设备承载力和电网容量、分布式光伏发电接纳能力等客观条件限制，电网企业掣肘严重，导致光伏企业发电存在并网难问题。光伏发电设备后期需长期维护，政府无针对性保障措施，可能导致贫困户因光伏设备老化、损坏而出现"返贫"现象。安康市拥有丰富的碳汇资源，虽提出逐步建立碳汇生态补偿机制，但在开展林业碳汇交易试点工作方面动作缓慢，暂无实质行动。二是客观条件限制不利于安康市发展光伏和地域内碳汇交易扶贫。安康市属于国家太阳能资源Ⅲ类资源区，本地光照

资源匮乏，客观上不具备充分发展光伏发电创收的先天条件。安康市内高碳排放企业数量非常少，即使参与碳排放权交易，也无法消纳本地碳汇资源，制约区内开展碳汇交易。三是国家层面低碳扶贫支持作用不显著。光伏扶贫配套资金支撑不足，国家财政存在补贴缺口，资金调配周期长，电力补贴款项到位延迟现象普遍；国家对森林碳汇参与碳排放权交易政策支撑力度缺乏，虽提出鼓励开发贫困地区碳减排项目，推动进入国内外碳排放权交易市场，但具体政策导向不明确，导致地方持观望态度。

三、特色小镇低碳建设和挑战

2017年7月，安康市平利县长安镇成为国家第二批特色小镇。长安镇是以硒茶生产加工为主导产业的小镇，全镇以茶种植文化为主体，带动镇域内茶加工、茶文化旅游等产业发展，形成鲜明产业特色带动全镇发展的产镇融合发展道路，是陕西省乃至全国有名的"硒茶小镇"。在长安镇规划、建设、运营中融入低碳理念，是安康市低碳试点建设中的一抹亮点。

（一）规划建设注入低碳理念

2014年，长安镇被安康市政府确定为县域副中心，委托北京市城市规划设计研究院编制了《长安副中心镇建设规划》，按照"三镇三区"（西北第一茶镇、县域副中心镇、陕西旅游名镇，宜业园区、宜居镇区、宜游景区）规划要求，兼顾发展和绿色低碳。一是规划引领，精准发展定位。长安镇立足实情，将茶叶资源、生态环境和文化底蕴结合起来，按照"生态产业化，产业生态化"的思路，发展茶旅一体化。为营造良好的绿色低碳环境，长安镇预计于2017年将达到3A景区标准；于2020年达到4A景区标准。二是宜居导向，贯穿专项整治。长安镇始终将宜居贯穿于规划和建设全过程，兼顾宜旅优化人文环境。按照建设"五美平利"的目标要求，开展以环境卫生管理、配套设施完善、残根断壁清理、庭院绿化美化、文明乡风培育为重点的人居环境整治行动。三是机制建立，确保长效落实。为保障规划顺利实施和规划效果，确立了以县政府主要领导为组长、各相关部门和长安镇主要负责人为成员的领导小组，抽调专职人员负责征地拆迁和绿色低碳等方面的规划指导和具体工作落实。同时动员各级各部门全力支持重点镇建设，建成了生态河堤、电瓶车道、步行栈道等一批工程。

（二）产业发展契合低碳内涵

长安镇在20世纪70年代开始以茶作为主导产业，于2000年左右提出将茶产业作为宜业率先突破，于2012年开始建设茶乡风情游景区。目前长安镇3万多亩耕地中共种植2.1万亩红茶、1.6万亩绿茶和7 000亩绞股蓝，共有10家龙头企业，67家茶叶大户。一是因地制宜选择茶产业，兼顾低碳与发展。绞股蓝作为长安镇的招牌茶产业，一亩高效茶园最高可带来1万元产值。同时长安镇推广循环产业经济，积极落实低碳农业，施用有机肥，利用针剂施用农药，降低施用量。二是循环发展为制约，控制茶产业全生命周期碳排放。长安镇申草园茶业公司与专业研究团队开展合作，将茶种植废弃物与猪粪一起发酵，所产沼气用于猪场养殖，未来增加的沼气量预计将用于炒茶、烧锅炉，沼渣沼液用于茶园有机肥施用。积极探索光伏发电以实现园区能源供给，申草园公司在园区厂房屋顶安装光伏电板，设计发电量 6 000 千瓦时，目前已安装完成 1 兆瓦。三是茶产业为主体，形成一二三产融合发展。以茶种植为基础，现代化采摘与加工为依托，发展观光旅游和生态养老。结合国内各大电商渠道下沉趋势，开展茶叶等农产品物流建设，如与阿里巴巴合作，在每个村设立电商服务中心，引进陕西"聚硒优"电商平台等，在长安镇形成产品线上销售、线下体验的业态。

（三）基础设施和居民生活体现低碳方式

长安镇以茶产业为依托，统筹镇域经济发展，提升改造老区，强化社区服务，注重镇区融合。在小镇建设规划中，共将实施重点项目 38 个，累计完成投资 7 亿元。2017 年投资的主要方向为基础设施和公共服务建设。同时居民共享发展成果，全镇 60%以上的人口从事茶产业相关工作，以茶带动小镇脱贫致富。一是完善专项建设为低碳小镇打基础。能源方面，液化气已逐步取代农村就地取材原料，如木柴、散煤等，同时太阳能热水器已基本覆盖所有家庭。建筑方面，针对山区散户、高速路占地拆迁户、土坯房贫困户等建设的统建房，采用达到统一标准的节能建筑，同时市县墙体材料改革办公室每年也会进行针对性检查，2017 年已建设统建房 287 套。垃圾处理方面，可分解降解的垃圾多由居民家庭内部处理，剩余垃圾已实现镇域内集中清运全覆盖，集中到镇垃圾填埋场填埋。二是提升公共设施和服务水平为低碳小镇增实力。使用太阳能路灯开展景区和集镇亮化工程；完成集镇 3.8 千米道路水泥变沥青改造，在茶山公园建设 9 千米电瓶车道和 2.5 千米茶山慢行游步道；在镇中心建设生态广场，为居民提供健身、休闲和娱乐场所等。三是再利用集中安置居民原有房为低碳小镇添亮点。居于山区的散户集中安置到镇区后，将一些原有房屋按要求改造为生产用房，可实现物尽其用。例如，当地深度扶贫村金沙河村的居民集体搬迁至镇区后，该村实现产业全覆盖布局，为便于本地居民仍在本村进行生产，长安镇将原有房屋简单改造为生产用房，发展山林经济园，近 1 700 亩田地变为茶园。

（四）长安镇低碳建设问题与挑战

一是长安镇低碳发展理念需进一步强化。长安镇在建设过程中，注重维护生态环境，但并未明确提出低碳发展思路，政府工作人员对低碳理念尚缺乏清晰认识，也没有主动将低碳发展理念普及到百姓。二是低碳建设目标和行动需进一步明确。低碳建设目标是小镇规划、建设和运营的基础，但长安镇建设规划以及特色小镇实施方案中均未提及碳排放和非化石能源相关指标及发展目标。"十三五"期间，长安镇重点项目建设中包含的产业培育、公共服务、文化传承、基础设施、体制机制等五部分 37 项内容中，仅有建设自行车绿道一期工程、二期工程和集中供气工程与低碳建设相关联。三是国家对特色小镇低碳建设缺乏引导和评价。目前全国已创建两批共 403 个特色小镇，特色小镇以产业发展为导向进行新建、改建。针对特色小镇，暂未发布规范特色小镇低碳发展的相关引导性或评价性文件，小镇在建设过程中对低碳理念不清晰、目标不明确等现象普遍。

四、政策建议

基于初步调研，结合学习党的十九大报告精神，从推进安康市低碳试点进展、低碳扶贫探索和特色小镇建设等三方面，提出以下几点建议。

（一）国家总体把握，地方贯彻落实，以低碳发展引领生态文明建设

一是国家应深化低碳试点顶层政策设计，凸显低碳发展对生态文明建设的引领作用，促成低碳试点与扶贫工作的协调开展。明确生态文明体系建设中低碳发展的政策制度安排；统筹低碳试点建设与扶贫开发的政策目标，建立国家层面协调机制，整合各类专项资金的调配与使用。二是安康市应以试点建设为契机，以低碳发展统筹推进生态文明建设和扶贫开发工作，探索新时代背景下欠发达地区的发展转型路径。一方面，应加强低碳建设，推动生态保护和资源节约，扩大生态产品供给。优化落实安康市主体功能区整体规划布局，形成差异化生态发展合力；促进能源结构低碳转型，降低能耗，严把高碳能源审批准入关；加强森林建设和林地生态环境保护，探索森林碳汇制度建设，丰富森林生态产品供给和制度创新；倡导城乡建设中开展节能和绿色建筑推广，强调对开发地的生态保护。另一方面，应推动低碳发展带动脱贫攻坚，助力贫困户收益长效增收，实现地区可持续发展。加强低碳产业建设，发挥生态富硒、森林、旅游、电商等产业带动脱贫和地区长期发展的作用；探索碳市场与林业碳汇相衔接，完善创新生态补偿机制，创新各项林业扶贫制度。

（二）国家分类施策，地方深化低碳意识，促进低碳试点工作全面开展

一是国家加强对第三批国家低碳城市试点低碳建设的分类指导。总结前两批低碳城市试点的经验和问题，梳理不同发展程度试点地区低碳发展的模式经验，指导第三批试点城市的低碳建设；加快制定支持贫困地区低碳发展的差异化扶持政策和评价指标体系，在低碳试点地区率先试行。二是安康市应深化理念，提高低碳发展积极性。各级政府应当充分理解低碳发展内涵，厘清"低碳"与其他类似概念的异同；客观分析低碳试点建设的优势与不足，保持积极的主观能动性；加强对企业、公众和社会各界的低碳宣传教育，加强意义认知，倡导自发性参与。三是加快出台低碳发展规划，指导低碳工作的开展。注重主体功能区和低碳试点工作在规划和实施中的协调统一；优化低碳发展目标和实施路径；以总量和峰值目标为导向，明确试点工作重点和责任分工；建立低碳发展绩效评估考核机制，保障试点工作有效落实。

（三）国家支撑有力，地方积极探索，寻求低碳发展与扶贫脱贫相统一

一是国家针对贫困地区低碳试点给予政策倾斜。加快建立低碳发展与扶贫联动工作机制，鼓励发达地区与贫困地区开展低碳产业和技术协作。通过政策引导方式改进试点地区扶贫资金使用方式和配置模式。优先保障贫困试点地区碳减排项目顺利进入国家碳排放权交易体系。二是安康市应主动探索，积极开展低碳扶贫工作。加快研究建立碳汇生态补偿机制，参考学习浙江等地的碳汇交易市场模式，建成西部地区碳汇交易试点，开展跨区交易，完善推进森林碳汇交易工作的政策措施，

逐步推动森林碳汇交易由点及面，由市域走向区域。三是因地制宜实现低碳发展与脱贫双赢模式。继续优化碳汇扶贫种类和模式，积极探索低碳农业、低碳产业扶贫模式，形成以碳汇扶贫为主，农业、产业扶贫为辅的多样化扶贫模式。

（四）国家低碳引导，小镇试点示范，推进小镇低碳建设目标真正落实

一是国家明确对特色小镇建设的低碳引导。加快出台特色小镇低碳建设指导意见和低碳特色小镇评价方法等相关指导性文件，指导小镇将低碳发展相关理念和要求融入规划、建设、运营管理和居民生活全过程。二是长安镇作为低碳试点地区特色小镇，应率先垂范。长安镇应研究、探索、尝试小镇层面低碳发展新经验、新方法、新技术和新模式，引领特色小镇的低碳建设，为全国特色小镇低碳发展发挥示范作用。三是小镇应明确低碳建设目标，落实实际行动。明确提出小镇低碳建设工作目标，科学制定小镇低碳建设工作重点，将低碳相关各项指标融入落实到绿色农房、低碳交通、垃圾处理等各领域具体工作中。学习浙江低碳小镇模式，开展低碳管理制度探索，如开展茶企业碳排放对标、产品碳排放标识认证等。

（杨雷、狄州、寿欢涛供稿）

国家绿色低碳重点小城镇试点示范调研报告[①]

为跟踪"十二五"初期财政部、住房和城乡建设部（以下简称住建部）以及国家发展改革委联合开展的"第一批绿色低碳重点小城镇试点示范"进展，进一步梳理小城镇在绿色低碳发展方面好的经验做法，推进现有各类低碳试点总结经验、深耕质量、协同融合，并为研究构建小城镇低碳发展政策体系提供技术支撑，中心政策法规部"促进我国小城镇低碳发展的政策体系研究"项目组根据项目研究内容和活动要求，赴天津大邱庄镇进行了实地调研，并与大邱庄镇政府、镇区管委会等单位人员进行了座谈，结合项目初步研究分析结果，现将相关情况总结如下。

一、试点示范工作总体要求和进展

自 2011 年北京古北口镇、天津大邱庄镇、江苏海虞镇、安徽三河镇、福建灌口镇、广东西樵镇和重庆木洞镇等 7 个地区开展绿色低碳重点小城镇试点示范以来，各试点示范小城镇根据实施方案、专项方案及相关配套政策，利用各级财政资金，在推广应用可再生能源和新能源、建筑节能及发展绿色建筑等"规定动作"方面取得了一定成效。

一是推广应用可再生能源和新能源。 7 个试点示范小城镇在建设过程中多以推广应用太阳能、地热能、生物质能为重点。例如，大邱庄镇完成镇区主干道太阳能路灯安装更换，在宅基地换房安置区全年实施太阳能应用工程。"十二五"期间，基本完成镇区燃气入户工程，2015 年后陆续开展了 16 家企业"煤改气"节能整改。古北口镇建设了浅层地源热泵、生物质燃气站、太阳能路灯、热水器和阳光浴室等新能源工程，开展了镇区供热系统升级、国道白炽路灯改造。三河镇在新镇区的建设中推广太阳能集中热水、水源土壤源热泵、沼气集中供应和生物质气化集中供暖等技术。灌口镇辖区内清洁能源的用户比例达到 100%。木洞镇在"十二五"期间全面完成太阳能热水器 3 500 户的安装任务，并通过了住建部验收。

二是建筑节能及发展绿色建筑。 7 个试点示范小城镇对当地政府、学校、医院既有建筑都实施了节能改造，新建建筑实施强制性节能标准。大邱庄镇对新建建筑执行强制节能标准，对既有建筑开展围护结构、采暖空调系统、建筑照明系统和其他用能设备的节能改造。古北口镇在司马台新村建设、水镇旅游景区建设中推广新型建筑节能材料。西樵镇在"十二五"期间拆除违章建筑 15.6 万米^2，并完成复耕复绿土地 1 446 亩。木洞镇在"十二五"期间通过拆除违章建筑，实现复耕、复绿面积 2.5 万米^2。

三是城镇污水管网建设。 7 个试点示范小城镇通过申请中央财政的"城镇污水管网建设"专项资金，新建或翻修了污水收集、排水管网、雨污分流等基础设施。大邱庄镇在"十二五"期间陆续建立了 4 座各类污水废料处理厂及配套管网设施，并不断扩建改造，同时开展雨污分流改造，建立

---

① 摘自 2017 年第 19 期《气候战略研究简报》。

环境监控中心，有效改善了全镇居住环境。海虞镇在"十二五"期间投入 2.71 亿元，完成农村生活污水收集 5 801 户，企事业单位污水收集 40 家，建设污水主干管网 44.21 千米。西樵镇在"十二五"期间建成生活污水处理厂 3 座、小型污水处理装置 4 个和污水管网 60 千米，日处理能力 7.6 万吨，城镇污水处理率达到 86%，水环境质量明显提高。木洞镇在"十二五"期间新建麻柳沿江开发区污水处理厂，一期工程日处理污水 5 000 吨，全面建成后日处理污水能力达 4 万吨，改建场镇二级、三级污水管网 5.7 千米。

四是生态环境整治。 各试点示范小城镇通过开展垃圾处理、镇区绿化、环境监测等活动提升镇区环境。大邱庄镇全面禁止焚烧秸秆、荒草和垃圾，实施大气污染 24 小时巡查机制，取缔污染企业 35 家，淘汰未达标车 555 辆。海虞镇积极实施道路绿化、"亮化"工程，"十二五"期间全镇绿化覆盖率提高到 35%，新增、改造 LED 路灯 2 984 套。西樵镇成立了镇环境监察执法队，建立环保三级网格化管理制度和企业"黑名单"制度。木洞镇按照"民生第一、风貌持续、规模完整、政府主导、公众参与"的原则，对老街传统风貌保护区进行保护性开发。

二、试点示范实施的特色与亮点

住建部等有关部门及 7 个试点示范小城镇围绕《关于绿色重点小城镇试点示范的实施意见》和《关于开展第一批绿色低碳重点小城镇试点示范工作的通知》要求，在联合组织实施、发挥指标引导、强化资金保障等方面开展了有益探索。

一是三部委联合发力，调动政策资源。 在 2011 年财政部和住建部联合印发的《关于绿色重点小城镇试点示范的实施意见》的基础上，同年，财政部和住建部又联合应对气候变化及低碳发展主管部门国家发展改革委下发通知，确定在北京古北口镇、天津大邱庄镇、江苏海虞镇、安徽三河镇、福建灌口镇、广东西樵镇和重庆木洞镇开展第一批绿色低碳重点小城镇试点示范，明确要求试点示范镇编写执行期为 2～3 年的绿色低碳重点小城镇试点示范总体实施方案与专项实施方案，总体实施方案包括建设发展目标，加强基础设施建设、降低单位地区生产总值（GDP）能耗、减少污染物排放的主要措施，以及资金概算和政策保障等内容，专项实施方案包括推广应用可再生能源和新能源、建筑节能及发展绿色建筑等五项，方案明确要求省级财政、住房和城乡建设与发展改革部门要高度重视绿色低碳重点小城镇试点示范工作，加强组织领导，加大支持力度。

二是建立全面的评价指标体系，严把试点准入。 2011 年，住建部牵头，会同财政部、国家发展改革委联合印发了《绿色低碳重点小城镇建设评价指标（试行）》。该指标体系包括了社会经济发展水平（10 分）、规划建设管理水平（20 分）、建设用地集约性（10 分）、资源环境保护与节能减排（26 分）、基础设施与园林绿化（18 分）、公共服务水平（9 分）、历史文化保护与特色建设（7 分）等七大领域，共 35 个二级指标和 62 个三级指标，作为遴选、评价和指导小城镇试点示范工作的依据，是目前为止国内较为全面、系统的衡量小城镇绿色低碳发展水平的指标体系。其中，与低碳发展相关的标准有：单位 GDP 能耗，公共服务设施采用节能技术，新建建筑执行国家节能或绿色建筑标准，既有建筑节能改造计划和实施情况，使用太阳能、地热、风能、生物质能等可再生能源情况，镇区生活垃圾无害化处理率等。经此标准初步筛选确定的 7 个绿色低碳重点小城镇的绿色低碳发展基础较优，兼具了试点、示范双重任务。

三是集中建设一批绿色低碳项目，财政资金护航。7 个小镇试点示范建设过程中，均利用申请的国家和地方财政专项资金，在建筑节能改造、城镇污水管网、可再生能源基础设施等方面建设了一批绿色低碳项目。其中，大邱庄镇在"十二五"期间用于环境污染治理的资金达到 15.15 亿元，其中，5 000 万元用于投资建设环境监控中心、对 100 家重点企业安装在线监测装置，5 000 万元用于对老镇区进行雨污分流改造。古北口镇投资 920 万元建设了浅层地源热泵应用工程，对镇区供热系统进行节能改造。海虞镇投入 2 500 多万元完善农村生活垃圾集中收运体系建设，新建、改建农村生活垃圾定点标准化收集房 450 座。三河镇采用国家补助、地方财政拨款、银行信贷、公私合营相结合的方式为项目融资，涉及金额约 19.9 亿元。7 个绿色低碳重点小城镇试点示范获得了国家和地方财政专项资金支持，与其他国内低碳城市、低碳社区等低碳试点相比，具有明显的财政支持的政策优势。

四是为培育低碳特色小镇打好基础，注重风貌保护。通过绿色低碳重点小城镇试点示范建设，7 个小城镇的基础设施水平和特色产业发展显著提升，镇容镇貌明显改善，小镇独特的文化得到挖掘、重视和保护。古北口镇依托长城旅游资源，成功打造了"长城+水乡"的主题旅游文化，成为京郊著名旅游景区。三河镇是具有 2 500 多年历史的水乡古镇，也是第三批中国历史文化名镇；西樵镇兼具中国历史文化名镇、全国文明镇双重荣誉称号，在"十二五"期间实施公园化战略和美村计划，创建成为国家 5A 级旅游景区。木洞镇打造了桃花岛、中坝岛等国际旅游度假区。通过强化小镇主导产业已有特色，并符合循环发展理念，小镇历史文化资源得到了妥善保护，城镇建设与自然环境相协调等指标得到引导和培育，目前古北口镇已被评为第一批国家特色小镇，海虞镇、三河镇、西樵镇已被评为第二批国家特色小镇。

三、问题与挑战

一是缺乏科学的顶层设计，低碳引领力度不足。调研发现，无论是试点示范的实施意见还是指标体系，对于绿色低碳的认识以及试点示范定位都是比较初步的。一方面，在开展绿色低碳重点小城镇试点示范工作的通知中，关于该项试点示范的核心内容、推进模式、主要考核评估节点以及绿色低碳发展的效果等，均缺乏具体要求，对小城镇政府难以形成有效的指导。另一方面，在绿色低碳重点小城镇试点示范的评价指标体系设计上，过于追求"大而全"，其中，社会保障、教育设施、医疗设施、文化娱乐设施等指标削弱了绿色低碳发展的目标聚焦程度，尤其是缺少低碳发展的指标及相关目标，而且单位 GDP 能耗等相关指标分值设定也不科学，难以起到引导小城镇低碳发展的作用。同时，在试点示范的实施过程中，未形成稳定有效的部委之间、国家与地方之间的协作推进机制，导致试点开展过程中出现前紧后松、上热下冷的问题。

二是缺乏事中、事后监管，试点热情持续性不长。调研发现，无论是国家层面还是小城镇政府层面，绿色低碳重点小城镇试点示范的影响和作用并不显著。《关于开展第一批绿色低碳重点小城镇试点示范工作的通知》中，对该项试点示范工作的监督考核进行了明确规定，要求三部委对试点示范的进度实施动态监测，并根据工作进展情况进行奖惩。但自 2011 年开展第一批绿色低碳重点小城镇试点示范以来，三部委并没有对第一批试点示范进行评估考核，也没有继续组织第二批、第三批试点示范工作的开展。地方政府主管部门对小城镇试点示范实施方案的落实情况缺乏事中、事后监管，导致方案中的很多规划内容仍停留在纸面。

三是缺乏经验总结和宣传，试点间协同融合不够。调研发现，绿色低碳重点小城镇试点示范与所在地区低碳省市试点并没有得到很好的融合。绿色低碳重点小城镇试点示范上承低碳城市，下接低碳社区和低碳工业园区，作为低碳领域开展较早的区域性试点，在享受财政资金支持和城乡建设政策方面，优于其他同类低碳试点。除海虞镇所在的常州市外，古北口镇所在的北京市、大邱庄镇所在的天津市、三河镇所在的合肥市、灌口镇所在的厦门市、西樵镇所在的广东省和木洞镇所在的重庆市均是国家级低碳省市试点。然而，各小城镇试点示范在区域内并没有开展低碳社区或低碳工业园区试点等相关工作，在绿色低碳实施方案编制及执行、绿色低碳项目建设资金申请与管理等方面，也未形成好的做法，从而未能对其所在地区开展国家低碳城市试点形成有效的借鉴和支撑。

四是缺乏长效机制建设，绿色低碳发展后劲不足。调研发现，大邱庄镇仍将"建设全国知名的经济强镇与产业重镇"作为绿色低碳试点示范基本定位，在绿色低碳管理体制探索方面并无突破。经过试点示范建设，7 个小城镇在基础设施建设、可再生能源推广、建筑节能改造等方面形成了较大优势。但值得注意的是，绿色低碳小城镇建设应是包括城镇管理、产业布局、基础设施、公众参与绿色低碳化在内的系统工程，而现实情况是各试点在建设过程中以"项目建设"代替"城镇建设"的情况较为普遍，重项目、轻管理问题较为突出。同时，绿色低碳小城镇试点示范过于依赖财政资金投入，在后续财政资金支持不足的情况下，7 个小城镇的绿色低碳建设进度相应变缓或基本停止。

四、对策与建议

小城镇承载着"实施乡村振兴战略、实现农业人口就近城镇化"的改革重任，2016 年年末，全国建制镇数量达到 20 883 个。为贯彻落实绿色低碳发展理念，在绿色低碳领域加快培育新增长点，并以试点示范为突破口，探索低碳特色小镇发展模式，实施近零碳排放区示范工程，形成"绿水青山"的良性发展格局，特提出如下对策与建议。

一是注重绿色低碳有机融合。国家第一批绿色低碳重点小城镇试点示范注重绿色发展与低碳发展的初步结合，在促进二者目标协同、路径共享、效果叠加方面进行了有益探索。党的十九大报告明确提出了培育绿色低碳新增长点、建立健全绿色低碳循环发展经济体系、倡导绿色低碳生活方式等要求。小城镇在制定发展规划、开展产业布局和挖掘经济增长点的过程中，应科学研究提出绿色低碳发展目标，有效共享绿色低碳发展的政策资源，培育小城镇居民绿色低碳发展的自觉性和主动性，实现绿色低碳的有机融合。

二是注重顶层设计连贯统一。在制定小城镇绿色低碳发展的相关政策时，应保证不同部委、不同时序、不同层级的政策之间分工合理、步调一致、前后连贯、打好配套组合拳。各部委在协同开展小城镇绿色低碳试点示范过程中，应共同研究确定绿色低碳指标体系，协同推进绿色低碳项目、产品评价方法，并建立定期协商机制。国家与地方相关主管部门之间应建立定期的上下沟通机制，跟踪了解乡镇政府在绿色低碳方面的政策执行意愿、执行困难和实施诉求，确保将国家好的政策用好、用足。

三是注重形成全过程管理模式。相关试点示范工作应尽量做到有始有终，避免前期"敲锣打鼓"、中期无人问津、后期不了了之的政策落实窠臼。试点示范的牵头部门应强化事中、事后监管，建立跨部门、跨层级联动的监督机制，跟踪评估试点示范进展，及时纠偏、解决问题、总结经验，切实保证绿色低碳重点小城镇试点示范工作的质量和水平。同时，应建立健全小城镇绿色低碳发展的激励约束机制，在考核评估的基础上，及时总结绿色低碳的发展经验，推广"可复制、效果好"的成果，树立小城镇低碳发展标杆。

四是注重培育低碳发展能力。"授人以鱼不如授之以渔"。试点示范地方政府应探索建立以社会资本为主的低碳发展长效融资机制，转变过度依靠财政的"输血"模式，提升小镇低碳发展的"造血"能力，形成长效的低碳运营机制。既应通过加强指导，注重提升小城镇政府的低碳管理能力，也应建立包容审慎的监管模式，注重激发试点地方政府低碳发展的主观能动性和创新积极性，为小城镇自身创新绿色低碳发展模式留足政策空间。

（田丹宇、狄洲供稿）

加快推进低碳城市建设　引领高质量低碳发展[①]
——河北省低碳发展调研报告

河北省是京津冀协同发展战略中区域发展最不平衡、环境污染问题最为突出的地区。近年来，河北立足协同发展战略定位，加快推进低碳发展转型和低碳城镇化建设，积极推动石家庄、保定、秦皇岛等低碳城市试点，积极推进雄安绿色低碳新区规划，努力形成一批各具特色的低碳城市、低碳园区、低碳社区和低碳企业。为持续跟进河北省低碳发展工作，深度剖析低碳城市在制度探索和制度执行方面存在的主要问题和面临的挑战，近期中心由徐华清主任带队，组织政策法规部相关同志赴河北省开展实地跟踪调研，同河北省及保定市和石家庄市发展改革部门的有关同志举行座谈。现将调研情况总结如下。

一、国家低碳城市试点进展与成效

保定市是第一批国家低碳试点城市，石家庄市是国内率先制定发布低碳发展促进条例的国家低碳试点城市。几年来，两市围绕批复的试点工作实施方案，认真落实各项目标任务，在体制机制建设、低碳规划编制、能源结构调整和产业转型、低碳社区建设和低碳生活引领等方面开展了大量工作，取得了一定的进展和成效。

一是加强组织领导，构建体制机制。 保定市于 2011 年成立了国家低碳城市试点工作领导小组，由市长任组长，发改、工信、环保、住建、交通、财政等 27 个职能部门为成员单位，统筹指导试点工作，确保试点工作扎实推进。2014 年，保定市成立了市低碳建设推进办公室，配备专人负责低碳城市建设工作，并由市政府牵头，会同相关高校成立了河北大学低碳研究院，开展低碳领域相关支撑研究。保定英利集团还成立了零碳研究院，设立了企业"气候官"，搭建了企业温室气体管理平台。石家庄市也初步建立了由市应对气候变化工作领导小组统一领导，发展改革委牵头，各部门各司其职、通力配合的工作格局。

二是编制规划方案，明确发展目标。 保定市先后出台了《关于建设低碳城市的指导意见》《保定市低碳城市试点工作实施方案》《保定市应对气候变化"十三五"规划》《"十三五"控制温室气体排放工作实施方案》等一系列规划方案和政策性文件，明确提出了到 2020 年实现全市单位地区生产总值（GDP）碳排放比 2015 年下降 21%，煤炭消费比重降低至 49.5% 以下，新能源消费比重提高到 10%，服务业增加值比重达到 45% 以上，建立温室气体统计核算体系和碳排放强度目标分解和评价考核机制等低碳发展目标，并将主要目标任务分解至相关部门。石家庄市先后发布了《石家庄市"十二五"低碳城市试点工作要点》《石家庄市低碳发展促进条例》等政策法规，明确了到 2020

---

① 摘自 2018 年第 9 期《气候战略研究简报》。

年，实现全市单位 GDP 碳排放比 2015 年下降 20.5%，非化石能源占一次能源消费比重达到 5%，煤炭在一次能源消费中的比重下降到 65%，服务业增加值比重达到 53%，建立健全碳排放控制的各项基本制度以及强化低碳试点城市建设等低碳发展目标。

三是开展低碳立法，探索制度创新。石家庄市于 2016 年 7 月 1 日起施行的《石家庄市低碳发展促进条例》（以下简称《条例》）共 10 章 63 条，包括低碳发展的基本制度、能源利用、产业转型、排放控制、低碳消费、激励措施、监督管理和法律责任等内容，开创了全国城市低碳立法的先河。《条例》提出了建立碳排放总量与碳排放强度控制、碳排放评估、温室气体排放统计核算、温室气体排放报告、低碳发展评价考核、碳排放标准和低碳产品认证、产业准入负面清单等相关制度，希望通过法律强制力，对政府及其他行为主体推动并落实低碳发展产生动力和压力，也为城市开展低碳发展制度创新提供法律支撑。

四是淘汰落后产能，推动产业转型。保定市着力发展新能源、汽车、电子信息等优势产业，第三产业比重由 2010 年的 34.7% 增加至 2017 年的 42.6%，2017 年万元 GDP 能耗比上年下降 6.12%，万元 GDP 二氧化碳排放比上年下降 6.62%。石家庄市积极淘汰落后产能，2017 年全年压减炼铁产能 52 万吨、火电产能 19.9 万千瓦，拆除、封停水泥产能 523 万吨，并推动新旧动能接续转换，促进信息、生物医药等高端产业发展，培育旅游、金融、文化创意等低碳产业，2017 年服务业增加值较上年增长 11.6%，服务业比重由 2010 年的 40.5% 增加至 2017 年的 47.5%。

五是调整能源结构，协同大气治理。保定市多年来通过淘汰、改造燃煤锅炉、煤改气（电）、清洁煤推广等措施，2017 年，煤炭消费量减少 120 万吨，天然气用气量从 2011 年的 2.99 亿米^3 增加至 10 亿米^3，主城区清洁供热率由 2014 年的 39% 提高到 100%。2017 年全市 $PM_{2.5}$ 质量浓度较 2013 年下降 37.8%，优良天数 159 天，比 2013 年增加 85 天，空气质量达到近五年最好。石家庄市积极推进煤炭总量削减和清洁能源比重提升，2012—2016 年共削减煤炭消费量 1 100 多万吨，煤炭消费占一次能源的比重从 2012 年的 86% 下降到 2016 年的 71%，2017 年全市煤炭消耗量净减 400 万吨，$PM_{2.5}$ 质量浓度比 2016 年下降 13.1%，优良天数达到 151 天，重度以上污染天数比上年减少 20 天。

六是建设低碳社区，倡导低碳生活。石家庄市桥西区塔坛社区作为河北省 6 个省级低碳社区试点之一，自 2016 年以来，先后建立了由社区居委会、物业公司和地产公司为主的试点领导小组，编制了低碳社区试点工作实施方案，启动了有关社区低碳基础设施、建筑节能、垃圾分类等方面的重点项目。保定市已连续 9 年参加"地球一小时"熄灯活动，全市还开展大量低碳知识进校园、进社区活动，利用全国低碳日举办全民低碳行动，号召广大市民通过"每周绿色出行 1 天、少看 1 小时电视、手洗 1 次衣服、少坐 1 次电梯"等力所能及的行动来践行低碳生活。

二、低碳城市建设存在的主要问题

低碳发展既是一件新生事物，也是一项复杂、长期的系统工程。调研及分析发现，随着低碳试点工作的不断深入及低碳城市建设的不断推进，一些深层次的问题、矛盾和挑战逐渐显现，既有思想不统一、目标不落地等认识问题，更有制度创新动力不足、制度执行难以落实等实践问题，亟须进一步凝聚共识、强化使命、大胆探索，力争在重大制度执行和发展模式创新上取得突破。

　　调研发现，保定市低碳试点工作亟须在发挥目标引领、加快制度创新、强化制度执行上下功夫。一是低碳发展目标落实不到位。保定市虽然在"十三五"规划纲要中，明确提出坚定走高端引领、绿色低碳的可持续发展道路，明确要求做好低碳城市规划、加快低碳城市建设、倡导绿色低碳生活、全面推进低碳城市试点，但并没有将"十三五"期间的碳排放强度下降目标纳入其中，相较于"十二五"规划纲要将"单位地区生产总值二氧化碳排放降低"列入经济社会发展主要指标的做法，碳强度指标约束性作用有所弱化，也没有在 2018 年政府工作报告中提出明确的碳排放强度年度下降目标及低碳试点工作具体任务，而且至今尚未研究提出明确的地区碳排放峰值目标，难以形成加快促进低碳发展的倒逼机制。二是低碳制度探索创新不到位。尽管国家有关开展低碳试点的通知中，明确要求试点地区探索建立重大新建项目温室气体排放准入门槛制度，积极创新有利于低碳发展的体制机制，保定市在低碳城市试点方案中也明确提出"研究制定低碳产品认证和标准标识制度"，但相关工作至今并没有取得实质性进展，也没有在碳排放统计核算、碳排放总量控制、碳排放交易等制度层面开展有益探索，难以形成绿色低碳发展的创新驱动机制。三是考核评价制度执行不到位。保定市虽然将控制温室气体排放目标分解至下辖各县（市、区），但并没有将控制温室气体方案的任务对部门、行业进行分解，也并未将二氧化碳排放强度下降指标完成情况纳入经济社会发展综合评价体系和干部政绩考核体系，难以形成有效推动低碳发展的责任与压力传导机制。

　　调研发现，石家庄市低碳试点工作亟须在推进条例落地生根、强化制度执行上下功夫。时过一年，我们再次调研座谈发现，《条例》的起草部门及其他相关部门至今尚未采取有效的执行措施和手段，主要表现为：一是《条例》实施细则和相关配套政策落实不到位。《条例》第十章第六十一条规定"市人民政府根据本条例制定实施细则"，第二章第八条和第九条规定要将低碳发展纳入"国民经济和社会发展规划"，并"依据规划编制低碳发展实施方案"，然而在实际执行中，《条例》实施细则和石家庄市"十三五"时期低碳发展相关规划或方案尚未正式出台；二是《条例》提出的法律制度体系建设落实不到位。《条例》第二章和第四章第二十一条明确提出了建立低碳发展的各项基本制度，包括碳排放总量控制制度、温室气体排放统计核算制度、低碳目标完成考核评价及公开发布制度、低碳发展指标体系、低碳产品认证制度和碳排放评估等碳排放管控制度，然而在实际执行中，上述各项制度至今尚未真正建立；三是《条例》实施的监督执法落实不到位。《条例》第八章第四十四条和第四十五条中明确规定了县级以上人民代表大会或人民代表大会常务委员会可定期听取和发布同级人民政府就本行政区域低碳发展情况的汇报，以及组织低碳发展专项执法和通过质询、询问、视察等方式进行监督。然而在实际执行中，尚未有县级以上人民政府向同级人大及其常委会就《条例》落实情况进行汇报，也未有相应人大及其常委会对同级人民政府就《条例》落实情况开展质询监督和执法活动。

　　初步分析发现，雄安新区低碳发展亟须在提高战略定位、推进有机融合上下功夫。《河北雄安新区规划纲要》（以下简称《规划纲要》）明确提出坚持世界眼光、国际标准、中国特色、高点定位，到 2035 年基本建成绿色低碳、信息智能、宜居宜业、具有较强竞争力和影响力、人与自然和谐共生的高水平社会主义现代化城市，并明确要求坚持绿色低碳发展，严格控制碳排放，打造绿色低碳、安全高效、智慧友好、引领未来的现代能源系统，推广绿色低碳的生产生活方式和城市建设运营模式，保护碳汇空间、提升碳汇能力。对照《规划纲要》的战略思路目标与具体任务要求，我们认为尚有两个方面亟须进一步加强：一是雄安新区的低碳发展战略研究尚不到位。对标对表"世界眼光、国际标准、中国特色、高点定位"的战略要求，需要进一步研究提出新区在2035年率先实现近零排放的战略目标，研究提出新区在产业低碳化、能源低碳化和生活低碳化方面中国排放标准的先进值，研究提出新区低碳发展目标责任体系、评价考核体系和统计核算支撑体系的建设方案，研究提出新区实施近零排放区示范工程建设、零碳排放建筑试点示范以及低碳交通示范工程的总体设想；二是雄安新区的低碳发展理念融入尚不到位。进一步将低碳发展目标融入新区相关发展规划，不断提高新区低碳建设水平，将低碳标准要求融入新区产业规制、能源供应、生活消费等领域，加快培育绿色低碳新产业、新业态、新动能，将低碳技术融入创新能力建设中，持续解决产业、产品与低碳技术深度融合的问题，实现绿色低碳与经济社会发展协同融合。

三、加快低碳转型的政策与建议

为贯彻落实党的十九大报告提出的在绿色低碳等领域培育新增长点，形成低碳新动能、构建低碳新体系、倡导低碳新生活等要求，全面完成河北省"十三五"规划纲要提出的"强化碳排放控制，建立健全单位地区生产总值二氧化碳排放降低目标责任考核制度和统计体系，实行碳排放强度和增量双控，逐步实现碳排放总量控制"等相关目标及制度建设要求，我们对提升河北低碳发展提出以下几点建议。

一是切实加快制度创新。党的十九大报告明确提出要加快建立绿色生产和消费的法律制度和政策导向，建立健全绿色低碳循环发展的经济体系。习近平总书记在全国生态环境保护大会上进一步指出，绿色发展是构建高质量现代化经济体系的必然要求，是解决污染问题的根本之策。保定等低碳试点城市有关领导应进一步转变发展理念，围绕落实碳排放峰值和碳排放总量控制、建立健全绿色低碳循环发展的经济体系和实现高质量发展等目标，在建立健全统计核算、评价考核和责任追究等重大制度上下功夫，在研究探索开展碳排放总量控制制度上下功夫，在研究建立有效发挥碳排放控制对大气污染物协同减排机制上下功夫。

二是切实强化制度执行。党的十九大报告明确提出必须坚持和完善中国特色社会主义制度，不断推进国家治理体系和治理能力现代化，构建系统完备、科学规范、运行有效的制度体系。习近平总书记在全国生态环境保护大会上强调，要用最严格的制度、最严密的法治保护生态环境，强化制度执行，让制度成为刚性的约束和不可触碰的高压线。石家庄等低碳试点城市有关部门应进一步强化责任担当，围绕本地区低碳发展制度执行中面临的深层次重大问题，进一步加强研究、凝聚共识、统筹协调，尽快制定出台《条例》实施细则，尽快实施《条例》提出的各项制度，并加强对《条例》落实情况的监督和执法。

三是切实推进低碳发展。习近平总书记在主持中共中央政治局常务委员会会议、听取河北雄安新区规划编制情况的汇报时强调，要坚持生态优先、绿色发展，努力建设绿色低碳新区。雄安新区应进一步加强战略研究，准确把握全球低碳发展潮流、国际低碳发展标准、中国低碳发展特色和新区低碳发展定位，着力推动新区产业、能源、交通和基础建设的低碳化发展，着力打造新区近零碳排放区示范工程和零碳排放建筑试点示范，着力探索新区低碳发展新业态、新技术、新机制和新模式。

　　四是切实加强顶层设计。河北省应围绕《规划纲要》明确提出的实行碳排放强度和增量双控，逐步实现碳排放总量控制等相关目标及制度建设要求，加快研究提出全省碳排放峰值目标，明确重点部门、重点城市率先达峰路线图；加快研究建立全省范围内开展碳排放强度与增量双控的目标分解、考核评价和问责机制；加快研究制定重点行业和重点产品温室气体排放、建筑低碳运行等标准。

（杨秀、狄洲、胡乐、徐华清供稿）

第四部分

统计核算

美国温室气体清单编制及排放数据管理机制调研报告[①]

为落实中美气候变化工作组双边应对气候变化合作实施计划，进一步加强我国温室气体排放数据管理和企业温室气体排放核算、报告、核查的能力建设，受国家发展改革委气候司委托，2014 年以来，中心先后在北京和杭州承办了"中美企业温室气体核算和报告能力建设""中美企业温室气体数据管理能力建设"两期研讨会，并应美国环境保护局（EPA）的邀请，于 2014 年 7 月下旬组团赴美，就美国国家及州级温室气体清单编制、企业设施层面温室气体排放核算与报告方法及数据管理等方面进行了调研和交流，现总结如下。

一、美国及加利福尼亚州温室气体清单编制概况

作为《联合国气候变化框架公约》（以下简称《公约》）附件一缔约方国家，美国有义务定期向公约秘书处提交年度国家温室气体清单，并需接受国际专家团队的年度审评。迄今为止，美国已经提交了 1990—2012 年的国家温室气体清单。

一是美国国家温室气体清单编制已经实现常态化，清单报告初稿经数百名专家评审，并在网上公开征求意见。美国的国家温室气体清单编制工作由 EPA 牵头并负责协调汇总，能源部、农业部、交通部、国防部等其他机构参与并提供数据支持。美国国家温室气体清单的编制工作分为规划、编制与提交三个阶段。每年 5—9 月为清单规划阶段，编制机构对方法学的进展进行评估，对需要更新的排放因子等参数进行分析，研究确定方法学并开展数据收集。10 月—次年 2 月为清单编制阶段，在计算排放量和估算不确定性的基础上形成国家温室气体清单报告的初稿。其间，EPA 与来自美国政府部门、研究机构、行业协会、咨询机构以及环境组织等十多个机构的数百名专家密切合作，通过召开专家讨论会等方式听取建议并完善初稿。此外，通过专家评审的清单报告还需经过 30 天的网上公示，进一步征求公众意见。次年 3—4 月，经公示和修改后的国家温室气体清单报告实现内部提交并最终提交给公约秘书处。

二是尽管美国政府没有要求各州编制温室气体清单，但加利福尼亚州温室气体清单编制具有完备的法律基础和专门机构，成为量化温室气体减排的重要工具。2006 年，加利福尼亚州议会通过了《全球变暖解决方案法》（AB 32），这是美国制定的第一部具有全面、长远减排目标和措施的应对气候变化法案。AB 32 要求加利福尼亚州在 2020 年将温室气体排放控制在 1990 年的水平（在经济发展保持不变的情景下，相当于减排大约 15%），并指定加利福尼亚州空气资源委员会（ARB）为该法案的领导实施机构。同年，加利福尼亚州议会还颁布了 Assembly Bill 1803（AB 1803）法案，授权 ARB 从 2007 年起接替加利福尼亚州能源委员会，承担加利福尼亚州温室气体清单的编制和更新职责，此举为加利福尼亚州温室气体清单编制提供了法律基础和政策保障。2007 年 11 月 16 日，

[①] 摘自 2014 年第 20 期《气候战略研究简报》。

ARB 发布《加利福尼亚州 1990 年温室气体排放总量及 2020 年排放限额》报告，报告估算并认可了 1990 年排放水平为 4.27 亿吨二氧化碳当量（其中排放 4.33 亿吨二氧化碳当量，森林碳吸收 0.07 亿吨二氧化碳当量），研究提出了 2020 年排放总量限额及 AB 32 框架目标。此后每年 5 月，ARB 定期发布从 2000 年起的最新年度加利福尼亚州温室气体清单报告，跟踪排放量及其变化趋势。温室气体清单编制及更新是加利福尼亚州努力实现 AB 32 下 2020 年控制目标的一项重要工作，也是评估加利福尼亚州减排进展、制定气候和能源政策的重要依据。

三是美国及加利福尼亚州在温室气体清单编制方法上并不完全同步，在温室气体种类、排放源估算边界及数据来源方面也有所差异。美国国家温室气体清单遵循公约报告指南和 IPCC 1996 年国家温室气体清单指南，使用能源、农业以及其他国家统计数据，估算美国境内所有人类活动引起的温室气体排放总量。2014 年 4 月发布的 2012 年国家温室气体清单中，能源、工业、废弃物处理领域已执行 IPCC 2006 年国家温室气体清单指南中提供的改进方法，农业、土地利用变化和林业领域由于分类差异，依然沿用 IPCC 1996 指南方法，全球增温潜势（GWP）仍采用 IPCC 第二次评估报告（SAR）推荐值。加利福尼亚州最新发布的 2012 年温室气体清单在采用 IPCC 2006 年指南的同时，已率先使用 IPCC 第四次评估报告（AR4）中的 GWP 值，而且与国家温室气体清单相比，加利福尼亚州温室气体清单在核算边界、数据来源和组织结构方面呈现地区特点。加利福尼亚州清单除涵盖《京都议定书》规定的 6 种温室气体外，还包括三氟化氮（NF_3）。除直接计算发生在本州内的排放和吸收外，还包括本州外购电力的间接排放，并将生物质来源的二氧化碳、州际间交通工具和联邦政府的移动源设施排放作为信息项估算，不计入排放总量。加利福尼亚州清单编制采用"自上而下"和"自下而上"相结合的方法：对于有些工业行业，ARB 使用联邦和州政府机构提供的统计数据估算，而对于电力生产、冶炼、水泥、石灰和硝酸生产等行业，2009—2012 年清单数据由加利福尼亚州温室气体强制报告项目（MRR）中经核查的设施数据加总而来。为聚焦减排领域、支持决策和保证可比，加利福尼亚州按照 ARB 2008 年范围计划（ARB 2008 Scoping Plan）、经济行业和 IPCC 指南部门分类三种方式组织排放源，并发布相应数据及报告。为提高清单质量、透明度和可信度，美国国家和加利福尼亚州温室气体清单编制机构均在方法改进、数据来源变化以及能力提高情况下，及时采用新方法和数据，对 1990 年（加利福尼亚州为 2000 年）以来的全时间序列清单数据进行重新回算。

二、美国及加利福尼亚州温室气体排放现状

美国作为《公约》发达国家缔约方，负有率先大幅减排的义务。《京都议定书》要求美国在第一承诺期（2008—2012 年）内实现温室气体总量比 1990 年减排 7% 的目标，而事实上 2012 年美国的温室气体排放量与 1990 年排放水平相比不降反升 4.7%。

一是 2012 年美国国家温室气体排放总量较 2007 年峰值有所下降，比 2005 年下降了 10% 左右，但第一承诺期五年平均值比 1990 年水平高出 8.9%。根据 EPA 于 2014 年 4 月 15 日发布的《美国温室气体排放和吸收清单报告（1990—2012 年）》数据，2012 年，美国全年温室气体排放总量（不含碳汇）为 65.26 亿吨二氧化碳当量，较 1990 年上升 4.7%。从排放总体变化趋势来看，1990 年以来，

美国排放总量以平均 0.2 个百分点的速度上升，2007 年达到 73.25 亿吨二氧化碳当量的峰值，2008 —
2012 年呈波动降低的趋势，五年温室气体排放总量平均值为 67.87 亿吨二氧化碳当量，约比 1990 年
基准水平高出 8.9%。从温室气体种类构成来看，2012 年二氧化碳排放量占温室气体排放总量的
82.5%，仍比 1990 年上升了 0.5 个百分点，其中化石燃料燃烧排放占二氧化碳排放量的 94.2%。2012
年的甲烷、氧化亚氮以及含氟气体（HFCs、PFCs、SF_6）排放量分别占温室气体排放总量的 8.7%、
6.3%、2.5%，其中氢氟化碳（HFCs）排放量比 1990 年增加了 3.1 倍（表 1）。

表 1　1990—2012 年美国温室气体分气体种类排放量　　　　单位：亿吨二氧化碳当量

种类	1990 年	2005 年	2010 年	2012 年
排放总量	62.33	72.54	68.75	65.26
CO_2	51.09	61.12	57.22	53.83
CH_4	6.36	5.86	5.86	5.67
N_2O	3.99	4.16	4.09	4.10
HFCs	0.369	1.198	1.44	1.512
PFCs	0.206	0.056	0.038	0.054
SF_6	0.326	0.147	0.098	0.084

　　二是 2012 年能源活动排放对美国温室气体排放的贡献率达到 84.3%，对二氧化碳排放的贡献
率达到 97%，但 2013 年能源活动二氧化碳排放量仍表现为明显反弹。从排放部门来看，2012 年美
国温室气体排放中能源占比最大，达到 84.3%，能源活动对二氧化碳、甲烷和氧化亚氮排放的贡献
率分别为 97%、40% 和 9%。其次是农业部门和工业生产过程，分别占总排放量的 8.1% 和 5.1%，而
废弃物排放占总排放量的 1.9%。按经济部门归类，2012 年，来自电力生产的排放在总排放量中份额
最大，占 31.6%，排在第二位、第三位的分别是交通运输（28.2%）和工业部门（19.6%）。根据美
国能源信息署发布的初步估算数据，2013 年，美国能源活动二氧化碳排放量为 54.0 亿吨，比 2012
年美国能源活动 52.3 亿吨的二氧化碳排放量增长了 3.25%，这意味着受经济复苏等原因影响，美国
的能源消费以及二氧化碳排放增长仍处于较为刚性的态势（表 2）。

表 2　1990—2012 年美国温室气体分经济部门排放量　　　　单位：亿吨二氧化碳当量

经济部门	1990 年	2005 年	2010 年	2012 年
排放总量	62.33	72.54	68.75	65.26
电力生产	18.66	24.46	23.03	20.64
交通运输	15.53	20.17	18.76	18.37
工业	15.32	14.08	13.01	12.78
农业	5.18	5.84	6.01	6.14
商业	3.85	3.70	3.77	3.53
居民生活	3.45	3.71	3.60	3.21
海外属地	0.34	0.58	0.58	0.58

三是加利福尼亚州的温室气体排放峰值出现在 2004 年，2012 年排放总量约为 4.6 亿吨，比上年增长了 1.7%，与 2020 年减排目标相比仍高出 6.2%。根据 ARB 于 2014 年 5 月发布的 2012 年加利福尼亚州温室气体清单，2012 年加利福尼亚州温室气体排放总量（不含碳汇）为 4.59 亿吨二氧化碳当量，在美国各州中位居第二，人均排放量处于 45 位左右，虽然较历史峰值（2004 年的 4.93 亿吨二氧化碳当量）下降了 6.9%，但只比 2000 年下降了 1.6%，而且仍比 2011 年增加了 1.7%。分析 2012 年的情况，加利福尼亚州排放总量较上年升高的主要原因为经济增长、圣奥诺弗雷核电站（SONGS）意外关闭、干旱引起州内水力发电减少。从温室气体种类来看，加利福尼亚州二氧化碳排放占总排放量的 85%，较 2000 年下降了 3 个百分点，甲烷、氧化亚氮和六氟化硫的排放分别占到总排放量的 8.3%、2.9% 和 0.1%。按经济部门来分，交通运输占总排放量的 37%，其次是工业（占 22%），电力行业占 21%。按照 AB 32 的减排目标，加利福尼亚州距 2020 年排放限额的 4.33 亿吨二氧化碳当量（不含碳汇）仍有 0.26 亿吨二氧化碳当量的差距。

三、美国温室气体报告制度与设施层面排放数据管理

美国的温室气体报告制度作为一项与国家温室气体清单编制互补的温室气体数据管理制度，从 2010 年开始就要求大排放设施（企业、供应商）核算其排放量并报告相关信息。2014 年 9 月 30 日，EPA 还发布了第四年度（2013 年）设施层面温室气体排放报告。

一是美国温室气体报告制度基于《清洁空气法》相关条款授权，并根据《国会拨款法案》的要求建立。美国关于空气污染的立法可追溯到 1955 年，1970 年通过的《清洁空气法》（CAA）被认为是美国第一部全面监管静止和移动源气体排放的联邦法律，后于 1977 年、1990 年进行了两次修订。该法授权 EPA 制定国家环境空气质量标准（NAAQS）以保护公众健康、公共福利和控制有害空气污染物的排放。该法第 114 节 a 部分授权 EPA 行政官员可以要求"拥有或操作任何排放设施、制造排放控制设备、处理装置的厂家，或者行政官员认为那些可能掌握信息的任何人必须监测和报告其相关排放信息"；该法第 114 节 c 部分要求 EPA 向其他政府部门、企业代表等其他相关人员公开 a 部分所获记录和报告（除保密数据外）。1990 年修正案的第 821 节"有关导致全球气候变化的温室气体信息收集"的条款则要求 EPA 颁布法规，对根据第五章取得许可的设施产生的二氧化碳排放进行监测，并要求 EPA 核算并监测这些设施的年度二氧化碳排放总量，存入数据库并向公众公布。由于《清洁空气法》未将温室气体列为空气污染物，EPA 是否有权对温室气体排放进行管制一直存在争议。2007 年，美国最高法院认定二氧化碳属于空气污染物。2009 年 12 月，EPA 根据该判决将二氧化碳和其他 5 种温室气体列为大气污染物，至此 EPA 拥有了对温室气体排放进行管制的法定授权。2008 年，美国《国会拨款法案》F 部分第二章关于美国环境保护局的"管理规定"（H.R. 2764—285）条款中要求从 EPA 环境项目和管理账户中拿出不少于 350 万美元用于建立和发布温室气体排放强制报告规则，对美国所有经济领域达到一定门槛的排放源实行强制性报告制度。在此要求及《清洁空气法》授权下，EPA 于 2009 年 10 月 30 日在联邦公报中发布温室气体强制报告规则（74 FR 56260），即《美国联邦法规》共 40 篇 98 个部分（CFR40 Part 98），并于 2009 年 12 月 29 日正式生效。

二是美国温室气体报告制度涉及 41 类排放源的所有温室气体，覆盖的直接排放量约占美国国

家温室气体清单总量的一半，并对记录、报告、核查和数据存档等报告各环节做出规范要求。 美国温室气体报告制度适用于温室气体直接排放源、化石燃料和工业气体供应商、以碳封存等为目的的二氧化碳地下注入设施，要求满足一定门槛排放设施的所有者、经营者或供应商监测并向 EPA 报告二氧化碳、甲烷、氧化亚氮和含氟气体的年度排放数据。报告制度涵盖 41 类排放源，其中 33 类为直接排放源，6 类为燃料、工业温室气体供应商以及 2 类二氧化碳注入设施，针对以上每种排放源发布核算方法指南。报告制度规定，每个设施或者供应商必须确定一名授权代表负责认证、签署和提交温室气体排放报告。报告制度要求报告主体以电子方式报告以下主要内容：存在排放的机组、设施、生产线和活动的必要说明；能源消费等活动水平基础数据；计算方法；实测排放因子分析结果、燃料热值、含碳量等其他参数的选取；设备运行过程中涉及排放的其他数据等。为保证连续监测和数据质量，报告制度不仅要求报告者制订书面的监测计划，而且对监测设备精度校准和安装维护制定规则，并要求报告主体对相关资料文件留存至少三年。2013 年的报告显示，美国共有 8 936 个设施或供应商参与温室气体报告项目，包括电力、油气系统、炼油、化工、金属、矿物、造纸、废弃物和其他等 9 个行业年排放量在 2.5 万吨二氧化碳当量以上的 7 879 个直接排放设施、965 个供应商、92 个二氧化碳地下注入设施参与了报告。2013 年，报告的直接排放总量达到 31.8 亿吨二氧化碳当量，其中发电厂排放 21.0 亿吨二氧化碳当量，占直接排放总量的 66.0%。从 2012 年的数据来看，直接排放占美国国家温室气体清单总量的 48.5%，由于燃料供应商的一部分排放和二氧化碳地下注入设施的排放数据的保密要求，EPA 并未完整发布这两部分的详细数据，据相关官员介绍报告总量约覆盖美国 85%～90%的排放量。

　　三是美国温室气体报告制度采用电子化报送，建立了以电子核查为主、现场审核为辅的核查模式，实现了数据无缝采集和核查。 CFR40 Part 98 的第 98.5 章节在涉及排放报告提交形式时指出，"每个温室气体排放报告以及授权代表的认证必须按管理部门规定的格式要求以电子形式提交"。早在 CFR40 Part 98 最终版本发布之前，EPA 已开始着手设计并研发综合数据管理平台，以满足排放数据实时、统一、准确、高效地收集、核查和发布的要求。综合数据管理平台主要由温室气体电子报送工具（e-GGRT）、综合核查引擎系统（iVP）、发布入口（FLIGHT）等组成，实现了实时报送、准确核查与高效发布的无缝衔接。其中，e-GGRT 于 2011 年投入使用，包括用户注册与验证、设施注册与管理、温室气体数据输入/上传和计算、实时数据验证、年度排放报告生成与提交等功能，含 41 类独立的排放源类别模块，采用电子表格上传、XML 批量上传和在线网页表单提交三种方式。在数据核查方面，EPA 基于成本和数据发布时效性的考量，采取全面的电子核查与适当的现场审核相结合的方式。电子核查分为提交前的数据验证和提交后的数据审查。数据验证主要借助 e-GGRT 的实时验证反馈功能实现，数据审查是在报告提交之后，利用 iVP 系统对从 e-GGRT 系统导出的 XML 格式的报告文件进行基于区间、算法、统计和年度趋势分析等逻辑的潜在错误标注。在电子核查的基础上，EPA 职员对标注的潜在错误进行判断，必要时联络报告方或开展现场审核。

　　四是美国温室气体报告制度建立了数据公开机制，已形成每年 9—10 月发布上年度数据的常态化机制，并面向不同需求搭建多种发布途径。 排放数据的公开、透明和可获得性使其被美国联邦、州政府机构、企业、研究机构以及公众广泛使用。EPA 分别于 2012 年 10 月、2013 年 1 月、2013 年 9 月和 2014 年 9 月发布了 2010—2013 年度设施级温室气体排放数据（除保密数据外），目前已形成每年 9—10 月发布上年度排放数据的常态化机制。为满足不同数据使用的需求，EPA 通过多个网站、以多种形式发布数据，Hightlights 网站提供高度概括的行业分析报告，Flight 网站提供基于地理空间的重要数据元素快速查询，Envirofacts 网站提供全部非保密数据的下载。数据服务于政策规划和评估、温室气体项目开发、能效提高和污染防治等领域并满足公众信息查询的需求。定期公开一方面增强了公众对美国温室气体排放源和排放情况的了解，起到支持和推动相关法律法规出台的作用；另一方面也可督促企业填报、提高温室气体报告数据的质量。

四、对国内工作的启示及下一步合作建议

我国作为《公约》非附件一缔约方国家，尽管与美国在国家温室气体清单编制及企业温室气体核算和报告方面的义务有所不同，但加强中美在温室气体管理能力建设方面的交流与合作，对于建立和完善国内温室气体统计、核算、报告等管理制度和工作机制具有积极的作用。

一是加快气候变化法等相关法律法规体系建设，为制度设计和政策落实提供法律保障。目前，我国应对气候变化领域的法律尚处于空白阶段，仅有相关"方案"或"办法"作为工作指导，法律权威性和系统性不够。建议加快研究定期编制国家及地方温室气体清单，构建国家、地方及企业三级温室气体排放基础统计和核算工作体系所需的法律框架，抓紧研究实行重点企业直接报送能源和温室气体排放数据所需的强制性法律条款或条例，明确应对气候变化主管部门、企业、第三方核查机构等各利益相关方的权责和义务，促进相关制度的出台和工作的落实。

二是建立健全企业温室气体排放数据的公开和发布机制，提高温室气体排放管理的信息化水平和透明度。企业温室气体排放数据是温室气体排放监管和气候变化政策制定的基础，电子化的排放数据报告、核查和管理方式将有效提高报告数据的准确性和时效性。建议在我国温室气体排放直报制度建立过程中，重视企业温室气体直报综合管理平台的设计研发、耦合报送、核查、发布等各环节应用程序，实现数据格式的统一、数据质量的准确、数据处理的高效和数据发布的及时。要将数据发布作为提高数据质量、服务政策制定、激发公众参与低碳事业热情的重要抓手，推动相关排放数据保密级别研究，丰富数据发布形式，畅通发布渠道。

三是加强国家与省级温室气体清单编制、企业温室气体排放核算与报告等量化工作的协同，形成控制温室气体排放的合力。编制年度温室气体清单是管理排放的第一步，完整透明的清单是了解排放特征、预测趋势、识别减排机会的必备工具。与国家清单编制采用的统计数据不同，设施层面的细化数据能帮助企业识别减排机会，让社会公众了解周围排放源，同时可用来比较同类设施排放水平，跟踪设施排放年际变化，在国家特别是地方层面为低碳政策制定提供参考。从美国的实践来看，温室气体清单编制、温室气体报告和碳交易市场建设等工作有着紧密的内在联系。目前，我国国家及省级温室气体清单编制、企业温室气体排放核算和报告、碳排放权交易市场建设等各项工作有序推进，建议抓紧建立起各项工作间的协同和促进机制，将各项温室气体管控手段有机地结合起来。

四是基于对今年活动双方的关切，建议在中美温室气体管理行动倡议领域进一步推进以下四个方面的交流与合作。一是在国家层面，进一步开展清单编制和数据管理方法的交流，重点探讨排放

数据共享、系统衔接、数据发布的机制方法和技术要点；二是在省级和州级层面，加强排放清单编制、排放报告系统和温室气体管理平台建设等方面的沟通，进一步提高地方温室气体数据管理能力；三是加强清单编制过程中抽样调查方法的交流与合作，提高缺乏统计基础且不确定性较大领域的清单编制质量；四是在温室气体数据管理的基础上，就减排政策评估方法等展开交流，借鉴美国好的做法，更好地量化我国控制温室气体排放政策和行动的效果。

（刘保晓、李靖、徐华清供稿）

江苏省重点单位温室气体排放报告制度设计及平台建设调研报告[①]

为深入了解江苏省在开展重点企事业单位温室气体排放报告制度设计及平台建设方面好的做法，系统总结在研究、起草、颁布和实施《江苏省重点单位温室气体排放报告暂行管理办法》（以下简称《管理办法》）过程中所作的创新性探索及面临的挑战，时任中心副主任徐华清率统计考核部项目组一行 4 人，于 2015 年 9 月 22 日赴江苏省进行调研。调研组与江苏省发展改革委王汉春副主任、资环处负责人和分管人员以及江苏省经济信息中心、中国质量认证中心南京分中心等有关专家进行了座谈，现将有关情况总结如下。

一、总体情况

江苏作为全国的经济大省，也是温室气体排放大省，仅万吨能耗以上工业企业就有 1 200 家左右，初步估计全省 2010 年温室气体排放量在 1.3 万吨二氧化碳当量或年综合能源消耗在 5 000 吨标准煤以上的企事业单位有 3 000 家以上。近年来，江苏省积极探索碳排放权交易非试点省份加快建立温室气体排放统计、核算与报告体系的推进机制，并于 2013 年率先启动了全省重点单位温室气体排放报告体系建设。在实践探索过程中，江苏省以法规制度设计为指导，以报告平台建设为牵引，通过方法学研究、平台开发、能力建设、报告核查等路径，逐步推进相关工作。

一是早在 2013 年就全面启动了制度研究及报告平台开发。江苏省发展改革委组织江苏省经济信息中心等技术单位，按照总体规划、分步实施、逐步完善的原则，在全国非碳排放权交易试点地区率先启动了重点单位温室气体报告制度研究及平台开发。2014 年 4 月，随着报告平台的正式上线，江苏省随即启动了企业培训和报告工作，在连续两年的报告工作过程中，报告平台也逐步完成了从本地核算方法向国家核算指南的过渡，其相关功能也不断得到完善。江苏省现有报告平台覆盖了企业填报、排放核算、在线管理、数据存储和汇总统计等功能，实现了活动水平、排放因子和排放量的多维数据集管理，可满足企业强制报告和自愿报告登记的要求，支持各级主管部门开展分行业、分地区、分类型的统计分析和辅助决策。

二是 2014 年组织实施了不同层级的培训活动。鉴于江苏省纳入温室气体排放报告的企事业单位数量众多的实际情况，江苏省按照省市联动部署、近远期统筹的思路，初步建立了长效化的企事业单位温室气体排放核算报告能力建设培训机制。首先，由江苏省发展改革委组织有关单位和专家编制培训材料和教程，并邀请相关专家对培训机构和培训师进行统一培训。其次，由各省辖市负责召集辖区内重点企业，委托专业机构进行培训，对政策要求、报告方法、平台使用进行宣讲。最后，

[①] 摘自 2015 年第 19 期《气候战略研究简报》。

还建立培训证书管理制度，并明确纳入名录中的企业需安排专人负责报送工作，且专人必须到会参加培训，培训后统一获颁培训合格证书，实施证书编号和在线报送平台账号的联动管理。

三是 2015 年率先出台了暂行管理办法。 为贯彻落实《国家发展改革委关于组织开展重点企（事）业单位温室气体排放报告工作的通知》文件精神，江苏省发展改革委组织有关单位在深入研究的基础上起草了《管理办法》，并于 2015 年 4 月 17 日在全国率先以省政府办公厅名义印发实施。《管理办法》旨在全面掌握重点企事业单位温室气体排放情况，完善温室气体排放统计核算体系，为实行温室气体排放总量控制、开展碳排放权交易等相关工作提供数据支撑，同时提高企业低碳发展意识，增强企业核算报告能力。该办法采用省政府办公厅文件的形式出台，在提升法规权威性和强制性的同时，也保证了文件出台的时效性，为温室气体报告工作的深入开展提供了政策依据。

二、《管理办法》内容及其亮点

《管理办法》由总则、温室气体排放报告的实施、监督管理和附则四个章节组成，共二十七条。"总则"部分包括五条，主要对实施的目的、适用范围、原则及主管部门进行阐述；"温室气体排放报告的实施"部分包括十一条，主要涉及报告门槛、名录库管理和调整机制、报告内容、报告方法、报告平台、报告周期、报告流程、评估、核查、复查制度以及数据归档要求等内容；"监督管理"部分包括五条，对省市主管部门主要职责、报告主体、核查机构、主管部门的罚则和奖励措施进行说明；"附则"部分包括六条，定义了《管理办法》中涉及的有关专业术语，并为与国家未来政策、制度的衔接预留空间。分析《管理办法》，总体来说具有以下特色和亮点。

一是突出原则，工作要求明确。《管理办法》中三处提及"原则"，其中第三条明确了报告的总体原则为"完整性、一致性、准确性和透明性"；在"温室气体排放报告的实施"部分的第十四条中，进一步指出评估和核查制度的原则为"确保报告的合规性，报告信息的真实性、可靠性和准确性"。此外，将"报告完整性、流程规范性、排放合理性"作为设区的市人民政府应对气候变化主管部门组织开展集中评估和确认的原则。《管理办法》既考虑了总体原则，又在不同环节提出更为细化的要求，一方面体现了主管部门的总体思路和要求，另一方面突出了主管部门各环节的工作重点。

二是管理下沉，省市职责清晰。《管理办法》规定省发展改革委作为省人民政府应对气候变化主管部门，对全省行政区域内的重点单位温室气体排放报告工作负有统筹协调和监督管理责任。具体而言，即省级主管部门负责组织建设并管理全省统一的重点单位温室气体排放报告信息平台，依法委托第三方核查机构对一定比例的重点排放单位的排放报告与核查进行复查，同时将重点单位温室气体排放报告核查和质量监管的部分职能下放到各级地方人民政府应对气候变化主管部门。《管理办法》中规定：地市级应对气候变化主管部门负责本辖区内报告名录管理、报告评估和核查、报告统计分析、信息报送，以及重点单位填报人培训等组织工作。在实际工作中，省发展改革委还明确要求全省 13 个地市都需拥有 1～2 家技术支持单位，目前全省共有 14 个研究机构、高等院校及专业机构提供相关技术支撑。

三是降低门槛，鼓励自愿报告。《管理办法》要求全省行政区域内近三年内任一年温室气体排放达到 1.3 万吨二氧化碳当量或综合能源消费总量达到 5 000 吨标准煤的法人企业事业单位，或视同法人的独立核算单位，要实施温室气体排放报告制度。较之于国家要求的将 2010 年温室气体排放量或综合能源消费水平作为是否纳入报告门槛的依据，江苏省纳入报告的企业数量相对更多，门槛也更低。除适当调低门槛外，《管理办法》还明确提到"设区的市人民政府应对气候变化主管部门可适当扩大重点单位的覆盖范围，增加报告主体数量。此外，也鼓励和积极推动其他企事业单位自愿开展温室气体排放报告"，并鼓励有条件的县（市）、开发区和报告主体自行组织第三方核查。以上条款均体现了江苏省在温室气体排放报告工作中扩大重点单位覆盖范围、鼓励自愿报告的政策导向，同时还兼顾了未来低碳园区等主体的报告需求。

四是边界明确，覆盖四个环节。《管理办法》对江苏省重点单位温室气体排放报告工作进行规范，明确办法所指的"报告"涵盖监测、核算、报告和检查四个环节。《管理办法》要求报告主体每年 11 月底前编制完成下一年度的排放监测计划，并提交市级主管部门备案；在规定的时间内，根据国家标准或国务院应对气候变化主管部门公布的核算与报告指南，在指定的平台上进行排放核算和报告。《管理办法》还对报告的检查环节提出细致的规范要求，规定市级主管部门首先对报告开展集中评估，然后以每年不低于 30% 的比例将报告委托第三方核查机构进行核查，最后由省级主管部门委托第三方核查机构对一定比例的重点排放单位的排放报告与核查报告进行复查。《管理办法》通过规范企业的监测计划以及有关数据归档要求、第三方核查机构实施的核查和主管部门的集中评估与复查等三方在报告质量方面的责任，构建起一套相对完善的数据核查体系。

五是两报融合，预留政策接口。《管理办法》第八条对报告主体的报告内容进行明确，分为报告主体情况、温室气体排放情况和其他相关情况三部分，其中报告主体情况部分要求报告的内容包括其能源消费概况等，虽未对"能源消费概况"的具体内容进行具体规定，但该条款为未来"温报"与"能报"的融合预留了政策空间。《管理办法》在第二十三条指出：对于纳入全国碳排放权交易范围的重点单位，其温室气体排放报告经核查后直接导入省重点单位温室气体排放报告系统，根据需要在省级系统中补报部分内容，此条款考虑了在全国碳交易市场建立或其他国家层面有关报告制度建立后，与本省报告制度的衔接方式。

三、管理办法与平台建设

江苏省将管理办法制定与平台建设工作有机结合起来，不断融合，既体现了依法行政的管理思想，也实现了管理手段的创新。报告平台在落实国家和江苏省碳排放监测、报告和核查（MRV）制度建设要求，辅助建立省、市、企业三级报送体系，增强政府数据获取、分析、决策能力，强化政府监管能力，提升企业监测、核算、报告能力等方面发挥了重要作用。

首先，《管理办法》明确了报告平台的定位。《管理办法》第十条指出重点单位提交的温室气体排放报告包括电子版和纸质版形式，其中，电子版需通过省人民政府应对气候变化主管部门指定的重点单位温室气体排放报告信息平台进行提交，并将信息平台的组织建设和管理职能授权给省人民政府应对气候变化主管部门。该条款确立了报告的主要形式和报告平台，明确了平台的建设和管理主体，为江苏省顺利开展重点企业温室气体排放报告电子化奠定了法律基础。

其次，《管理办法》指明了报告平台的功能。 江苏省确立了首期报告平台的系统边界、线上业务流程和主要功能，实现了部分条款的功能落地。通过对平台功能与办法条款对应关系的初步梳理，省、市、企业三级管理，强制报送和自愿报送，报告内容，核算方法等九个条款的具体要求实现了线上功能支撑；而集中评估和核查、复查、数据归档管理由于实际工作的复杂性，且无细则要求和有关标准，因此三项条款中规定的工作内容主要采用线上线下相结合的方式实现；涉及企业名录管理、排放边界及排放源识别以及与未来全国碳交易制度对接的三项条款内容拟在下一期系统中开发实现（表1）。

表1 《管理办法》条款与报告平台功能的对应关系

条款	条款类型/内容	线上功能	待落地功能（现状或原因）	线下功能
第1条	总则、原则类			—
第2条	总则、原则类			—
第3条	总则、原则类			—
第4条	省、市、企业三级管理	√		
第5条	"报告"含义			—
第6条	强制报送和自愿报送	√		
第7条	名录管理		*（目前名录管理为发展改革委线下管理，由系统管理员按要求统一增减）	
第8条	报告内容	√		
第9条	排放边界及排放源识别		*（排放边界及排放源识别系统化有难度）	
第10条	报告形式	√		
第11条	报告周期和时点控制	√		
第12条	监测计划	√		
第13条	核算方法和鼓励自测	√		
第14条	集中评估和核查	√		—
第15条	复查	√		—
第16条	数据归档管理	√（部分附件上传）		—
第17条	参与主体管理	√（填报人信息管理）		
第18条	报告主体罚则			—
第19条	第三方核查机构罚则			—
第20条	鼓励措施			—
第21条	各级主管部门罚则			—
第22条	术语	√		
第23条	与全国碳交易制度的对接		*（有关制度未出台）	
第24条	与国家第三方核查制度的对接			—

条款	条款类型/内容	线上功能	待落地功能（现状或原因）	线下功能
第 25 条	与国家报告制度的对接			—
第 26 条	解释权			—
第 27 条	实施之日			—

注：√表示已经实现的功能；*表示待实现的功能；—表示未实现的功能。

四、挑战与建议

　　调研发现，江苏省在重点单位温室气体排放报告制度和管理手段创新，特别是在《管理办法》与平台建设的同步协调推进等方面的积极探索，对其他省（区、市）开展重点企业温室气体排放报告工作具有很好的示范效应，对国家层面开展重点企业温室气体排放报告制度设计和平台建设也具有很高的借鉴意义。调研也发现，江苏省在重点单位温室气体排放报告制度建设和报告实施中仍面临一些挑战，主要表现为：一是《管理办法》中所涉及的集中评估、第三方核查的具体要求、程序规范一直未有实施细则跟进，市级主管部门的数据监管和第三方核查机构的数据核查工作存在较大困难；二是《管理办法》中的鼓励机制和惩罚条款在报告工作中并未全部落实，对积极参与的企业的激励不够，对不履行的企业约束不大。针对江苏省在推进重点单位温室气体排放核算报告工作中好的做法以及所面临的挑战，结合正在开展的"企业温室气体排放数据直报系统研究及建设"项目研究工作，我们对推进全国重点企事业单位温室气体排放核算报告工作提出如下几点建议。

　　一是国家层面重点企业温室气体排放报告制度设计需处理好与地方层面现有报告工作的衔接。《"十二五"控制温室气体排放工作方案》明确提出要加快构建国家、地方、企业三级温室气体排放核算工作体系，实行重点企业直接报送能源和温室气体排放数据制度。目前，碳排放权交易试点省（区、市）以及部分先进省（区、市）已经建立起地方层面温室气体排放核算报告体系。在国家层面重点企业温室气体排放报告管理制度设计中，需要明确国家与地方监管职能、核算与报告方法及模式、数据共享方式等重大问题，实现从各地试点示范到全国统一的温室气体排放核算报告制度的平稳过渡。

　　二是制度设计与平台建设、线上功能与线下工作应统一部署、协同推进。全国重点企业温室气体排放数据直报管理办法与系统建设应同步推进，一方面，在政策制定时确立报告系统的法律地位和政策依据；另一方面，在直报系统架构和功能设计时，应严格遵循制度条款，从制度中抽象化系统业务流程。在保证报告和核查效率，提升数据管理、分析和决策支持能力的同时，科学地进行功能设计，实现线上功能与线下工作的有机融合。

　　三是尽快出台全国统一的温室气体报告数据核查程序和规范。从调研情况来看，已有报告系统的各省（区、市）数据核查流程差异很大，地方主管部门以及第三方核查机构的责任及作用也不尽相同。由于国家层面尚未对重点企事业单位温室气体排放数据核查程序和有关技术规范做出统一要求，各地依据不同的核查流程、核查模板开展数据核查工作，尺度不一，造成可比性不强，给数据汇总、分析以及对标等相关工作带来困难和挑战。

（刘保晓、徐华清供稿）

英国温室气体清单编制及相关热点问题调研报告[①]

为研究英国不同层面温室气体清单编制及数据应用经验，了解英国智库对当前气候变化热点问题的看法，支撑中心相关项目研究工作，应英国能源和气候变化部的邀请，中心组团于 2015 年 11 月赴伦敦，对英国能源和气候变化部、大伦敦政府、英国皇家国际事务研究所、伦敦政治经济学院格兰瑟姆气候变化与环境研究所、里卡多咨询公司进行调研和交流，现总结如下。

一、英国温室气体清单产品及其主要应用

英国的温室气体清单产品众多，可分为国家、地区、地方行政区以及城市级，其中前三类清单由清单编制机构统一编制，用于履行国际义务、制定国内政策、分析减排效果以及管控重点排放源，最后一类清单则由市政府编制，用于满足其特定的需求。

一是编制年度国家温室气体清单，履行《公约》义务并支撑英国国内碳预算政策制定。按照《联合国气候变化框架公约》相关决议规定，附件一国家应在每年 4 月 15 日前向公约秘书处提交本国清单，提交文件一般包括国家清单报告（NIR）、从基准年份到报告年份通用报告表格（CRF）和标准电子表格（SEF）。英国国家温室气体排放清单遵循 IPCC 国家温室气体清单指南中提出的方法学进行编制，IPCC 方法学主要是根据排放源计算排放量，简称为排放源法。由于 CRF 报告软件更新，英国于 2015 年 10 月 30 日提交了相关文件，包括 1990—2013 年国家温室气体清单。结果表明，英国温室气体排放量于 1991 年达到峰值后逐年降低，若不考虑土地利用变化和林业，温室气体排放总量较基准年 1990 年降低了 28.68%。2013 年，英国能源、工业生产过程、农业、土地利用变化和林业、废弃物处理 5 个部门的温室气体排放量分别下降 23.23%、47.99%、18.14%、231.67%、67.28%（图 1）。

国家温室气体清单同时也支撑英国国内碳预算政策制定。碳预算是《英国气候变化法》（CCA）规定的一项重要制度，是英国政府依据本土排放现状及未来可能的排放趋势，结合长期减排目标及欧盟履约评估要求，参考英国气候变化委员会的建议，在征求 4 个地区管理当局意见的基础上提出，并经议会讨论确定的。2013 年的英国温室气体清单表明，英国本土排放量较基准年降低了 30%（表 1），距离 2020 年降低 34% 的碳预算目标还差 4 个百分点，而本土年均减排率约为 1.5%。据此测算，2020 年排放量将比基准年降低 37%，完成 2020 年减排目标的前景比较乐观。

[①] 摘自 2015 年第 22 期《气候战略研究简报》。

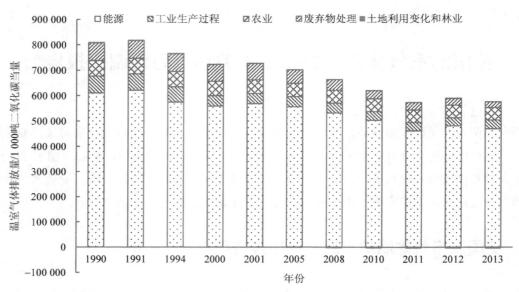

图1　英国温室气体排放量构成

表1　英国本土温室气体排放情况　　　　　　　　　　　　　　　单位：兆吨二氧化碳当量

部门	1990 年	1995 年	2000 年	2005 年	2010 年	2012 年	2013 年	较基准年变化
能源工业	278	238	221	231	206	203	189	−32%
交通	121	122	126	130	120	117	116	−4%
居民	80	82	89	86	87	77	77	−4%
商业	115	113	117	109	94	88	91	−21%
公共机构	14	13	12	11	10	9	10	−30%
工业生产过程	60	51	27	20	12	10	13	−79%
农业	66	65	61	57	54	54	54	−18%
土地利用变化和林业	4	3	1	−3	−4	−5	−5	−232%
废弃物处理	69	71	67	53	31	26	22	−68%
总量	807	758	721	694	610	579	567	−30%

国家温室气体清单在报告方式上适应部门分析需求。为了更加全面地反映和评估不同部门能源消费总量及结构对温室气体排放的影响，能源和气候变化部要求清单机构在编制排放源法国家清单的同时，也要提交按终端用户法计算的分部门国家温室气体排放报表。终端用户法的部门分类方式与 IPCC 指南一致，只是将能源工业部门排放量根据终端用户电力等能源消费情况分配至消费者所在部门。英国终端用户法采用迭代计算，将全部能源工业排放分配到最终消费者所在部门，因此所分配的排放量不仅来自发电行业，也包括公用热力、油气开采加工、固体燃料和其他能源行业等。终端用户法计算得到的排放量对于一些部门影响较大，以 2013 年为例，来自能源工业的 1.9 亿吨二氧化碳当量温室气体被分摊至其他相关部门，造成商业部门的温室气体排放量增幅达到 95%，这主要是由于商业部门用电量比较大。

二是编制地区温室气体清单，用于评估减排政策与行动的效果。清单机构编制的地区级（Devolved Administration，DA）清单包括英格兰、苏格兰、威尔士、北爱尔兰4个地区。地区级温室气体清单编制对可比性和一致性要求较高，不但要考虑与国家清单的一致性，而且要考虑地区间的可比性。英国地区级清单与国家级清单的主要数据的来源是相同的，这为两者的一致性提供了基本保证。某些数据仅有国家级而没有地区级，清单编制机构采取"分配计算"方法把全国数据分配到上述4个地区，因此也做到了4个地区排放量之和等于全国排放总量。4个地区的清单结果表明，2013年，英格兰的排放量占英国总排放量的77%左右，其中苏格兰、威尔士各占约9%，而北爱尔兰排放量仅占总排放量的约4%。

地区温室气体清单编制针对不同用途，采取不同的分类方法。不同地区对温室气体清单的需求不尽相同，编制过程中采用的分类方法也有所差异，主要分为排放源、碳交易/非碳交易以及终端用户等三大类。以威尔士为例，由于其减排目标覆盖的排放源包括非碳交易部门排放量、电力消费排放量以及碳交易部门相关的非二氧化碳排放量等，因此，评估其减排目标与任务完成进展时，需要综合使用碳交易/非碳交易以及终端用户的清单数据结果，其中涉及碳交易/非碳交易部分数据，不仅可以有效评估市场机制可能带来的减排效果，而且对于威尔士地区制定碳交易系统之外的减排政策及开展相应的评估工作也有支撑作用。

三是编制地方行政区二氧化碳排放清单有助于识别和分析重点排放源。英国本土共有406个地方行政区（Local Authority，LA），大伦敦地区包括了伦敦市（City of London）和32个自治市（borough），这33个次级行政区就是地方行政区。清单机构在编制国家和地区温室气体清单的同时，针对地方行政区二氧化碳排放清单也开展了研究与探索。与前两种清单不同的是，地方行政区二氧化碳排放清单只估算二氧化碳，主要是以国家清单终端用户法二氧化碳排放量为基础，在一系列分配规则的基础上计算得到。地方行政区二氧化碳排放清单的分配规则相较于地区清单更为复杂，这主要是由于统计数据的缺乏，需要引入更多的数据源，包括能源和气候变化部发布的地区级天然气和电力消费数据、大型排放设施的排放数据、高分辨度的就业分布图、建筑物普查信息、交通监测数据等。由于分配方法的多样性和复杂性，大多数部门排放量需要借助模型完成分解工作。地方行政区二氧化碳排放清单主要用于识别关键碳排放源，监测二氧化碳排放变化趋势，有利于制定具有针对性的减缓措施。为此，清单机构在分解碳排放量的基础上开发了可视化的、具有详细排放信息的在线查询功能，地方政府通过地图查询，能够快速识别该地区重点排放源以及近5年排放量的变化趋势。

四是编制城市温室气体清单便于决策制定和政策落实。一些地方政府也自行开展了城市级温室气体清单编制工作，用于服务本地区的相关政策制定。2011年10月，伦敦市长颁布了"减缓气候变化与能源战略"（CCMES），旨在减少大伦敦地区的二氧化碳排放并促进能源安全和低碳转型。该计划针对二氧化碳设定了4个减排目标，即到2015年、2020年、2025年和2050年分别比1990年下降20%、40%、60%和80%。为此，大伦敦政府（GLA）自行编制了伦敦能源和温室气体清单（LEGGI），用于评估其排放目标完成情况及政策措施效果。LEGGI是根据食品和农村事务部（Defra）于2009年发布的温室气体排放测量和报告指南，采用能源和气候变化部发布的区域固定源燃料消费量数据和伦敦大气排放清单中的移动源燃料消费量数据编制的，清单报告了本地区温室气体直接排放量和由电力调入等引起的间接排放量，并将后者排放分配到终端用户。清单数据显示，大伦敦地区 2000 年温室气体排放达到峰值，2013 年排放量降到 40.19 兆吨二氧化碳当量，较 2000 年下降 20%，但较 1990 年只下降 11%，只完成 2015 年下降 20% 目标的一半。

二、英国温室气体清单编制的相关法规和工作机制

英国温室气体清单编制工作得益于健全的应对气候变化相关法律法规、管理体制和工作机制，初步形成了以 CCA 为基础，以温室气体排放交易制度和国家排放清单规定为依据，在英国能源和气候变化部的组织领导下，由相对稳定的清单编制机构承担完成，并接受国家清单管理委员会指导的工作体系。

一是 CCA 明确要求政府向议会报告年度温室气体排放信息。 CCA 明确了英国温室气体减排路径和管理体制，主要包括减排目标和碳预算制度、气候变化委员会、交易机制、气候变化影响和适应等。CCA 第一章第 16 款规定，英国气候变化大臣须于次年 3 月 31 日前向英国议会陈述英国年度温室气体排放信息，信息包括每种气体的排放量或吸收量、全国总的排放量或吸收量、排放变化情况、国际航空和航海排放量、排放量核算方法等内容。英国各地方政府依据 CCA 陆续出台了相关法律法规或政策文件，分别明确了本地区 2020 年和 2050 年的温室气体减排目标。英国国家和地方层面的碳预算制度和温室气体减排目标为英国核算温室气体排放数据、编制温室气体清单等工作提出了明确的要求。英国目前已初步建立了与温室气体清单编制相关的法律法规体系（表 2）。

表 2　英国温室气体清单相关法律法规

类型		法律名称	备注
温室气体清单类	UK 层级	《温室气体排放交易制度和国家排放清单规定》（2005 年）	该规定在不断更新，目前最新为 2014 年版
		《英国气候变化法》（2008 年）	
	DA 层级	《苏格兰气候变化法》（2009 年）	
		《威尔士气候变化战略》	暂未立法
		《北爱尔兰气候变化法》	正在征询意见阶段
	LA 层级	—	未立法
非温室气体清单类		《综合污染物防治和控制条例》（IPPC）	由英国环境主管部门出台，旨在控制工业点源污染物
		《贸易统计法》	提供英国能源统计数据
		《欧盟排放交易指令》	

二是《国家清单规定》对开展国家温室气体清单编制提出了明确规定。 《温室气体排放交易制度和国家排放清单规定 2005》（以下简称《国家清单规定》）是英国国家温室气体清单编制最主要的法律文本，作为对欧盟《连接指令》（2004/101/EC）英国化的主要产物，由英国国会于 2005 年 10 月颁布，并于 2005 年 11 月开始实施。《国家清单规定》分五个章节对总则、修订内容、项目批准和授权参与、国家清单、法律责任等进行了规定。其中，与清单编制紧密相关的是第四章的第 10 款、第 11 款和第 12 款，第 10 款赋予国务大臣向任何个人收集清单编制相关信息的权利，并明确信

息收集以通知的形式发布，通知明确信息内容、信息格式、时间节点等要求。第 11 款规定国务大臣可授权法定代表人拥有入户进行清单信息收集和核实的权利。第 12 款明确了各地方涉及上述两项权利的主体分别为苏格兰政府、北爱尔兰环境署和威尔士国民议会。为了更好地满足清单编制工作的需要，《国家清单规定》也在持续更新中，已出台了 2011 年版、2013 年版和 2014 年版，其中涉及清单部分的修订内容主要有为减少企业的监管负担而废除入户调查和检查的权利、废除刑事处罚并建立民事处罚体制、对提供错误或失实信息的企业处以 1 000 英镑的罚款等。

三是温室气体清单编制的管理体制和工作机制不断健全。英国已根据《马拉喀什协定》的要求建立了国家温室气体清单系统，其中机构安排和编制流程是两个重要方面。从机构安排来看，能源和气候变化部是英国清单编制的主管部门，负责清单编制的具体组织和领导工作。2006 年正式成立的国家清单管理委员会（NISC）是跨政府机构，其主要职责不仅包括每年清单提交前的审批、重新计算讨论，还包括清单编制计划的制订，成员来自能源和气候变化部政策和战略部门、其他政府部门、清单领域专家和其他相关人员，并每年组织部门及相关专家召开两次会议。能源和气候变化部负责遴选清单编制机构，目前与具备丰富清单编制经验的里卡多（Ricardo）咨询公司签订了 5 年期委托合同，委托其开展清单数据的收集整理与管理以及国家和地方级清单编制等工作。参与清单编制的团队除牵头单位里卡多咨询公司外，还包括 Aether 公司、英国洛桑研究所（Rothamsted Research）和英国国家生态水文中心（CEH）等单位，这些单位有不同的工作职责。里卡多咨询公司作为主要编制单位，不仅估算能源、工业过程、溶剂和其他产品使用及废弃物领域清单，还完成清单规划、数据收集、质量评估/质量控制（QA/QC）以及清单管理和存档工作。Aether 公司作为合同内成员，主要职责是估算铁路、海外领土和皇家属地的排放量，更新 QA/QC 改进方案；英国洛桑研究所负责农业领域清单排放量估算。与里卡多咨询公司和能源和气候变化部签订合同不同，英国洛桑研究所是和英国食品和农村事务部签订合同，而 CEH 则负责土地利用变化和林业（LULUCF）领域清单编制，仅提供相关领域估算结果，不直接负责清单报告。

四是通过签署协议和备忘录，不断强化温室气体清单编制的数据基础。英国编制温室气体清单所需活动水平和排放因子数据来源广泛，不仅来自能源和气候变化部等官方部门，还来自行业协会等非官方机构。主要数据提供机构还包括英国环境署、食品和农村事务部和交通部等政府部门，Tata 钢铁和 BP 石油等私营企业以及英国石油工业协会（UKPIA）和矿物产品协会（MPA）等商业协会。为了保证高效完成清单编制工作并减少立法需求，能源和气候变化部与主要数据提供机构签署了数据提供协议（Data Supply Agreements，DSA），食品和农村事务部、能源和气候变化部作为年度国家空气清单发布单位，还与英国环境署等签订了提供数据"备忘录"，"备忘录"虽不是法律约束文件，但从实际运作来看，效果还是比较有效的。

三、英国主要气候变化智库对一些热点问题的看法

访英期间恰逢《联合国气候变化框架公约》第 21 次缔约方大会即将在巴黎召开，相关研究机构对巴黎气候大会是否能够达成协议、达成什么样的协议颇为关注，对此我们也就共同关心的热点问题与英国主要气候变化智库进行了沟通与交流。

　　一是关注我国温室气体排放数据透明度问题。我国于 2012—2014 年开展了第三次全国经济普查，普查时期资料为 2013 年年度资料。第三次全国经济普查的对象是在我国境内从事第二产业和第三产业的全部法人单位、产业活动单位和个体经营户，有 300 万普查人员参与，是一次重大国情国力调查。根据第三次经济普查资料，我国对 2013 年及以前年份的能源消费数据进行了调整修订。修订后 2012 年能源消费数量比原来增加了 4 亿吨标准煤，由此导致 2012 年化石燃料燃烧二氧化碳排放量增加了约 9 亿吨。美国国务院发言人在新闻发布会上谈及此事，并被《纽约时报》等报纸登载，进一步引起国际社会的关注。英国皇家国际事务研究所（Chatham House）能源环境资源研究部部长 Bailey 先生和伦敦政治经济学院格兰瑟姆气候变化与环境研究所 Green 先生均对此问题表示关注。当他们认识到普查数据调整既是国际社会通行做法，也是中国政府希望借助调整进一步改进并完善能源统计和调查制度、提高统计数据质量、提高国家和地方数据匹配性的举措时，对这种调整也表示了理解。

　　二是关注我国碳排放峰值时间及大小问题。2015 年 6 月，我国公布了国家自主贡献，提出中国确定了到 2030 年的自主行动目标：二氧化碳排放 2030 年左右达到峰值并争取尽早达峰，单位国内生产总值二氧化碳排放比 2005 年下降 60%～65%，非化石能源占一次能源消费比重达到 20%左右，森林蓄积量比 2005 年增加 45 亿米^{3}左右。其中，由于二氧化碳排放 2030 年左右达到峰值是与全球碳排放总量密切相关，因此备受关注。英国皇家国际事务研究所研究人员欢迎中国提出碳排放峰值目标，但希望给出具体的峰值大小，最好能给出不同的达峰时间及对应的排放量。格兰瑟姆气候变化与环境研究所 Green 先生分析，中国有可能在 2025 年达峰，这是因为中国经济进入新常态，经济结构调整和能源结构调整处于有利阶段。

　　三是关注我国碳排放权交易顶层设计问题。欧盟自 2005 年开始推行碳排放交易市场，并将其作为欧盟气候变化政策的基石。欧盟碳排放交易的十年经验也表明，利用市场机制管控温室气体排放是一条有效途径。我国于 2011 年开始在北京等 7 个省（区、市）开展碳排放权交易试点，地方碳交易试点的运行标志着我国利用市场机制控制温室气体排放迈出了重要一步，也为在 2017 年启动全国碳排放权交易体系积累了经验。英国皇家国际事务研究所 Blyth 先生长期研究欧盟碳排放权交易市场，对于中国碳排放交易市场建设十分感兴趣，并希望中国在发展碳市场时能避免欧盟出现的减排意愿不足导致的配额过剩问题，并注重配额分配方法的科学性、公平性和合理性问题。

　　四是关注我国应对气候变化国际合作问题。英国皇家国际事务研究所 Bailey 先生对巴黎会议表示谨慎的乐观态度，认为各缔约方能够达成协议，而且今后各国的低碳发展合作有着广大的空间。因此如何加强欧盟与中国之间的合作，尤其是欧盟如何联合中国加强与非洲国家在应对气候变化领域的技术合作应该是一项重要的研究课题。这样的合作不仅能利用欧盟先进的低碳技术，也能利用中国开发的适用性技术的经验，便于在非洲国家生根发芽。此外，他也担心在现有的"自下而上"模式下，各国的承诺与全球温升控制在比工业革命前不超过 2℃ 所允许的排放量之间存在较大差距，中国面临如何与其他国家合作，加大自主贡献承诺力度，为实现 2℃温升目标作出更大贡献的问题。

四、对我国国内清单编制工作的启示及相关建议

我国作为《联合国气候变化框架公约》非附件一缔约方国家，尽管与英国在国家温室气体清单编制方面的义务有所不同，但加强中英两国在清单编制等一系列热点与重大问题上的合作与交流，对于我们进一步落实《巴黎协定》有关透明度的新要求，建立和完善国内温室气体清单编制管理制度和工作机制具有积极的作用。

一是尽快制定我国温室气体清单编制管理办法。英国的实践表明，只有对清单编制涉及的各个环节、各个主体、各项权利和义务等进行规定，清单数据的质量才能得到保证，清单的作用也才能得到发挥。目前我国尚缺乏基本的与国家及地方层面的温室气体清单编制相关的法规，尽管通过政府主管部门的协调，能够在一定程度上满足国家和地方温室气体清单编制的数据需求，但由于没有纳入法制化轨道，这种管理体制和工作机制难以支持常态化、规范化、信息化的清单编制工作需要。建议尽快出台温室气体清单编制管理办法，明确温室气体清单编制的层级、频率、方法、数据来源、发布、应用等核心要素，推动温室气体清单走向常态化，建立温室气体清单编制管理体制和工作机制，最大限度地发挥清单数据对制定目标、评价政策与行动效果的支持作用，并在应对气候变化法研究起草中对国家及地方温室气体清单编制作出明确规定。

二是尽快建立清单编制常态化管理体制和工作机制。借鉴英国好的做法，结合《巴黎协定》新的要求和国内温室气体清单编制实际情况，建议授权专门机构负责统筹管理和协调国家温室气体清单编制团队，组织开展常态化国家温室气体清单编制工作；成立国家温室气体清单编制指导委员会，负责对国家温室气体清单编制方法、数据质量及报告审评等工作的指导；在《应对气候变化部门统计报表制度（试行）》的基础上，建立健全覆盖能源活动、工业生产过程、农业、土地利用变化和林业、废弃物处理等领域的温室气体基础统计和调查制度；建议在部门分工职责的基础上，通过签署数据共享协议的方式，形成国家年度温室气体基础统计机构与国家温室气体清单编制机构常态化数据共享机制。

三是加强对地方层面温室气体清单编制工作的总结和指导。学习英国编制和应用地方温室气体清单的经验，结合现阶段我国地方温室气体清单编制好的做法，建议在《省级温室气体清单编制指南（试行）》的基础上，围绕问题导向，进一步修改完善清单编制指南，逐步形成与国家温室气体清单在编制方法上的一致、在活动水平数据方面的衔接以及在排放因子及参数方面的共享；建议在《北京市区县温室气体清单编制指南》《浙江省市县温室气体清单编制指南》等相关指南的基础上，组织国家及地方温室气体清单编制专家，适时研究提出市区县温室气体清单编制指南，用于指导、规范地方温室气体清单编制工作；建议在总结浙江省率先推行省、市、县三级温室气体清单常态化编制以及利用清单信息支撑低碳发展决策等方面好的做法的基础上，召开全国地方温室气体清单编制工作交流和座谈会，推动地方尽快完成 2012 年和 2014 年省级清单编制工作，为"十三五"开展全国碳排放总量目标分解落实以及碳排放配额分配工作夯实数据基础。

（杨姗姗、孙粉、张俊龙、苏明山、徐华清供稿）

2016 年前三季度广东等四省经济形势及低碳发展调研报告①

根据国家发展改革委对前三季度经济形势分析工作的统一部署，为准确研判当前经济形势及碳排放强度目标下降情况，配合国家发展改革委气候司谋划明年应对气候变化工作思路，由中心时任副主任马爱民和副主任徐华清带队的调研组于 2016 年 9 月上旬、中旬分别赴湖北、陕西、海南、广东 4 个全国低碳试点省份开展调研。调研组实地考察了国电乐东发电厂、中海石油建滔化工、广东越堡水泥、东风乘用汽车、比亚迪西安工业园等企业，并与当地发展改革、统计、经信等相关部门代表和专家进行了座谈，现将调研情况总结如下。

一、经济运行及低碳发展形势

调研发现，广东、湖北、陕西、海南四省经济运行总体平稳，但下行压力依然较大。服务业保持较快发展态势，"三新"经济成分展示蓬勃生机，经济结构、能源结构总体持续呈现低碳化趋势，预计全年经济有望实现年初设定的目标，但部分主要指标可能会低于年初预期，全年碳强度降幅有望与上年基本持平。

一是经济运行总体平稳，但下行压力仍持续不减。2016 年上半年，广东、湖北、陕西、海南四省地区生产总值分别实现同比增长 7.4%、8.2%、7.2%、8.1%，均高于全国平均水平，其中海南高于年度增长目标，广东处于年度增长目标区间。四省 2016 年 1—8 月固定资产投资分别同比增长 13.4%、13.3%、9.7% 和 8.7%，其中陕西还比 2016 年上半年提高了 0.4 个百分点。消费品市场持续平稳增长，四省 2016 年 1—8 月社会消费品零售总额同比分别增长 10.0%、11.3%、7.8% 和 9.0%。进出口方面，除广东外，其他三省进出口均保持较快增长。尽管四省经济平稳增长保持预期，但均面临着不同程度的下行压力。广东 21 个地市中有 17 个地市 2016 年上半年地区生产总值（GDP）增速并未达到年度预期目标值，2016 年 1—8 月基础设施投资同比大幅回落 8.9 个百分点。海南 2016 年 1—8 月地区生产总值增速不断回落，比一季度和上半年分别回落 2.2 个百分点和 0.6 个百分点。初步分析，广东全年地区生产总值增速将保持在 7.5% 左右，海南全年增速将在 7%～7.5%，湖北和陕西全年经济有望保持总体平稳走势，但部分主要指标可能会低于年初预期目标。

二是产业结构持续低碳化，低碳新业态蓬勃发展。2016 年上半年，四省服务业占比分别较上年同期提高 1.4 个百分点、0.7 个百分点、3.3 个百分点和 0.4 个百分点，其中，广东服务业增加值占比达 52.1%，同比提高 1.4 个百分点；湖北高新技术产业增加值同比增长 13.1%，快于 GDP 增速 4.9 个百分点；陕西新型产业保持较快增长，高技术产业增加值增长 27.4%；海南服务业增加值同比增长 10.7%，仍是经济增长主导力量。广东加快新一代信息基础设施建设，实施"互联网+"行动计划，云计算、大数据、物联网等新业态加快发展，深圳市依托本地电子信息产业基础优势和低碳城市试

① 摘自 2016 年第 20 期《气候战略研究简报》。

点，着力探索创新、创业、创客、创投"四创"联动模式，积极打造集专业孵化、创业投融资、种子交易市场于一体的深圳湾创业广场，成为支撑地区经济稳中有进的主要动能。湖北于 2016 年 8 月成立了总规模为 50 亿元的省级股权投资引导基金，重点投向以绿色低碳为导向的新技术、新产业、新业态。

三是工业能耗低水平运行，碳排放强度持续下降。广东 2016 年 1—8 月规模以上工业能源消费量同比下降 0.6%，连续 4 个月能耗降幅持续收窄；受化工、造纸等高耗能行业生产放缓影响，海南 2016 年 1—8 月规模以上工业能源消费量同比下降 3.3%；湖北 2016 年 1—7 月规模以上工业能源消费量同比下降 0.54%，重工业能耗下降 0.5%，轻工业下降 0.9%；陕西 2016 年 1—7 月规模以上工业能源消费量同比增长 2.1%，其中新投产高耗能项目对规模以上工业能耗增长影响显著。四省工业能源消费的持续低位运行支撑了全社会单位 GDP 能耗和碳排放等指标保持下降的趋势，但与同期全国水平相比，除海南外，其余三省 2016 年上半年单位 GDP 能耗降幅尚有差距。考虑到能源消费结构调整等因素，广东、湖北、海南 2016 年上半年碳排放强度降幅均高于其能耗强度降幅，陕西 2016 年上半年碳排放强度预计下降 4.1%，预计四省全年碳排放强度降幅有望与 2015 年基本持平。

二、亮点和特色

（一）亮点

调研发现，广东、湖北、陕西、海南四省在国家低碳城市试点工作中大胆创新，在大力发展低碳新兴业态、努力营造低碳发展制度环境、推动建立低碳发展基金、探索创新低碳扶贫项目等方面勇于实践，为全国低碳发展的路径创新、制度创新和模式创新等提供了好的做法和新的思路。

一是大力发展低碳新兴业态。海南率先将"低碳制造业"纳入政府统计指标，将包括新能源汽车制造、新能源新材料、海洋装备制造等在内的低碳制造业列为全省"十三五"规划重点产业，力争到 2020 年全省低碳制造业产值达到 1 400 亿元。广东大力培育碳金融服务市场，鼓励金融机构创新碳金融业务产品，已初步形成包括技术研发、咨询服务、第三方核查、绿色融资、碳资产管理在内的低碳产业链，初步分析碳金融等相关新兴业态市场产值达千亿元。

二是努力营造低碳发展制度环境。广东对区域内新建项目开展碳排放评价工作，以项目碳排放评价结论为依据，支持新建项目碳排放配额制度的实施。海南研究设定不同园区低碳标准，对六类产业园区设定准入目录，并按照园区功能定位设置、投资强度、产出效率和低碳标准等指标，已初步编制完成《海南省园区固定资产投资项目碳排放影响评估暂行办法》和《海南省行业碳排放强度先进值（第一批）》。

三是推动建立低碳发展基金。广东利用碳排放配额有偿发放收入设立全国首个省级低碳发展基金，吸引社会资本做大基金规模，采用市场化运作管理的模式，专门用于支持企业节能降碳改造和碳市场建设等低碳领域。广东省财政同意将 7.9 亿元配额有偿拍卖收入中的 6 亿元作为低碳发展基金，首期 1.04 亿元已完成注资，已签订社会资本出资协议 14 亿元，该基金"取之于碳，用之于碳"，主要用于支持控排企业开展节能减碳相关工作。

四是探索创新低碳扶贫项目。海南陵水黎族自治县凭借丰富的光照资源，率先在隆广镇村委会和农户建立屋顶分布式光伏发电项目，结合农业、林业开展多种"光伏+"应用模型，成为海南第一个开展光伏扶贫项目的示范县，目前全县 11 个乡镇中已有 10 个完成前期测量等准备工作，并将分批推进光伏扶贫项目。

（二）特色

调研还发现，广东、湖北两省注重协同推进低碳试点与碳排放权交易试点等相关工作，注重制度设计和平台建设，建立严格报告核查体系，完善配额有偿发放机制，创新碳金融服务市场，已基本建立起公开透明、运行有效的碳排放权交易市场体系。四省主要特色总结如下。

一是注重制度设计和平台建设。湖北制定出台了《湖北省碳排放管理和交易暂行办法》《湖北省碳排放配额分配方案》《湖北省工业企业温室气体排放监测、量化和报告指南（试行）》《湖北省温室气体排放核查指南（试行）》等一系列法规和文件，开发了碳交易注册登记系统和交易系统，保障了碳市场系统平台的安全、稳定运行，积累了较为丰富的系统开发、运维管理和风险应对经验，为碳交易试点提供了坚实基础。

二是建立严格报告核查体系。广东建立了严格报告核查制度，遴选了 35 家第三方核查机构，并对核查机构开展年度评议，被黄牌警告的机构须减少任务量，进入黑名单的机构则被取消资格，以此强化第三方核查机构责任意识和数据质量。海南通过公开招标，备案了 8 家第三方核查机构，并从中选取 4 家机构负责海南省纳入全国碳市场的企业的 2013—2015 年历史数据核查及复查工作，已顺利完成纳入碳排放权交易企业历史数据核查和复查工作。

三是完善配额有偿发放机制。广东开展配额有偿使用的制度化试点探索：2013 年采取固定价格拍卖，2014 年实施阶梯价格拍卖，2015 年实现配额拍卖与二级市场挂钩。到目前为止，共进行了 14 次有偿拍卖，成交排放量 1 600 余万吨，成交金额约 8 亿元。有偿配额比例逐步提高，从 2013 年的 3%上升到 2014 年的 5%，以体现碳排放权"资源稀缺、使用有价"的理念。

四是创新碳金融服务市场。湖北积极开展碳金融创新，先后与多家银行签署总额达 1 000 亿元的碳金融授信协议，用于支持节能减排技术应用和绿色低碳项目开发；积极探索碳资产质押贷款业务、碳基金、企业碳资产托管业务、碳众筹项目、碳现货远期交易，通过推出碳金融创新产品，帮助控排企业扩大融资渠道，降低融资成本，形成"碳金融创新推动碳市场建设、碳市场建设促进碳金融创新"的互利共赢格局。

三、挑战和建议

调研也发现，随着经济发展进入新常态以及低碳试点工作的不断推进，近期一些苗头性、倾向性和潜在性问题逐渐显现，主要表现为高耗能去产能压力依旧、可再生能源持续发展不畅以及一些地方政府及企业控制温室气体排放工作主动性不强等问题。

高耗能产业复工问题不容轻视。2016 年 1—8 月广东六大高耗能行业综合能源消费量虽然同比下降 0.4%，但降幅比 2016 年 1—7 月收窄 0.3 个百分点，其中湛江市受新增宝钢湛江钢铁有限公司影响，能耗同比上升 48.5%。海南已于 2014 年 5 月关停省国营八一总场路迁岭矿区石灰岩矿的开采，并否决了儋州市政府近期提出的恢复生产的提议，但地方政府与企业争取复工的可能性依然存在。随着近期水泥、钢铁、煤炭价格的回升，部分已经关停的高耗能企业复工可能给这些行业产量带来报复性反弹，这一苗头性问题将会对海南等地完成碳排放强度降低目标带来一定的挑战。

弃风、弃光、限电形势仍很严峻。2016 年 1—8 月，海南水电发电量为 2.52 亿千瓦时，同比下降 23.26%，风电发电量为 3.37 亿千瓦时，同比下降 15.5%；陕西首次发生弃光限电情况，弃光率为 1.7%。据相关部门统计测算，2016 年上半年全国弃风、弃光和弃核电量为 1 200 亿千瓦时，其中弃风电量 323 亿千瓦时，接近上年全年 339 亿千瓦时的水平，平均弃风率 21%，同比上升 6 个百分点。2016 年 1—8 月，全国核电设备平均利用小时同比降低 231 小时，风电设备平均利用小时同比降低 62 小时，上述倾向性问题将对提高全国非化石能源比重和降低碳强度任务带来一定的风险。

地方政府及企业控制温室气体排放工作主动性亟待加强。在政府层面，广东和海南在本地区 2016 年政府工作报告中提出了 2016 年碳强度降低要"完成国家下达目标"，但还没有根据本地区实际情况提出量化的年度目标；湖北和陕西则未涉及年度碳强度降低目标。在企业层面，海南和陕西尚未形成本地区重点行业企业温室气体排放报告、监测与核查常态化工作机制。调研发现海南省某化工公司并没有按照要求开展企业核算和报告工作，而是以第三方开展的温室气体排放核查工作代替。地方政府及企业控制温室气体排放工作主动性方面存在的潜在性问题，亟须通过强化政府约束性目标管理和强化企业温控社会责任和法律意识等方面的持续努力来应对。

针对上述低碳发展认识不到位、约束性目标导向不明确等问题、矛盾和挑战，结合上述四省在先行先试实践中一些成功案例和好的做法，我们提出以下三点建议，以期进一步凝聚共识、大胆探索、勇于创新。

一是应牢固树立绿色低碳发展理念。实现发展目标，破解发展难题，厚植发展优势，必须牢固树立和贯彻落实创新、协调、绿色、开放、共享的新发展理念。我国经济发展进入新常态后表现出来的速度变化、结构优化和动力转换三大特征以及能源消费增速换挡、能源结构深度调整，客观上有利于推动我国加快绿色低碳发展，实现经济发展和应对气候变化双赢。同时，我们也应该清醒地认识到在经济结构、技术条件没有明显改善的条件下，资源安全供给、温室气体控排等约束强化将在一定程度上压缩经济增长空间，有关部门必须正确处理好促进低碳发展与稳定经济增长预期的关系，切实改变对传统发展路径的依赖，加快新旧动能转换，着力推动新兴低碳产业发展和传统产业低碳化转型及升级。

二是应强化年度碳排放目标管理。以《"十三五"控制温室气体排放工作方案》为引领，指导各地区编制好"十三五"控制温室气体排放工作方案，科学合理设定国家及各地区年度目标，并将其分别纳入中央政府工作报告和各地区政府工作报告，加强对碳排放强度目标的形势分析和预测预警，进一步发挥碳排放强度约束性指标的引导和约束作用。抓紧研究提出碳排放强度和碳排放总量双控机制，研究提出支持优化开发区率先达峰的有关要求和配套政策，加快形成以碳排放峰值目标为导向、上下联动、职责分明的总量控制目标分解落实机制及有效的压力传导机制。

三是应深化低碳发展试点与示范。深化并扩大各类低碳试点，及时推出若干各具特色的低碳省（区、市）和城市，树立若干具有典型示范意义的低碳园区和低碳社区。依托现有的碳排放基数比较小、生态环境优良、非化石能源发展前景良好的省（区）（如海南、西藏等），结合国家低碳发展总体部署，统筹实施近零碳排放发展战略，率先开展近零碳排放区示范建设。围绕问题导向和目标导向，深化研究总量控制制度下的全国碳排放权交易总量设定与配额分配方案，深化并创新配额有偿使用、预算管理，有效结合投融资的市场机制。

（李靖、王田、苏明山、徐华清等供稿）

广西壮族自治区控制温室气体排放形势调研报告①

　　根据生态环境部加强形势分析的总体要求，为做好 2020 年上半年碳排放形势分析调研工作，科学研判地方全年及"十三五"碳排放强度目标完成情况，并为"十四五"控制温室气体排放工作思路提供支撑服务，由中心副主任苏明山带队的 3 人调研组，于 2020 年 9 月 1—3 日赴广西壮族自治区（以下简称广西）柳州市、百色市和南宁市开展调研，与广西壮族自治区、柳州市和百色市生态环境、发展改革、统计、工信等相关部门以及电网公司人员进行了座谈，并赴典型钢铁、氧化铝、电解铝以及电力企业开展了现场调研，了解广西控制温室气体排放工作的进展、现状和存在的主要问题，现将调研情况总结如下。

一、总体形势

　　广西前四年远未完成降碳进度目标，2020 年上半年受新冠肺炎疫情影响情况进一步恶化。"十三五"时期，国家给广西下达的碳排放强度下降目标为 17.0%；2019 年，生态环境部给广西下达的碳排放强度累计下降目标为 13.7%。根据国家统计局提供的广西可比价格地区生产总值、化石燃料消费数据以及广西提交的电力调入调出数据测算，广西 2019 年度碳排放强度不降反升 1.3 个百分点，"十三五"时期前四年碳排放强度累计下降 11.0%，未完成累计下降目标；2020 年上半年，新冠肺炎疫情对高耗能行业影响相对较小，对其他行业影响较大，导致碳排放强度上升幅度可能大于 2019 年；若要完成国家下达的"十三五"时期碳排放强度下降目标，广西 2020 年度碳排放强度需下降 6.8%，形势不容乐观。

　　柳州市及百色市控碳形势更为严峻，低碳城市试点进展未达预期。据当地生态环境部门相关负责人介绍，柳州、百色在"十三五"时期前三年的碳排放强度累计均不降反升。百色 2019 年相比 2015 年的碳排放强度累计上升甚至接近 30%，2020 年上半年，碳排放强度进一步明显上升，实现"十三五"时期碳排放强度累计下降目标的可能性极小。柳州是我国第三批国家低碳试点城市，但目前碳排放远未达峰，距离国家下达的低碳试点城市建设目标有一定的差距，要实现"全市产业体系和能源结构均显现低碳特征"任重道远。

二、主要问题

（一）产业结构调整乏力，重工业化加剧

　　广西近年未能摆脱资源依赖型经济发展模式，与高质量绿色发展要求尚有不小差距。虽然，近

---

① 摘自 2020 年第 21 期《气候战略研究简报》。

年来广西的第二产业比重不断下降、第三产业比重逐年提高，但是第二产业内部发展极不均衡。建材、钢铁、有色金属、电力等高耗能行业的发展速度远超第二产业平均水平；与此相反，部分高新制造业发展缓慢，甚至呈下降趋势。根据广西壮族自治区统计局公布的数据，2019 年，全区规模以上工业增加值增长 4.5%，其中，非金属矿物制品业增长 7.3%，黑色金属冶炼及压延加工业增长 10.8%，有色金属冶炼及压延加工业增长 19.7%，电力、热力生产和供应业增长 15.2%。此外，规模以上工业主要产品产量增速数据同样可以反映高耗能行业的迅猛发展趋势：2019 年，全年粗钢、钢材产量分别增长 18.7%、20.7%，10 种有色金属产量平均增长 25.6%，其中，电解铝产品产量增长 31.1%，水泥产量增长 5.4%，火力发电量增长 22.0%。而部分能耗相对较低、附加值较高行业的产品产量却不升反降，如显示器产量下降 25.6%、发动机产量下降 5.9%、汽车产量下降 14.9%。建材、钢铁、有色金属、火力发电等高耗能行业的高速发展及部分相对高端制造业发展缓慢甚至倒退等两个因素叠加，使得广西工业发展极不平衡、重工业化加剧，为广西的经济发展带来了过高的碳排放代价。根据调研，受新冠肺炎疫情影响，2020 年广西产业结构可能会进一步重工业化，原因是"保民生、促稳定"或生产工艺流程的要求，新冠肺炎疫情期间，建材、钢铁、有色金属、火力发电等行业基本保持不停机或持续正常生产，而其他高端制造业以及第三产业上半年基本处于低位运行，甚至完全停摆。因此，2020 年广西的产业结构可能进一步偏向高碳排放行业，给控制温室气体排放工作带来极大的阻力。

工业重镇柳州产业结构相对单一，转型调整步履维艰。2019 年，柳州市地区生产总值占广西的 14.7%，第一产业、第二产业、第三产业增加值占地区生产总值的比重分别为 7.1%、49.6%、43.3%。2019 年，柳州市地区生产总值增长率仅为 2.4%，比上年度锐减 4 个百分点。汽车制造、机械制造和钢铁是柳州市工业的三大支柱行业。受宏观经济下行、中美贸易摩擦持续、消费信心不足、国六排放标准提前实施、新能源汽车补贴大幅退坡等诸多因素影响，2019 年，我国汽车市场需求低迷，由此导致柳州汽车制造业产值下降 7.8%，机械制造业产值下降 12.6%，整体工业增加值同比下降 1.8%。同时，以柳州钢铁集团（以下简称柳钢）为主的钢铁行业增长势头明显，由于其行业能耗高、碳排放高、工业增加值贡献相对较低的特点，导致全市能耗和碳排放强度均大幅上升。2019 年，柳钢对全市工业增加值贡献仅约占 4%，但能源消费却高达 759 万吨标准煤，约占柳州市能源消费总量的 40%。根据调研信息，2020 年 1—7 月，柳州市规模以上工业产值下降 11.2%，但新冠肺炎疫情期间，柳钢等钢铁企业大多保持正常生产，库存由下游分包商分担，受到影响很小，全市规模以上工业综合能源消费同比上升 1.56%，预计碳排放强度将进一步上升。

革命老区百色矿产资源富集，铝产业及配套煤电增长迅猛。百色是广西面积最大的地级市，脱贫任务艰巨；百色还是中国十大有色金属矿区之一，铝、煤、锰、锑、铜等矿藏丰富，其中铝土矿储量约占全国的 1/4，2011 年国家批复建设了"广西百色生态型铝产业示范基地"。近年来，百色经济增长迅速。2019 年，地区生产总值增长 9.0%，规模以上工业增加值增长 11.1%。百色工业发展极不平衡，产业结构严重失衡，2019 年综合能耗 5 000 吨标准煤以上的企业达 78 家，高耗能企业能耗占比在 99% 以上。铝产业是百色工业的核心产业，近年来呈高速发展态势，百矿铝业 50 万吨电解铝，德宝铝一期、二期 20 万吨电解铝，田林铝一期 10 万吨电解铝，华磊新材料公司 40 万吨电解铝等相继投产，信发铝、银海铝等企业的电解铝生产线也均实现复产、达产。2019 年，全市铝产业增加值占工业增加值的 54.5%，对全市工业经济贡献率为 89.1%。铝产业的能源消费较大，电解铝工艺需要投入大量电力，百色主要通过建设配套煤电项目来满足新增电力需求。铝产业高速发展导致了能耗强度以及碳排放强度大幅上升，2019 年全市能耗强度较 2015 年上升 20.9%，碳排放强度上升 29.3%。

（二）能源消费结构持续恶化，煤炭消费增长迅速

非化石电力以水电为主，"靠天吃饭"现象严重。广西的非化石能源发电装机占比和非化石能源消费占比均高于全国平均水平。2019 年，非化石能源发电装机 2 358 万千瓦，占全区发电总装机容量的 50.6%，高出全国 10 个百分点左右；非水可再生能源装机 456 万千瓦，基本完成其在《广西能源发展"十三五"规划》中提出的"到 2020 年，非水可再生能源装机容量 500 万千瓦左右"的目标；2019 年，广西非化石能源占能源消费总量的比例为 32.7%，远高于全国平均水平（15.3%）。广西的非化石燃料发电装机结构相对单一，水电装机占比接近 70%，风电和太阳能发电装机之和只占 19%；水力发电量占非化石能源发电量的 71%左右，风电和太阳能发电量之和占 9%左右。这种发电装机结构在一定程度上导致了境内流域的来水量决定了广西非化石能源发展规模。然而"十三五"时期以来，广西境内主要流域来水偏枯，水力发电受到较大影响，水电比重逐渐降低，特别是 2019 年 10 月起，水电比重下降幅度加大，导致 2019 年非化石能源消费占比上升幅度较小。2020 年上半年，全区水力发电占总发电量的比例仅为 27%，比 2019 年全年下降 5.5 个百分点，预计 2020 年全年的水力发电量可能有一定的下降，非化石电力占全社会用电量的比重可能进一步降低。

煤炭消费快速上升，新增电力需求主要由煤电满足。据广西壮族自治区统计局数据，"十三五"时期以来，广西的煤炭消费量呈现逐年上涨趋势，2019 年煤炭消费占其能源消费总量的 51%，煤炭消费总量已达 5 800 万吨标准煤，比 2018 年增加了 7.9%，增速提高了 1.9 个百分点。2020 年上半年，煤炭消费约 4 000 万吨原煤，同比增长 6.4%，预计全年消费量继续高速增长。广西煤炭消费快速上升，一是由于高耗能产业发展迅速导致的规模以上工业的能源消费增加，直接刺激了煤炭等化石能源消费需求增长；二是由于广西近年来用电需求迅速增长，全社会用电量增速领跑全国，例如，2019 年全社会用电量增长率全国第二，叠加来水偏枯、水力发电量下降等因素，导致非化石能源发电增量难以满足电力需求缺口，且未能尽早对本地电力需求的大幅增长进行分析预判、提前针对需求缺口较大的地区规划建设非化石能源装机并提供相应的配套政策，导致部分地区出现的电力缺口只能依靠煤电满足，煤炭消费量大幅增加。

铝产业配套建设低效率小型煤电的发展模式加剧了煤炭需求的上升。为满足铝产业高速发展带来的地区电力增长需求，降低企业生产成本、提高企业利润，百色在"十三五"期间新上马了一批效率相对低的小型煤电项目，形成类似于山东魏桥的百色区域电网。上述煤电机组大多采用循环流化床技术，燃料以本地低品质褐煤以及煤矸石为主，其发电效率难以比肩当前的主流大型火电机组，部分机组供电煤耗甚至比国内先进水平的大型火电机组高 1/3 以上，如当前国内先进的百万千瓦二次再热机组的供电煤耗已经低于 270 克/千瓦时，而现场调研发现，当地部分自备电厂的供电煤耗在 360 克/千瓦时左右，新建的、较先进的自备电厂的供电煤耗在 310 克/千瓦时左右，仅仅达到全国 2017 年火电机组平均供电煤耗水平。这些燃煤机组的运行投产是百色煤炭消费增长的主要原因。按照一般燃煤机组 30 年的设计寿命，这些新建的机组会加剧"碳锁定"效应，给广西低碳发展转型加重负担。另外，根据百色市工信部门提供的发展规划，铝产业（煤电产业）依然是其"十四五"期间重

点发展的产业，铝产业将会保持高速发展态势，很可能会继续增加一系列配套的煤电装机，煤炭消费进一步增加，能源结构将持续恶化。

（三）降碳工作前期谋划不足，基层缺乏有力抓手

地方前期发展规划未充分评估碳排放影响，从而导致后期降碳工作陷于被动。 在广西重大发展规划中缺少对应对气候变化的考量，很多高耗能重大项目上马落地前，并未充分意识到对控制温室气体排放工作带来的巨大影响。此外，为了短期经济发展或承接国家产能转移项目，当地批准和推进的高耗能重大项目大幅增加了化石能源消费量，与此同时，又未出台相关减量替代、上大压小、压减淘汰落后产能等对冲措施，项目投产运行产生大量碳排放，给地区的碳排放强度控制工作带来巨大压力，甚至使地方在应对气候变化方面的数年努力功亏一篑。以防城港市为例，2016—2018 年三个年度均完成广西下达的碳排放强度下降目标，但 2019 年新上了一家产能 800 万吨的钢铁企业，直接导致全市前几年的碳排放强度下降量全部被抵消，2016—2019 年累计碳排放强度不降反升，2020 年预计还将继续上升。

地方生态环境部门缺乏有力抓手，控碳工作无法有效推进。 当前，我国控制温室气体工作约束性指标为碳排放强度，而碳排放强度主要与经济发展情况以及能源消费结构直接相关。不同于常规污染物，现阶段温室气体排放控制主要依靠前端的调整产业结构、增加非化石能源供给等措施，基层生态环境部门对此缺乏直接的管控手段。在调研过程中，我们发现地方应对气候变化主管部门反映污染物管理中较为成熟的手段（如前期项目环评、企业达标排放以及监督性监测和执法等），在目前控制温室气体工作中均不适用，因此现阶段基层生态环境部门处于抓手不多、手段不足的状态。

柳州低碳城市试点无实质性进展，地方能力建设亟须加强。 柳州于 2017 年入围了第三批国家低碳试点城市名单，根据国家批复要求，其碳排放应于 2026 年达到峰值，并探索建立跨部门协同的碳数据管理制度、碳排放总量控制制度、温室气体清单编制常态化工作机制。根据任务目标，到"十三五"期末，柳州要力争实现碳排放强度较 2015 年下降 25.9%，全市产业体系和能源结构均显现低碳特征，打造低碳工业、宜居宜业城市的典范。但从调研情况来看，柳州由于没有控制温室气体排放的财税鼓励机制，碳市场的价格信号也尚未建立，企业控制温室气体排放动力不足，全市碳排放量尚处于快速上升阶段，短期内实现碳排放达峰的难度极大。此外，碳数据管理制度的建立工作也相对滞后，碳排放总量控制制度尚未形成，要实现低碳试点城市建设目标任务十分艰巨。基层生态环境部门任务重，但人员有限，地级市生态环境部门无专门负责应对气候变化的人员，县级地区人员更加缺乏，应对气候变化相关管理处于难以兼顾状态。然而，应对气候变化工作涉及方面众多，自治区级、市级和县级现有人员力量、专业结构以及工作背景难以适应目前国家和自治区加强应对气候变化工作的要求。

三、下一步工作建议

针对广西在控制温室气体排放工作中存在的问题以及面临的严峻形势，广西应对气候变化主管部门要直面问题、积极调整、提前谋划。结合"十三五"收官、"十四五"谋篇布局的历史时点，

特提出如下对策与建议。

一是保持定力，迎难而上推进"十三五"碳排放强制约束性目标完成。 当前广西完成"十三五"碳排放强度约束性目标难度较大，既有发展阶段、资源禀赋的因素，也与主要流域来水偏枯、水力发电受到较大影响有关，但仍应坚定不移地践行习近平生态文明思想，坚定信心、持之以恒、不讲条件、不搞变通、不打折扣、慎终如始地推进相关工作，不能因目标完成难度大而产生畏难情绪，甚至裹足不前。考虑到应对气候变化工作是一项综合性和系统性工程，需要统筹协调、多部门联动，建议地方充分发挥应对气候变化领导小组作用，将重要目标进展、存在的问题以及面临的严峻形势等，及时报告广西壮族自治区党委和广西壮族自治区人民政府，推动召开应对气候变化领导小组会议，建立常态化的季度能源活动基础数据获取渠道和部门会商机制，及时开展碳排放强度形势分析和评估，充分调动部门力量，压实部门责任。柳州及百色应高度重视控制温室气体排放工作，加大产业结构调整力度，加快淘汰落后产能，结合地方实际，采取硬招实招，狠抓工业领域温室气体排放大户，加强督促考核，坚决扭转碳排放强度不降反升局面，尽最大努力完成"十三五"控制温室气体排放目标任务。

二是凝心聚力，精心谋划布局"十四五"应对气候变化相关工作。 "十四五"时期是我国实现碳排放达峰的一个关键时期，也是气候变化和生态环境其他工作深度融合的一个关键时期，广西应充分梳理总结"十三五"时期控制温室气体排放存在的主要问题，从控制温室气体排放工作思路、推进力度、督促考核等方面深入剖析，做到"十四五"时期对控温工作状况有分析、有预案、有措施，推动广西控温工作尽快改变面貌。此外，广西应系统谋划控制温室气体排放工作，扎实开展"十四五"应对气候变化规划、二氧化碳排放强度和排放总量"双控"和碳排放达峰行动方案等重大问题研究，主动控制农业等领域非二氧化碳温室气体排放。在广西重要的经济社会能源发展专项规划以及重大项目立项时，统筹考虑控制温室气体排放任务，配套做好碳排放相关情况的测算评估。切实发挥柳州低碳城市试点作用，在跨部门协同的碳数据管理制度、碳排放总量控制制度等方面发挥示范效应。结合广西农业大省的资源优势，积极推进生物质能发电，探索蔗渣发电、沼气发电和燃煤耦合生物质发电，积极打造全产业链绿色低碳发展，尤其是百色铝产业示范基地，将其打造成名副其实的生态型产业。

三是创新手段，上下结合强化地方控制温室气体排放力度。 控制温室气体排放目标责任管理体系是我国独具特色、行之有效的碳排放管理措施。"十二五"时期以来，我国"目标制定—地方分解—评估考核"工作机制对实现国家碳排放强度大幅下降、二氧化碳排放总量控制发生根本性变化起到了重要作用。"十三五"后期，由于机构改革、国家关于统筹规范督查检查考核工作要求等因素，省级控制温室气体排放目标责任考核的方式、程序以及结果运用等方面也出现了相应的调整，在调研过程中发现调整后该项工作在地方上有弱化倾向。鉴于此，"十四五"时期，国家应继续发挥目标责任管理体系的作用，尤其是评价考核的"指挥棒"和"风向标"效应，且做到力度不减、尺度不松，自上而下传导压力，给地方以清晰的政策预期和监督抓手。同时，结合生态环境治理经验，在做好现有的碳排放市场、低碳试点示范的基础上，广西可探索创新碳减排财税激励、项目碳排放评价以及法规标准等政策工具，发挥好地方应对气候变化部门主体责任，勇于担当、主动作为、创新手段、多措并举，大力推进地方控制温室气体排放工作。

（马翠梅、张曦、苏明山供稿）

宁夏回族自治区控制温室气体排放形势调研报告[①]

　　根据生态环境部加强形势分析的总体要求，为做好 2020 年上半年碳排放形势分析调研工作，科学研判重点地区全年及"十三五"碳排放强度目标完成情况，并为"十四五"控制温室气体排放工作思路提供支撑服务，由中心主任徐华清率统计核算部相关人员一行 3 人，于 2020 年 9 月 1—3 日赴宁夏回族自治区（以下简称宁夏）开展调研。调研组参观了宁东能源化工基地的宁夏德大气体公司、国能宁夏煤业煤制油分公司、京能宁东发电公司等企业，并与宁夏回族自治区生态环境厅应对气候变化相关负责同志进行了沟通交流，现将调研情况总结如下。

一、总体情况及当前形势

　　宁夏是唯一一个全境属于黄河流域的省（区、市），境内的贺兰山是我国的生态屏障和重要的自然地理分界线，既有我国"西气东输"的重要枢纽站，也建有国家"西电东送"的重要基地，特殊的生态方位、生态地位和生态定位决定了宁夏必须筑牢西北以及全国的生态安全屏障。2020 年 6 月 8—10 日，习近平总书记赴宁夏考察期间提出了宁夏改革发展的总目标、总要求："继续建设经济繁荣、民族团结、环境优美、人民富裕的美丽新宁夏"，赋予了宁夏"努力建设黄河流域生态保护和高质量发展先行区"的战略目标和任务。近年来，宁夏回族自治区人民政府在积极探索和落实绿色发展理念、推动应对气候变化工作方面开展了摸索和尝试，宁夏西海固的"气候移民"政策成为我国乃至全球将适应气候变化、扶贫和推动可持续发展相结合的典型案例。

　　宁东能源化工基地位于宁夏中东部，是国家 14 个亿吨级大型煤炭生产基地之一、9 个千万千瓦级大型煤电基地之一、4 个现代煤化工产业示范区和循环经济示范区之一，先后建成了世界首个 100 万千瓦超超临界空冷电站、世界第一个 ±600 千伏电压等级直流输电工程、世界首套年产 50 万吨煤制烯烃装置、全球单套装置规模最大的 400 万吨煤炭间接液化示范工程等，是全国最大的煤制油和煤制烯烃生产加工基地。宁东能源化工基地是宁夏工业经济发展的重要引擎，基地工业经济总量在全宁夏排名第一，2019 年工业增加值为 398 亿元，占宁夏的近 40%。根据 2019 年 5 月宁夏回族自治区人民政府《关于宁东能源化工基地现代煤化工产业示范区总体规划的批复》，明确要求"确保到 2025 年，建成以煤制烯烃、乙二醇项目为龙头，发展通用树脂、合成橡胶、工程塑料及专用化学品等下游特色产业，形成具有较强竞争力的产业链和产业集群，引领并带动区域关联产业融合发展"。

　　调研分析发现，近年来宁夏的发展路径仍然是以高耗能、高排放、低产出、低附加值的传统工业作为拉动经济增长的主导力量，特别是由于煤炭资源丰富，宁夏因煤而生、因煤而兴，也因煤而困、因煤而难，能源结构、产业结构持续偏重，全区碳排放控制形势异常严峻。

　　一是"十三五"时期前四年全区碳排放强度不降反升 5.5%，完成国家下达的碳排放强度下降

17%的目标几乎无望。据分析测算，2019 年，全区能源活动二氧化碳排放量约为 17 880 万吨，比上年增长 7%左右；碳排放强度为 5.285 吨/万元，同比上升 0.54%，人均二氧化碳排放量约为 25.7 吨，为全国平均水平的 3 倍以上。根据 2019 年宁夏国民经济和社会发展计划，宁夏当年单位地区生产总值二氧化碳排放量年度降低目标为较上年下降 3.66%左右。按照《生态环境部办公厅关于印发 2019 年各省（区、市）生态环境约束性指标计划的函》相关要求，宁夏 2019 年碳排放强度累计进度目标应比 2015 年下降 11.8%，而截至 2019 年年底，宁夏碳排放强度累计上升 5.5%，全区要在"十三五"收官之年完成国家下达的下降 17%的目标极具挑战。

二是宁东能源化工基地碳排放强度约为全区平均水平的 4 倍以上，对全区碳排放控制目标完成情况影响突出。受资源禀赋影响，宁夏产业发展严重向高煤耗行业倾斜，宁东能源化工基地尤为突出。2019 年，国能集团 400 万吨煤炭间接液化、宁夏宝丰能源集团焦炭气化制 60 万吨/年烯烃、宁东煤电基地外送煤电等 3 个重大能源储备项目能源消费总量约为 1 106 万吨标准煤，相应二氧化碳排放量约为 2 586 万吨，约占全区二氧化碳排放总量的 14.46%。2019 年，宁东煤化工项目能耗增量约占全区能耗增量的 57.2%，拉动全社会能耗增长 4.4%，而对地区生产总值（GDP）贡献率则只占约 11%，宁东能源化工基地单位 GDP 二氧化碳排放量为 22.342 吨/万元，比 2015 年上升 34.77%，是极为典型的高碳型经济发展模式，直接导致了全区碳强度目标难以完成，且由于宁东能源化工基地内大部分项目均为新建产能，这些高碳项目的锁定效应将持续显现。表 1 给出了部分代表性煤化工项目碳排放强度及与全区平均水平的比较结果，初步分析表明，这些煤化工项目的碳排放强度均在全区平均水平的 5 倍以上。

表 1　宁东能源化工基地代表性煤化工项目碳排放强度

项目名称	行业类别	主要产品	2019 年碳排放量/万吨*	工业增加值/亿元	碳排放强度/（吨/万元）	相较于全区平均碳排放强度/%
项目 A	煤炭生产、煤化工、自备电厂	油制品、聚甲醛、聚乙烯（丙烯）、甲醇等	1 840	66.32	27.74	525
项目 B	煤炭生产、煤化工、自备电厂	乙烯、丙烯、甲醇、苯、树脂等	540	19.3	27.95	529
项目 C	煤化工、自备电厂	甲醇、电石、乙炔、聚乙烯醇等	450	12.07	37.34	706
全区平均					5.285	100

注：*排放量未包含企业自备电厂排放。

二、主要问题

鉴于宁夏碳排放控制面临的严峻形势，结合中心近年来的跟踪调研和分析，造成全区碳排放控制形势困局的原因既有资源禀赋、发展阶段等现实因素，也有站位不高、统筹不够等主观意识问题，初步分析主要原因有以下几个方面。

一是产业结构依然偏重，经济增长仍靠重化工驱动。 2019 年，宁夏规模以上工业能源消费量 6 826.4 万吨标准煤，同比增长 8.2%，其中，六大高耗能行业能源消费量为 6 386.1 万吨标准煤，同比增长 10.1%，占宁夏规模以上工业能源消费量的比重为 93.5%，增加值却仅占规模以上工业增加值的 67.1%，对能源消费总量的影响远大于对增加值的贡献。2020 年上半年，宁夏地区生产总值同比增长 1.3%，其中，第二产业增加值同比增长 1.9%，占地区生产总值的比重为 42.0%，高于全国平均值 4.2 个百分点，规模以上工业增加值同比增长 3.4%，比全国平均水平高 4.7 个百分点；第三产业增加值同比增长 0.8%，占地区生产总值的比重为 53.8%，低于全国平均值 2.7 个百分点。前三季度，宁夏地区生产总值同比增长 2.6%，其中规模以上工业增加值增长 2.5%，工业投资同比增长 18.0%，其中电力、热力、燃气及水的生产和供应业投资增长 68.1%，对控制碳排放强度带来巨大压力。

二是能源结构调整缓慢，煤炭消费占比仍处于高位。 受当地资源禀赋的影响，宁夏的能源结构仍然严重偏向化石能源。2019 年，煤炭占能源消费总量的 81.3%，超过全国平均水平 23.6 个百分点，非化石能源消费比重为 10.9%，远低于全国平均水平（15.3%）。2019 年，宁夏煤炭消费总量为 13 411 万吨，比上年增加 932 万吨，同比增长 7.5%，未完成国家下达的煤炭消费总量较上年下降 3% 的年度目标。根据《宁夏回族自治区 2018—2020 年煤炭消费总量控制工作方案》，宁夏仅银川市完成了目标任务，石嘴山市、吴忠市、固原市、中卫市和宁东能源化工基地均未完成 2019 年度目标任务。另外，由于原煤和原油消费的增量主要取决于大型煤化工产业重大项目建设投产和运行达产情况，工业产品受新冠肺炎疫情影响而短期需求增长，主要耗能产品产量提升。2020 年前三季度，全区原煤产量同比增长 5.0%、工业发电量增长 5.6%，初级形态塑料增长 18.0%、钢材增长 51.0%、化学肥料增长 36.7%，煤化工项目能耗大幅攀升，带动全区能耗持续增长，进一步加剧了高碳能源结构短期内加快向低碳转型的难度。

三是对宁东能源化工基地缺乏有效约束，重点企业管控尚不到位。 宁东能源化工基地是宁夏碳排放控制工作中的重中之重，宁夏所下达的目标是：宁东能源化工基地"十三五"单位 GDP 能耗下降 14%，能耗增量 450 万吨标准煤以内，碳排放强度下降 16%。随着宁东能源化工基地的产业规模不断扩大，能源消费量呈刚性增长态势。据宁夏回族自治区生态环境厅测算，2019 年宁东能源化工基地能源消费量达 3 347 万吨标准煤，比 2018 年增长 10.1%，净增 306.3 万吨标准煤，单位 GDP 能耗为 8.67 吨标准煤/万元，比 2015 年上升 32.54%。2019 年，宁东能源化工基地单位 GDP 二氧化碳排放比 2015 年上升 34.77%，不降反升，远远超出宁夏下达给宁东能源化工基地的"十三五"碳排放强度下降 16% 的目标。现场调研发现，在碳排放控制异常严峻的形势下，一些高碳的项目仍在集中上马或不断扩大产能，部分项目更是属于排放强度惊人的"碳老虎"。如果宁东能源化工基地煤化工行业在"十四五"期间仍然保持现有发展态势，宁夏未来碳排放形势将更不乐观，宁东能源化工基地的能源安全保障作用与生态环境威胁程度或将不分伯仲。

四是低碳发展意识有待提高，低碳试点的带动作用有待加强。 经过多年努力，宁夏应对气候变化工作从无到有，全社会绿色低碳发展意识已经有了一定的提高，但主要还是停留在学习、交流、"讲一讲""谈一谈"阶段，各级政府对应对气候变化工作重视不够，也缺乏有效的推进措施。根据宁夏回族自治区生态环境厅 2020 年 4 月发布的《宁夏贯彻落实中央环保督察"回头看"及专项督察反馈意见整改情况》，提及"有的党组织和领导干部对习近平生态文明思想学习领会得不够系统全面，还存在碎片化问题，对生态环境保护的艰巨性、紧迫性、复杂性认识还不够到位，绿色发展、高质量发展的理念树立得还不够牢"。结合近年来省级人民政府碳排放强度目标责任评价考核的反馈意见，宁夏回族自治区政府应对气候变化和节能减排领导小组并未切实有效发挥统筹协调作用，未从根源上意识到新时代低碳绿色发展的重要性，并进行产业布局和源头把控。尽管自 2019 年组织开展了碳排放峰值研究，并于 2020 年 3 月初步完成了《宁夏回族自治区碳排放峰值研究报告》，但研究报告对宁夏何时达峰及如何达峰未提出清晰的目标和路线图。银川市和吴忠市作为第三批国家低碳试点城市，虽然都开展了初步的峰值目标研究，分别提出了 2025 年和 2020 年达峰的目标，但由于缺乏战略定力和有力度的降碳措施，要实现上述目标极具挑战，国家低碳试点的"示范效应"不明显，也让宁夏整体碳排放控制形势更加"前路迷茫"。

三、对策与建议

针对宁夏目前控制温室气体排放面临的压力和新形势，结合加快建设黄河流域生态保护和高质量发展先行区，宁夏回族自治区政府及有关部门应以更高政治站位、更强战略定力、更实控排举措，坚决扛起有效控制温室气体排放、积极应对气候变化的重任。

一是提高政治站位，坚定不移贯彻落实习近平总书记重要讲话精神。 2020 年 6 月，习近平总书记在宁夏考察时强调，"要坚持不懈推动高质量发展，加快转变经济发展方式，加快产业转型升级，加快新旧动能转换"。2020 年 9 月，习近平总书记在第七十五届联合国大会一般性辩论上郑重宣布，"中国将提高国家自主贡献力度，采取更加有力的政策和措施，二氧化碳排放力争于 2030 年前达到峰值，努力争取 2060 年前实现碳中和"，这是从谋划中华民族伟大复兴战略全局和世界百年未有之大变局的战略高度出发，向国际社会作出的庄严承诺，也是党中央、国务院统筹国际国内两个大局作出的重大战略决策。以煤炭、煤电、煤化工为主导的高碳产业突出是目前宁夏经济发展中的典型特征，贯彻落实习近平总书记一系列重要讲话精神，要求宁夏抓住新一轮科技革命和产业变革的历史性机遇，加快形成绿色发展方式和生活方式，在探索生态优先、绿色发展为导向的高质量发展新路中，充分发挥低碳发展引领能源革命、倒逼产业转型这一重要抓手，才能破解难题，实现发展方式的根本转变。宁夏回族自治区人民政府应牢固树立新发展理念，加快在绿色低碳领域培育新增长点、形成新动能，充分发挥应对气候变化领导小组的统筹协调作用，强化生态环境部门工作抓手，调动发展改革等相关部门的积极性，形成政策合力。

二是强化战略定力，充分发挥碳排放控制目标的引领和倒逼作用。 "十四五"时期是我国应对气候变化工作的战略机遇期，也是推动碳排放达峰的重要窗口期。宁夏回族自治区人民政府应以习近平生态文明思想为指引，坚持生态优先、绿色发展为导向，在高质量编制好"十四五"经济和社会发展规划，为建设黄河流域生态保护和高质量发展先行区谋划好蓝图的同时，科学编制好"十四五"应对气候变化专项规划和碳排放达峰行动方案，系统谋划通过低碳发展协同推动经济高质量发展和生态环境高水平保护的路线图，科学制定本地区及重点部门和行业"十四五"碳排放控制和达峰目标，强化碳排放控制目标的引领和倒逼作用，加强与能源、生态环境保护等专项规划的对接与衔接，采取更加有力的政策和措施，压实地方和部门及行业的责任。

三是落实重点举措，有效管控宁东能源化工基地碳排放快速增长态势。近年来，我国多地都上马了大型的煤化工或石油化工项目，且大部分项目都冠以绿色、循环之名，但在能耗双控目标责任评价考核中，都给当地政府带来了巨大的压力，一些地区纷纷提出能耗和碳排放核算或考核单列请求。宁东能源化工基地是宁夏的重要经济支柱，但同时也是节能降碳工作中最大的负累，考虑到现代煤化工行业事关我国能源安全及长远战略，且大部分都由实力雄厚的央企或国企建设或管理，建议宁东管委会及相关企业负责人深刻理解和把握习近平总书记提出的新的国家自主贡献目标和碳中和愿景等国家战略意图，认真落实宁夏回族自治区人民政府批复中提出的"要加强资源节约利用，大力推广煤炭清洁高效利用新技术，积极探索二氧化碳有效减排途径，认真落实能耗总量、强度和煤炭消费总量控制目标任务"等要求，认真组织开展宁东能源化工基地温室气体低排放发展战略及控制方案专题研究，积极引导区域内煤化工产业"高转低"，摆脱低附加值产品生产模式，延长煤化工产业链，打造名副其实的"国家产业转型升级示范区、绿色园区"。建议宁夏应对气候变化主管部门加快建立煤化工企业绿色低碳循环发展目标责任考核体系，强化企业主体责任意识，探索将地区碳排放总量控制目标分解落实到重点排放企业，倒逼企业经济高质量发展和生态环境高水平保护。

四是积极打造亮点，进一步深化适应气候变化试点与示范。得益于黄河引灌，宁夏农业优势特色明显，是全国 12 个商品粮生产基地之一、全国十大牧区之一。然而，宁夏的地理和气候差异非常明显，北部引黄灌区地势平坦、土壤肥沃，中部干旱带干旱少雨、土地贫瘠，南部山区丘陵沟壑林立、阴湿高寒，是国家级贫困地区之一。西海固"气候移民"是适应气候变化结合扶贫工作开展的大胆尝试，对全国乃至世界都有较强的示范意义，但如何能够持续推动移民地区可持续发展，仍然需要不断地探索和研究，需要进一步开展气候灾害风险和脆弱性评估，绘制风险和脆弱性地图，有针对性地提高气候变化适应能力。建议宁夏探索"基于自然的解决方案"试点，以重大生态修复工程为基础，守好改善生态环境的生命线，为讲好适应气候变化的"中国故事"贡献力量。

（李湘、寿欢涛、徐华清供稿）

我国煤矿甲烷排放标准执行情况调研报告①

煤层气俗称煤矿瓦斯，其主要成分为甲烷。甲烷是仅次于二氧化碳的温室气体，煤炭开采和矿后活动中甲烷逃逸排放是我国最大的甲烷排放源，占甲烷排放总量的40%左右。为控制煤矿瓦斯排放，促进煤矿瓦斯利用，保护大气环境，缓解温室效应，2008年，我国制定并发布了《煤层气（煤矿瓦斯）排放标准（暂行）》（以下简称《标准》）。为加强煤矿瓦斯排放统计、核算、报告及监测工作，中心统计核算部近期赴山西太原、吕梁、长治和晋城等地开展调研，与生态环境、能源等相关部门及研究机构相关人员进行座谈，了解《标准》执行状况以及乏风瓦斯利用企业存在的主要问题，现将调研情况总结如下。

一、《标准》编制背景及主要内容

我国高瓦斯矿井、煤与瓦斯突出矿井多，煤矿瓦斯一直是煤矿安全生产的重大隐患。煤矿重特大瓦斯爆炸事故时有发生，给人民群众生命财产造成了重大损失；同时，未经处理或未回收的煤层气直接排放到大气中，也造成了严重的温室效应和资源浪费。

《标准》是依据国务院《关于加快煤层气（煤矿瓦斯）抽采利用的若干意见》而定。为进一步加大煤层气抽采利用力度，2006年，国务院办公厅发布了《关于加快煤层气（煤矿瓦斯）抽采利用的若干意见》（以下简称《意见》）。《意见》第七条规定："限制企业直接向大气中排放煤层气，环保总局要研究制订煤层气大气污染物排放的具体标准，并对超标准排放煤层气的企业依法实施处罚。"为落实《意见》要求，国家环境保护总局于2006年下达了《煤层气（煤矿瓦斯）排放标准》制订计划，两年后出台了《标准》。《标准》对适用范围、煤矿瓦斯抽放、煤层气（煤矿瓦斯）抽放控制、数据监测以及实施与监督均有明确要求。

《标准》提出煤层气以及高浓度煤矿瓦斯禁排要求。《标准》要求煤层气地面开发系统的煤层气以及煤矿瓦斯抽放系统的高浓度瓦斯（甲烷体积分数≥30%）禁止排放，但对煤矿瓦斯抽放系统的低浓度瓦斯（甲烷体积分数<30%）和煤矿回风井中的风排瓦斯，则没有限制要求。《标准》同时针对新建矿井、现有矿井及煤层气地面开发系统设置了不同的执行日期。新建矿井及煤层气地面开发系统自2008年7月1日起执行，现有矿井及煤层气地面开发系统自2010年1月1日起执行。

《标准》规定高浓度瓦斯需回收利用或焚烧处理。根据高浓度瓦斯的产生量以及运输条件等，《标准》原则性地提出了现地利用、异地利用以及直接焚烧的处理要求。对于可直接利用的高浓度瓦斯，《标准》要求应建立瓦斯储气罐，配套建设瓦斯利用设施，可采取民用、发电、化工等方式加以利用；对于无法直接利用的高浓度瓦斯，可采取压缩、液化等方式进行异地利用，无法利用的高浓度瓦斯，则可采取焚烧等方式处理。

---

① 摘自2021年第11期《气候战略研究简报》。

《标准》明确排放监测内容和数据传输方式以及监管主体。在甲烷排放监测方面，《标准》要求：矿井瓦斯抽放泵站输入管路及瓦斯储气罐输出管路等应设置甲烷传感器、流量传感器、压力传感器及温度传感器，对管道内的甲烷浓度、流量、压力、温度等参数进行监测，抽放泵站还应设甲烷传感器，防止瓦斯泄漏。矿井瓦斯抽放系统和煤层气地面开发系统按照《污染源自动监控管理办法》的规定，安装煤层气（煤矿瓦斯）排放自动监控设备，并与环保部门的监控中心联网，保证设备正常运行。在监督和管理方面，《标准》由县级以上人民政府环境保护行政主管部门负责监督实施。

二、《标准》存在的问题

《标准》的发布对提高煤层气企业和煤矿企业的甲烷减排意识起到了一定的作用。由于标准发布年份较早，近年来，随着瓦斯利用技术的不断发展，《标准》限值水平过于宽松以及缺乏有力监管等问题逐渐凸显。

一是《标准》缺乏有效监督，执行和落实力度有待加强。通过调研山西省能源局、山西省生态环境研究中心、晋城市生态环境局、山西卓越瓦斯研究中心、山西焦煤集团、柳林兴无煤矿、大宁煤矿以及潞安集团高河煤矿等了解到，目前地方上基本没有按照现行《标准》对煤层气和煤炭企业开展监督。直接原因是有关部门一直以来对《标准》重视不足，生态环境执法任务重、温室气体监管能力和经验欠缺等；深层次原因则为《标准》效力问题，一般来说，标准具有强制执行性质不是由标准本身确定的，而是由对应的上位法确定。由于在温室气体领域，我国目前尚未制定专门法律，因此《标准》的法律效力也没有明确规定，这就从根本上制约了《标准》效力的切实发挥。当前煤炭企业开展的煤矿瓦斯回收利用主要是基于经济效益。如煤矿为高瓦斯矿井、产气量大且稳定、瓦斯发电方便上网或者运输方便，瓦斯回收利用就具有良好的经济效益，企业积极性也普遍较高，主要回收利用方式为瓦斯发电和供热等。实际上，我国煤炭资源分布不集中，部分煤矿产气量低，不具备回收利用的规模效应，而大部分瓦斯回收利用项目需要具备一定的规模才能够实现经济价值。此外，部分煤矿位置偏远，不利于远距离输送，同时偏远、高海拔地区煤矿附近的居民和企业较少，对电力、热力等能源的需求不高，就地建设配套回收利用项目难以创造足够收益。因此，在《标准》无有效监督的情况下，部分煤矿企业的高浓度瓦斯仍被直接排放到大气中、没有得到有效的回收利用或就地焚烧处理。

二是《标准》覆盖的甲烷排放比重偏低，限值水平过于宽松。目前，《标准》仅对煤层气及甲烷体积分数高于30%的煤矿抽放瓦斯进行限制，对于甲烷体积分数低于30%的煤矿抽放瓦斯以及乏风瓦斯并没有控排要求。实际上，高体积分数抽放瓦斯的甲烷排放量比重并不高。调研数据显示，煤矿抽放系统甲烷排放只占煤矿开采甲烷排放总量的10%～40%，其余则来自体积分数低于1%的乏风瓦斯，在抽放瓦斯排放中，高体积分数瓦斯部分也仅占约15%，因此现行《标准》覆盖的甲烷排放量占煤矿甲烷总排放量的比重较小，通过《标准》管控的煤矿甲烷排放量相对有限。同时，现行《标准》制定时，我国煤层气（煤矿瓦斯）开发利用技术较为有限，只能对体积分数较高的瓦斯进行抽采利用。经过十余年的研究攻关，我国对不同体积分数瓦斯的利用技术较以往有了较大的进步和提升，瓦斯利用技术的发展已领先于现行《标准》的体积分数限值要求。除30%以上的高体积分数瓦斯用于发电、工业及民用外，体积分数在 8%～30% 的抽放瓦斯可通过内燃机发电及余热利用等技术直接利用，且具备一定的经济效益；对体积分数在 8% 以下的抽放瓦斯和乏风瓦斯，目前可采用掺混氧化、乏风氧化等利用技术，但部分技术成本较高，大范围推广尚需依赖于政策补贴。本次调研走访的高河煤矿乏风及超低体积分数瓦斯氧化发电项目装机 30 兆瓦，年发电量 2 亿千瓦时，每年可减排温室气体约 140 万吨二氧化碳当量。该项目减排效果显著，但盈利能力不强，由于其单位装机投资比常规内燃机发电项目高 100%～125%，每千瓦时运营成本比常规内燃机发电项目高 50%，因而对上网电价的敏感性非常高。2021 年 3 月，山西省发展改革委发布通知，2020 年 8 月 10 日后核准的瓦斯发电项目不再给予电价补贴，之前核准的瓦斯发电项目（含乏风氧化发电项目）实行两种上网电价，由企业自主选择执行。一种为以收定支结算方式，上网电价按 0.509 元/千瓦时执行，但上网电费由电网企业按燃煤发电基准价 0.332 元/千瓦时预结算，其余电价补贴暂不兑付，待电网企业资金充足时予以追补；另一种为低电价结算方式，上网电价按 0.404 8 元/千瓦时执行，此种方式下电网企业定期、全额结算。上述通知发布后，对此类乏风利用项目影响很大，大大降低了瓦斯发电行业投资者的热情。相反，本次调研的兴无煤矿为低体积分数瓦斯氧化供热项目提供了减免土地使用和瓦斯利用费用优惠，该项目利用瓦斯氧化代替燃煤锅炉，为煤矿井筒保温和生活区供热，成功实现了 30 万吨/年的碳减排量，并达到了良好的经济效益，项目业主的继续投资积极性较高。

　　三是《标准》限值指标易被规避，监测数据缺乏导致监管难。 现行《标准》主要以甲烷体积分数作为指标对企业进行排放限制，在甲烷排放总量方面没有要求。为实现甲烷排放体积分数达标，企业可通过调整抽采系统的设计及运行参数等方式，提高系统新风量，将抽采瓦斯稀释后排放到空气中，由此企业轻松实现达标排放，较为容易地规避了排放标准的约束。与此同时，由于企业将抽采瓦斯稀释，瓦斯体积分数的降低导致抽采瓦斯利用难度和成本大大增加，煤矿瓦斯排放目前呈现总量大、体积分数低、利用难的局面，为进一步控制煤矿温室气体排放造成了一定的困难。在数据监测方面，按照《标准》要求，企业需对矿井瓦斯开展甲烷排放监测，并安装排放自动监控设备，与环保部门的监控中心联网。通过调研发现，几乎所有煤矿企业出于安全和煤矿瓦斯抽采利用财政补贴考虑，都已在抽采管道、瓦斯抽放泵站及乏风管道内安装在线监测系统，对甲烷体积分数、流量、压力、温度等参数进行监测，监测数据在地方应急管理中心实时可查，监测数据基本可作为计算瓦斯排放量的基础。然而，在数据报送方面，煤矿企业并未参照《污染源自动监控管理办法》要求，向生态环境主管部门监控中心联网报送实时监测数据，地方生态环境主管部门也尚未要求企业进行数据报送。虽然甲烷监测在企业端具备基本的数据报送条件，但在与生态环境主管部门联网报送等方面，基础仍较为薄弱，对监督管理工作的推进造成了一定的困难。

三、政策建议

　　深入开展我国煤炭开采甲烷排放控制，积极推进我国能源行业非二氧化碳温室气体排放管控，兼具安全、经济、环境和气候等多重效益。针对我国现行煤层气（煤矿瓦斯）排放限值标准执行现状和存在的问题，建议未来在以下几个方面进一步加大相关工作力度。

一是开展《标准》修订研究，探索实现体积分数和总量"双控"。建议在现行《标准》的基础上，进一步完善排放控制要求，包括综合考虑煤矿瓦斯利用等技术目前的发展与应用水平、对煤矿瓦斯抽放系统设置更为严格的排放限值、禁止排放的瓦斯阈值可由目前的甲烷体积分数（30%）降低到 8% 等，这也与生态环境部于 2020 年 10 月发布的《关于进一步加强煤炭资源开发环境影响评价管理的通知》（环环评〔2020〕63 号）中相关要求保持一致。为避免企业通过调整抽采系统的设计及运行参数等方式提高系统新风量、从而规避排放限值的情况出现，建议可基于矿井瓦斯等级鉴定中的甲烷相对涌出量、原煤产量等参数，在排放限值之外增加甲烷排放总量限值的可行性研究，为后续出台甲烷排放总量限值奠定基础。

二是强化《标准》监管，推动制定应对气候变化相关上位法。建议明确煤矿瓦斯排放标准具体的监管主体及职权和监管方式，确保监管部门有效实施职权。主管部门制定统一的监管工作规范以及企业违规排放的惩罚机制，监管主体按照规范对企业瓦斯排放进行监督检查，对于违规排放企业、拒不接受监管部门监督检查或接受检查时弄虚作假的企业，分别采取适量处罚措施，让企业意识到《标准》的约束作用，并将《标准》要求纳入企业日常管理。除此之外，为真正发挥《标准》强制执行效力，以及推动其他非碳市场覆盖行业和气体采取温室气体排放标准措施减排，亟须制定专门的应对气候变化上位法，从法律层面明确《标准》是相关企业排放温室气体必须遵守的技术标准，以及明确企业超标排放需承担的法律责任。

三是建立健全煤矿甲烷统计监测数据报送体系。为夯实《标准》执行的数据基础，建议在现有的基础上完善核算及监测标准，尽快开展数据报送工作。在甲烷监测和核算标准方面，建议进一步修订《中国煤炭生产企业温室气体排放核算方法与报告指南》，细化其中抽放系统和乏风系统瓦斯排放的监测对象、监测方法、监测设备技术参数、安装位置以及校准等的具体要求。在监测设备运行管理方面，建议要求企业配备专职技术人员，采取适当措施和程序，保证监测结果准确可靠，同时做好监测数据记录和保存工作。在监测数据报送方面，明确企业甲烷排放基础数据的报送方式、时间、频率等内容，建议增强部门间联动，与安全监管部门、财政部门等合作，掌握煤矿抽采及乏风设施的甲烷体积分数、流量、压力和温度等数据，以及回收利用量等基础信息，并做好统计监测数据的分析管理工作。

四是完善煤炭行业甲烷回收利用政策。完善的甲烷回收利用财税、价格、金融和土地等配套政策可激励企业采取减排措施，从而促进《标准》的有效实施。建议下一步修订煤层气（煤矿瓦斯）财政补贴等现行激励政策，实行差异化补贴政策，对《标准》覆盖范围外的低体积分数瓦斯及乏风瓦斯回收利用，加大补贴力度。扩大预算投资支持范围，支持地面预抽采、关闭（废弃）矿井抽采、超低体积分数瓦斯和乏风瓦斯利用。对技术难度大、投入成本高、环境效益显著的瓦斯利用项目，提供区别于一般煤层气利用项目的政策支持，为超低体积分数和乏风瓦斯利用项目缩短项目审批流程，加快瓦斯利用项目建设，推动低体积分数瓦斯和乏风瓦斯利用纳入碳交易体系等。

（马翠梅、高敏惠、褚振华供稿）

第五部分

市场机制

全国碳排放权交易市场建设调查与研究①

党中央、国务院高度重视我国碳交易体系建设。与行政指令、经济补贴等减排手段相比，碳排放权交易机制是低成本、可持续、基于市场机制的碳减排政策工具。党的十八大报告和十八届三中、五中全会明确要求在我国推行碳排放权初始分配制度，建立碳排放权交易市场。党的十九大报告指出，加快建立绿色生产和消费的法律制度和政策导向，建立健全绿色低碳循环发展经济体。《中共中央　国务院关于加快推进生态文明建设的意见》《生态文明体制改革总体方案》等重要文件均对开展和深化碳排放权交易试点、建设全国碳排放权交易体系做出具体要求。"十三五"规划纲要和《"十三五"控制温室气体排放工作方案》明确要求，推动建设全国统一的碳排放权交易市场，启动全国碳排放权交易市场，实行重点单位碳排放报告核查核证和配额管理制度，持续开展相关能力建设。2015 年，我国对外发布《强化应对气候变化行动——中国国家自主贡献》，把稳步推进全国碳排放权交易体系建设、逐步建立碳排放权交易制度作为我国国家自主贡献的一项主要内容。2015 年9 月，习近平主席和美国总统奥巴马会见并签署《中美元首气候变化联合声明》，宣布我国计划在2017 年启动全国碳排放权交易体系。建立全国碳排放权交易市场（以下简称全国碳市场）是认真落实党中央、国务院关于生态文明建设决策部署的重大举措，是统筹推进"五位一体"总体布局和协调推进"四个全面"战略布局、践行新发展理念的重要行动。

2014 年，在国家发展改革委的组织和指导下，借鉴试点碳市场建设经验，开始全国碳市场制度的顶层设计和建设。2017 年 12 月 19 日，国家发展改革委在北京宣布启动全国碳市场，这是我国碳交易体系建设的重要里程碑。

本报告在调研全国碳市场建设的基础上，结合试点碳市场建设经验，并根据《全国碳排放权交易市场建设方案（发电行业）》和《碳排放权交易管理暂行办法》等重要文件，分析讨论了建设全国碳市场的重要意义以及全国碳市场建设定位、建设方针、重点任务与建设阶段和要求。

一、建设全国碳市场的重要意义

党中央、国务院高度重视应对气候变化工作，着力推动绿色低碳循环发展。建立符合我国国情的碳排放权交易机制是积极应对气候变化的一项重要措施，是加快生态文明体制改革、促进生态文明建设的具体行动，对推动建立健全生态环境优美、生态经济发达的绿色低碳循环发展经济体具有重要意义。

（一）应对气候变化工作的必然选择

长期以来，尽管我国节能减排和应对气候变化工作成效卓著，但是主要采用行政指令式和经济

① 摘自《中国碳市场建设调查与研究》，北京：中国环境出版集团，2018 年。

补贴式的政策工具；然而，采用行政指令推动节能减排常常以牺牲经济发展和降低人民生活水平为代价，采用经济补贴推动节能减排常常带来巨额财政负担；由此可见，采用这两种政策工具推动节能减排和应对气候变化工作是不可持续的，成效将逐渐减弱。本着对中华民族根本利益和人类长远利益高度负责的态度，我们必须高度重视应对气候变化工作，必须积极探索创新节能减排新模式和新路径，建立符合我国国情的全国碳市场正是落实加快生态文明体制改革、利用市场机制控制和减少温室气体排放的一项重大制度创新实践，建立健全全国碳交易市场机制既是我国应对气候变化工作的内在要求，更是我国应对气候变化工作的必然选择。

（二）提供了多赢的市场机制减排途径

碳交易制度将温室气体总量控制目标落实到排放实体，明确排放实体温室气体控排责任，同时碳交易市场又向排放实体传递出碳排放和碳减排的价格信号，从而引导排放实体做出减排决策，并使得排放实体在决策上拥有更大的自主性和灵活性。通过交易市场，可以使减排行动发生在边际成本最低的排放源上，以较低成本改进生产技术，从而使全社会的减排成本得以降低，并使排放实体通过减排获得经济收益。此外，相对标准、技术规定或碳税等碳减排政策措施，碳交易制度直接与降低碳排放总量挂钩，有利于保证环境质量，是实现国家碳强度或碳排放峰值等总量控制目标的最直接手段。同时，碳交易体系的量化目标还将继续传导至对化石能源消费量的限制，为实现国家控制化石能源消费总量等宏观目标发挥作用。因此，碳交易是社会管理者和各类排放实体多赢的市场机制碳减排途径。

（三）有助于催生低碳发展新动能

一方面，碳交易市场机制为排放实体选择减排技术和途径提供了更大的灵活性和经济激励，有助于发掘减排实体的减排潜力并提高减排效率，助推淘汰落后产能和化解过剩产能，是企业生产转型和实现高质量发展的催化剂，建设全国碳市场为调整产业结构提供了新动能。另一方面，碳交易市场机制鼓励使用和发展清洁、低碳能源，有助于改变我国以煤为主的能源消费体系，推动构建清洁低碳、安全高效的现代能源体系，建设全国碳市场为优化能源消费结构提供了新动能。此外，碳交易市场机制特别是碳金融的发展有助于将资金导向低碳发展领域，有利于激发企业开发和应用低碳技术、低碳产品，带动企业生产模式和商业模式发生转变，建设全国碳市场为培育和创新发展低碳经济新业态提供了新动能。由此可见，建设全国碳市场将成为构建社会绿色低碳循环经济体的重要途径，为社会绿色低碳发展提供新动能。

（四）提高我国在国际碳定价体系中的领导力

建立碳交易体系可能成为全球应对气候变化进程的制度选择和发展潮流。当前，发达国家主导了碳排放交易制度，并占据碳定价和规则制定的优势，还通过航空排放交易等手段进一步规制发展中国家。我国建成的全国碳市场将是全球第一大碳市场，直接影响纳管企业的低碳发展。随着全国碳市场逐渐发展成熟，全国碳市场必将立足国内、辐射全球，成为国际碳市场中的重要一员，成为国际应对气候变化和低碳经济发展的重要领域。由此可见，建立全国碳市场将有助于我国主动应对正在形成的国际碳市场，提升我国对碳定价的话语权，提升我国引领碳定价体系发展的能力，提高我国在气候变化领域的国际竞争力和领导力。同时，建立全国碳市场也是我国积极落实减排承诺的具体行动，为开展应对气候变化国际合作搭建了平台。

二、全国碳市场建设定位

全国碳市场建设是生态文明建设的一项重大制度创新实践，是构建绿色低碳循环发展经济体的重要任务。建立全国碳市场是利用市场机制控制温室气体排放的机制体制创新，是深化生态文明体制改革的迫切要求。通过建立健全全国碳市场，实现温室气体排放总量控制目标，倒逼调整产业结构、优化能源消费结构，同时引领全球气候治理、破解能源环境约束，建设全国碳市场是实现社会经济提质增效和绿色低碳发展双赢的具体行动。

全国碳市场是基于市场机制的温室气体控排政策工具。建设全国碳排放权交易市场是当前和未来一段时间内国家应对气候变化和低碳发展工作的一项重点任务。围绕党中央、国务院的战略部署和要求，全国碳市场建设要坚持将碳交易体系作为控制温室气体排放的政策工具，碳市场本质上是一个政策性市场，切实防范市场、金融等方面风险，碳市场的发展必须服务于控制温室气体排放的政策目标，避免在碳交易过程中过多投机、避免出现过多的金融衍生产品。

我国将建立统一的全国碳市场。通过不断完善制度与支撑体系建设，持续开展能力建设，最终建成具有统一的碳排放核算报告和核查规范、统一的碳排放配额分配方法、统一的碳排放配额注册登记系统和交易平台、统一的碳排放权履约规则、统一的交易管理监督制度的全国碳排放权交易市场。全国碳市场必须是权利归属清晰、市场流转顺畅、交易监管有效、信息公开透明、具有国际影响力的切实可行、行之有效的碳交易市场。

三、全国碳市场建设方针

以稳中求进为总基调，稳步推进建立全国碳市场。碳交易市场机制建设是机制体制创新，加之我国各省（区、市）以及各重点排放行业的碳排放水平、减排潜力和经济发展需求等不同，因此，全国碳市场建设呈现出复杂性和艰巨性。在全国碳市场建设过程中，要把握全国碳市场处于初期阶段的特征和基本规律，紧紧围绕统筹推进"五位一体"总体布局和协调推进"四个全面"战略布局，牢固树立创新、协调、绿色、开放、共享的发展理念，紧密结合我国绿色低碳发展及控制温室气体排放目标的需求，立足国情、考虑区域和行业差异，以问题为导向，以市场为基础，以企业为主体，充分借鉴 7 省（市）试点碳交易市场和国外碳交易市场建设经验，强化政府监管和服务，注重全国碳排放权交易市场建设的阶段性、统一性、公平性、可操作性、兼容性、市场性，调动各方面的积极性，注重统筹协调用能权交易、绿证交易、电力体制改革、能耗和温室气体控排目标考核等各项政策，设计、建设并逐渐完善全国碳排放权交易市场。

全国碳市场建设要充分发挥市场机制优化配置碳排放空间资源的作用和更好地发挥政府的作用。具体地说，碳交易主管部门的主要任务是建章立制、监督指导。国务院碳交易主管部门做好全国碳市场顶层设计，构建政策法规体系，明确市场要素，建立碳排放监测报告与核查制度、排放配额分配管理制度、市场交易制度、监督管理制度。国务院碳交易主管部门和地方碳交易主管部门按照市场规律建设全国碳市场，建立市场管理和监督机制，建立市场风险预警与防控机制，建立碳排放配额市场调节机制，正确处理政府与市场的关系，充分发挥市场机制优化配置资源的作用，避免行政手段过多干预市场。重点排放单位和相关机构遵守碳市场政策法规，按照市场规则参与碳交易。

四、全国碳市场建设重点任务

全国碳市场建设重点任务主要包括两个方面：一是开展三大制度建设，即建立健全碳排放监测、报告和核查（MRV）制度，重点排放单位配额管理制度和市场交易制度建设，为全国碳市场运行和管理奠定制度基础；二是开展四大系统建设，即建成碳排放数据直报系统、排放配额注册登记系统、排放配额交易系统和结算系统，为全国碳市场运行和管理构建技术和管理支撑体系。

（一）制度建设

1. 碳排放监测、报告与核查制度建设

真实、全面、准确的碳排放数据是碳市场发挥温室气体排放总量控制作用的基础，是合理分配排放配额、完成碳排放权履约的前提条件，因此碳排放 MRV 制度是全国碳市场的基础制度，是全国碳市场建设的重中之重。

全国碳市场碳排放MRV制度建设包括制定重点排放单位碳排放监测、核算、报告和核查技术规范，制定相关工作及其机构的管理办法，以及依法依规开展碳排放MRV工作并对其进行管理和监督等。

国务院碳交易主管部门将会同相关行业主管部门制定碳排放 MRV 制度的政策法规和技术规范，包括制定企业排放报告管理办法、不断完善企业温室气体核算报告指南与技术规范、制定核查指南、制定碳市场覆盖范围标准等。此外，国务院碳交易主管部门和地方碳交易主管部门还将负责管理和监督核查机构。地方碳交易主管部门负责遴选重点排放单位，并备案企业制订的排放监测计划，对重点排放单位的排放报告与核查报告进行复查并确认重点排放单位的排放量等。

目前，国家发展改革委已经出台了 24 个行业温室气体排放核算和报告指南，特别是在 2016 年、2017 年碳排放数据 MRV 工作中对重点排放单位制定和实施碳排放监测计划做出了明确要求，这些技术规范基本满足现阶段全国碳市场重点排放单位碳排放核算和报告需求，并将根据使用的情况得到进一步修订完善。另外，国家发展改革委还出台了排放数据核查的参考指南和相关规定以指导碳排放数据 MRV 工作，还将出台对碳排放核查机构核查的管理办法和针对核查机构的信用联合惩戒等规定，进一步加强对碳排放核查机构和核查工作的规范化管理。各省级碳交易主管部门负责组织开展重点排放单位遴选确定、核查机构遴选、碳排放数据核查和报送工作。重点排放单位应按规定及时报告碳排放数据。重点排放单位和核查机构须对数据的真实性、准确性和完整性负责。

2. 重点排放单位配额管理制度建设

配额管理制度建设主要包括排放配额分配、排放配额注册登记和清缴履约管理等制度建设。配

额管理制度是全国碳市场的核心制度，排放配额分配是重点排放单位碳资产认定和碳排放权确权的过程，排放配额注册登记管理是实现对配额确权、签发、流转和履约的跟踪记录与管理，排放配额的履约管理是管理、监督重点排放单位完成碳排放配额的按时按量清缴。配额管理制度决定了配额的稀缺性，直接决定了碳市场配额供需情况和碳交易价格，决定了碳市场控制温室气体排放总量的有效性和成效。

国家发展改革委颁布的《碳排放权交易管理暂行办法》确定了国家和地方两级配额管理模式。国家碳交易主管部门负责制定国家配额分配方案，明确各省、自治区、直辖市免费分配的排放配额数量、国家预留的排放配额数量等；地方碳交易主管部门根据配额分配方法，可提出本行政区域内重点排放单位免费分配的排放配额数量，报国务院碳交易主管部门确定后，向本行政区域内的重点排放单位免费分配排放配额。

2014年以来，国家发展改革委组织相关研究单位对全国碳市场重点排放单位配额分配方法开展研究。全国碳市场将基于有效果、有效率、透明、公正、适用的原则分配和管理化石燃料燃烧造成的直接排放、工业生产过程排放和因消费电力、热力导致的间接排放的配额。在配额分配中致力于避免受经济产出市场波动的影响，避免过程中过多的事后配额调整，避免地方保护主义，尽量避免影响产业竞争力，特别是避免一个企业一个分配方法或参数。

目前，国务院已经批复《全国碳排放权配额总量设定与分配方案》，国务院碳交易主管部门已经开发出电力、钢铁、有色（如电解铝等）、建材（如水泥、玻璃等）、石化、化工、造纸行业重点排放单位排放配额分配方法。另外，全国碳市场建设初期，以免费分配排放配额为主，适时引入有偿分配，并逐步提高有偿分配的比例。在配额分配方法上，针对纳入全国碳市场的行业特点以及碳市场减排目标要求，在综合考虑行业发展需求和减排潜力的基础上，制定基准线法和历史强度下降法分配配额，其中以基准线法为主。国务院碳交易主管部门可根据行业排放数据信息可获性、数据质量以及排放特点等因素，对不同行业的重点排放单位选用不同的分配方法，严格控制排放配额总量，做到重点排放单位排放配额适度从紧、行业排放配额总体盈亏平衡。

以发电行业为例，根据发电机组的装机容量和类型、生产条件、燃料品种等，研究了11条二氧化碳排放基准线，用于发电机组排放配额基准线法分配配额。2017年4—5月，在国家发展改革委的组织下，就电力、电解铝、水泥行业重点排放单位排放配额分配方法，在四川、江苏两省进行了试算和能力建设，并根据试算结果对排放配额分配方法进行了进一步修改完善。

就碳排放权履约而言，重点排放单位必须采取有效措施控制碳排放，并按实际排放清缴配额。省级碳交易主管部门负责监督清缴，对逾期或不足额清缴的重点排放单位依法依规予以处罚，并将相关信息纳入全国信用信息共享平台，实施联合惩戒。

3. 市场交易相关制度建设

市场交易相关制度建设主要包括对排放数据报告与核查、排放配额分配、注册登记系统、排放配额清缴、履约执法、第三方核查机构、碳交易平台、碳交易与碳金融等的管理与监督等制度的建设。按照国务院职责分工，在国家发展改革委牵头下，各部委坚持按照"责权对等、依法监管、公平公正、监管制衡"的原则开展碳市场交易相关制度建设工作，特别是要注重逐渐建立健全上述制度的政策法规体系，建立健全市场交易相关的管理和监督机构及工作机制，理顺监管关系，依法实施监管。例如，国务院碳交易主管部门将会同相关部门制定碳排放权市场交易管理办法，对交易主体、交易方式、交易行为以及市场监管等进行规定，构建能够反映供需关系、减排成本等因素的价格形成机制，建立有效防范价格异常波动的调节机制和防止市场操纵的风险防控机制，确保市场要素完整、公开透明、运行有序。

（二）系统建设

1. 排放数据直接报送系统建设

2015 年，国家发展改革委组织开展企业温室气体排放数据直报系统的研究和建设工作。探索建设全国统一、分级管理的碳排放数据报送信息系统，并将实现与国家能耗在线监测系统的连接。目前，国家应对气候变化战略研究和国际合作中心等机构借鉴发达国家企业温室气体报告法律法规，参考国家统计局、生态环境部等的现行企业报告制度经验，结合 7 个碳交易试点省市报告管理实践，在广泛听取地方、企事业单位意见和建议的基础上，开发了企业排放数据直报系统，并在部分省（区、市）推广使用，服务于部分省（市）重点排放单位碳排放数据的报送工作。

2. 排放配额注册登记系统和交易系统建设

碳排放配额注册登记系统（以下简称注册登记系统）和交易系统是全国碳市场的主要支撑系统。注册登记系统是排放配额确权和记录排放配额流转的重要工具。碳市场需要通过注册登记系统对排放配额等进行记录、跟踪和管理，确保在任何时间节点都能明确排放配额的归属及数量，供管理者和市场参与方进行必要的管理和查询，保证交易的公正性和透明度。碳交易系统是服务于全国碳排放权交易市场交易参与方的市场化、信息化、高效率、公开、公平、公正的交易平台，通过便捷的管理系统、全流程的服务模式、市场化的运作手段、规范化的收费标准，帮助碳交易买卖双方获得利益最大化。

2017 年 5 月，经过国务院碳交易主管部门公开、公正、公平、严格的评审，确定湖北省牵头建设和运维管理全国碳市场注册登记系统，上海市牵头建设和运维管理全国碳市场交易系统，并由北京、天津、上海、重庆、湖北、广东、江苏、福建、深圳联合组建两家公司制机构，分别开展注册登记系统和交易系统的建设与运维。国务院碳交易主管部门将负责制定碳排放权注册登记系统和交易系统管理办法与技术规范，并会同其他相关部门对碳排放权注册登记系统和交易系统实施监管。

全国碳市场将建成功能齐备、服务完善、运行稳定、监管严格、信息安全的碳排放权注册登记系统、交易系统及其灾备系统，为各类市场主体提供碳排放配额的法定确权及登记服务、交易服务，实现配额清缴及履约管理，支撑全国碳市场的运行。

3. 排放配额交易结算系统建设

为实现全国统一碳交易和统一碳价格，全国碳市场将建立碳排放权交易结算系统，并按照"统一规则、统一系统、统一成交、统一结算"的原则，实现交易资金结算及管理，预防市场交易风险，同时提供与配额结算业务有关的信息查询和咨询等服务，确保交易结果真实可信。交易结算系统将与注册登记系统、交易系统同时建设，支撑全国碳市场开展碳交易。

五、全国碳市场建设阶段与要求

全国碳市场建设是一项复杂的系统工程，不仅各省（区、市）之间、重点排放单位之间的碳排放水平和减排能力差异较大，而且建设全国碳市场面临着正确处理政府与市场、碳减排与经济发展、中央与地方政府、碳市场公平与效率、试点碳市场与全国碳市场关系等的艰巨挑战。为了扎实推进全国碳市场建设，确保建成切实可行、行之有效的全国碳市场，必须以面临的问题为导向，在深入总结与借鉴试点碳交易市场建设经验的基础上，统一规划，统筹协调，按计划、分三个阶段逐步建立健全全国碳排放权交易市场机制。

以发电行业为突破口，逐渐建立健全全国碳市场。发电企业排放量大，其二氧化碳排放量约占全国总排放量的1/3，排放数据质量好，企业管理水平高，产品相对单一，因此全国碳市场启动之初将仅纳入发电行业。全国碳市场将逐渐培育市场主体，逐步扩大市场覆盖范围，逐渐丰富交易品种和交易方式；同时还将循序渐进、协调协同、不断完善支撑体系功能建设与运维管理，不断建立健全标准一致、公开公平公正的碳交易市场排放监测、报告和核查制度，配额分配制度和交易监管制度，推动形成合理碳交易价格，优化配置碳排放空间资源，有效激发企业减排潜力，实现控制温室气体排放目标，并推动企业转型升级，推动构建绿色低碳循环发展经济体。

（一）第一阶段：基础建设期（一年左右时间）

国家碳交易主管部门的任务是建章立制，组织开展四大系统建设。国家碳交易主管部门将进一步完善碳市场建设顶层设计，积极推动碳交易立法，致力于构建"1+3"模式的政策法规体系，即在《碳排放权交易管理条例》的框架下再制定关于排放数据报送、核查和排放配额交易的部门规章。目前，国家碳交易主管部门已经完成《碳排放权交易管理条例》编制，并报送国务院审核，正积极推动管理条例尽早获得立法。国家碳交易主管部门将组织开展排放数据直报系统、注册登记系统、交易系统和结算系统建设，还将持续深入开展能力建设，编制统一教材，培养专业师资，开展考核评估，建立能力建设长效机制。

地方碳交易主管部门应积极按照国家碳交易主管部门的部署，确定纳入全国碳市场的重点排放单位，完成排放数据的核查和报送，协助国务院碳交易主管部门开展碳交易能力建设。重点排放单位应致力于建立企业内部碳排放管理制度，设立专岗专责管理碳排放，建立碳排放在线监测系统，实现碳排放数据报送电子化管理，开展排放数据形势分析，为碳排放管理和碳交易决策提供有效的技术支撑。同时，还要积极配合主管部门完成碳排放数据核查，积极参与碳市场制度建设和能力建设。

（二）第二阶段：模拟运行期（一年左右时间）

国务院碳交易主管部门和地方碳交易主管部门完成对发电企业的排放配额分配，发电企业开展模拟交易，主管部门借此检验碳市场主要制度和主要系统功能的有效性和可靠性，并有针对性地进一步完善制度设计与建设，建设可靠的注册登记系统、交易系统和结算系统，建立健全有效的碳交易监督管理机制，深入开展扎实的能力建设等。发电企业应逐渐建立碳资产管理制度，与主管部门一同积极构建碳交易市场风险预警与防控机制，为开展碳交易、保证市场稳定运行做好准备。

（三）第三阶段：深化完善期

国务院碳交易主管部门和地方碳交易主管部门监督管理发电行业重点排放单位开展碳交易。发电行业重点排放单位开展以碳排放权履约为目的的排放配额现货交易活动。随着条件逐渐成熟，全国碳市场将逐步扩大覆盖范围，逐步增加覆盖的行业企业，增加交易产品，丰富交易模式，逐步形成运行稳定、健康活跃的碳交易市场。

总之，建立全国碳市场是利用市场机制应对气候变化、控制温室气体排放的重大举措，是建设生态文明的重大需求。建立全国碳市场有助于激励排放实体低成本完成碳减排目标，有利于降低全社会减排成本，是我国实现温室气体排放总量控制和峰值目标的重要手段。扎实推进全国碳市场建设，有助于将技术和资金导向低碳发展领域，推动企业发展新旧动能转换，倒逼企业淘汰落后产能、转型升级。同时，建立全国碳市场也是彰显我国积极参与正在形成的国际碳定价体系、提高气候变化领域国际领导力的重大行动，再次以行动证明了我国是应对气候变化的参与者、贡献者和引领者。

（张昕供稿）

深化发展试点碳市场调查研究与建议[①]

2017 年 12 月，我国启动了全国碳交易体系，发布了《全国碳排放权交易市场建设方案（发电行业）》（以下简称《全国碳市场建设方案》）。《全国碳市场建设方案》要求碳交易试点地区将符合条件的重点排放单位逐步纳入全国碳市场统一管理，试点碳市场继续发挥现有作用，在条件成熟后逐渐向全国碳市场过渡。如何深化试点碳市场建设并继续发挥作用是确保顺利推进全国碳市场建设的必要条件，既涉及政策，又涉及技术，备受各方关注。

围绕上述问题，我们对试点碳市场进行了调研，并尝试从政策法规基础、市场表现、减排成效和与全国碳市场计划覆盖范围重合度等方面对各试点碳市场进行初步分析评估与分类；在此基础上，讨论各类试点碳市场深化发展的可能途径及对全国碳市场建设的作用，并以此为导向，提出政策建议。

一、试点碳市场的评估分类[②]

（一）试点碳市场的总体情况

2011 年，北京、天津、上海、重庆、湖北、广东、深圳开展碳排放权交易试点，建设试点碳市场。经过大量细致探索性工作，各试点地区已经初步建成制度要素基本齐全且各具特色、初具规模的试点碳市场，并初显减排成效。截至 2019 年 8 月底，7 个试点碳市场共覆盖了包括电力、钢铁、有色、建材、化工、石化等高碳排放行业在内的 20 余个行业、约 3 000 家企事业单位，排放配额总量约 13.3 亿吨 CO_2 当量；交易主体既有试点碳市场纳管的企事业单位，还有金融机构、碳资产管理公司等，部分试点碳市场还允许个人参与碳交易；交易品种既包括排放配额，还包括中国核证的温室气体自愿减排量（CCER）以及各试点碳市场特色碳信用产品，交易方式除现货交易外，还有排放配额和 CCER 的掉期交易、远期交易以及抵/质押、基金、债券等；排放配额现货成交量约 3.3 亿吨

[①] 摘自《碳市场建设调查与研究 2019》，北京：中国环境出版集团，2020 年。
[②] 根据北京、天津、上海、重庆、湖北、广东、深圳试点碳市场 2013—2018 年基础制度建设和市场运行情况，从政策法规基础、市场表现、减排成效、与全国碳市场计划覆盖范围重合度等对试点碳市场进行了初步分析评估（表 1），其中：
- 政策法规基础评估包括政策法规效力和政策法规体系完整性。政策法规效力是指碳交易试点的政策法规层级；政策法规体系完整性是指试点碳市场政策、法规、技术规范覆盖其基础制度要素［如碳排放数据管理（监测、报告、核查）、核查机构（员）管理、排放配额分配、履约管理、注册登记管理、交易监管等］的程度。
- 市场表现评估包括配额流动性和成交价格相关性。配额流动性由年均配额换手率表示，即年均配额换手率（%）=年度交易总量/年度配额总量；成交价格相关性采用时间序列非线性重标级差分析法分析，成交价格相关性越强，表明碳市场交易活跃度越低、价格越平稳。
- 与全国碳市场计划覆盖范围重合度是指试点碳市场覆盖范围（主要指纳管行业企业）与全国碳市场计划覆盖范围的重合度；全国碳市场计划覆盖范围是指全国碳市场拟分阶段纳入电力、钢铁、有色、建材、化工、石化、造纸和航空等行业企业。
- 试点碳市场减排成效来源于各试点地区碳交易主管部门的报道。

CO_2当量（含拍卖），成交金额约 72 亿元（含拍卖）。此外，试点碳市场已经完成了 5～6 次履约，纳管企业历年履约率保持较高水平。通过碳交易机制，不仅试点碳市场纳管企业实现了碳减排，而且还推动了试点地区碳排放强度和碳排放总量的"双控双降"。

（二）试点碳市场的初步评估与分类

1. 第一类：北京、上海、深圳试点碳市场

北京、上海、深圳试点碳市场法规层级高、效力强，政策法规体系相对完善。北京市人大、深圳市人大出台了"人大决定"，上海市政府发布了政府令以确保顺利开展碳交易试点；此外，北京、上海、深圳的碳交易主管部门还出台了多个部门规章和规范性文件，构建了较完善的政策法规体系，有效监管试点碳市场建设和运行。例如，北京市先后出台了 20 余个部门规章和规范性文件，涉及碳排放数据（排放核算、报告、核查）管理、核查机构管理、配额分配、履约管理、抵消机制、市场公开操作等多个方面，使得试点碳市场建设与监管有法可依、有章可循。

北京、上海、深圳试点碳市场的市场表现良好。北京、上海、深圳试点碳市场交易产品丰富，除了交易排放配额、CCER 外，还可交易地方碳信用产品，如北京碳汇量等；企业和机构参与北京、上海、深圳试点碳市场交易的积极性较高，配额流动性相对较好，年均配额换手率为 20%～40%；碳价处于高位，成交价相关度较高。截至 2018 年年底，深圳、上海和北京试点碳市场配额现货累计成交量分列 7 省（市）试点碳市场第三位、第四位、第五位，成交金额分列第三位、第五位、第四位；北京试点碳市场年均成交价为 40～50 元/吨 CO_2 当量，位居试点碳市场首位。

符合条件的试点碳市场纳管企业纳入全国碳市场管理后[1]，北京、上海、深圳试点碳市场剩余的纳管企业以第三产业企业为主，涉及十余个行业，企业数量多且单个企业排放量较小，这些行业企业未来纳入全国碳市场的可能性较低[2]。北京试点碳市场剩余纳管企业仍有约 900 家，年配额总量约 2 000 万吨 CO_2 当量；深圳试点碳市场剩余纳管企业有约 860 家，年配额总量约 1 000 万吨 CO_2 当量；上海试点碳市场剩余纳管企业有约 200 家，年配额总量约 3 000 万吨 CO_2 当量。

北京、上海、深圳试点碳市场已初步发挥了减排作用。例如，北京试点碳市场纳管企业 2014 年二氧化碳排放量同比下降了 5.96%，二氧化碳排放量同比下降率及绝对减排量均明显高于 2013 年；此外，实现协同减排 1.7 万吨二氧化硫和 7 310 吨氮氧化物，减排 2 193 吨 PM_{10} 和 1 462 吨 $PM_{2.5}$。2013 年深圳试点碳市场共纳管 635 家工业企业，其二氧化碳排放量较 2010 年下降 383 万吨，降幅为 11.7%；值得注意的是，同期其中 621 家制造业企业工业增加值增长 1 051 亿元，增幅为 42.6%。由此可见，制度合理、市场有效的碳交易机制不仅可以实现二氧化碳减排，还可以协同大气污染物治理，并促进企业经济增长。

2. 第二类：湖北、广东试点碳市场

湖北、广东试点碳市场法规层级较高，政策法规体系较完善。湖北和广东分别以政府部门规章的形式出台了碳交易管理办法，相比第一类试点碳市场，其法规效力虽相对较弱，但也有效地确保了试

---

[1] 指按照全国碳市场计划覆盖范围要求，符合条件的试点碳市场纳管的电力、钢铁、有色、建材、石化、化工、造纸和航空行业企业逐渐纳入全国碳市场管理。

[2] 按照全国碳市场适于纳入排放总量较大、排放源大且集中的大、中型重化工业企业的标准判断。

点碳市场的建设与运行。湖北、广东碳交易主管部门还发布了分行业碳排放核算和报告指南、碳排放核查及核查机构管理办法、配额分配方案等，建立了较完善的试点碳市场政策和技术规范体系。

湖北、广东试点碳市场的市场表现好，企业和机构参与积极性高，配额流动性好、交易活跃度高。截至 2018 年年底，广东、湖北碳市场配额现货累计成交量、成交金额均分列试点碳市场第一位、第二位，年均配额换手率超过 40%，平均碳价为 20～30 元/吨 CO_2 当量；交易产品、交易方式丰富多样，不仅有配额现货交易，还开发了十余种基于配额、CCER 的衍生品交易。据湖北碳排放权交易中心报道，截至 2018 年 12 月，湖北试点碳市场配额远期成交量约 2.58 亿吨 CO_2 当量，成交金额约 61.87 亿元，位居各试点碳市场首位，分别是同期湖北试点碳市场现货成交量和成交金额的 4 倍和 5 倍。

湖北、广东试点碳市场与全国碳市场计划覆盖范围重合度较高，并且符合条件的试点碳市场纳管企业纳入全国碳市场管理后，湖北、广东试点碳市场剩余纳管企业主要是高排放的汽车制造、陶瓷、医药、纺织等行业企业，未来纳入全国碳市场管理的可能性较高。湖北试点碳市场剩余纳管企业有 160 余家，年配额总量约 1 亿吨 CO_2 当量；广东试点碳市场剩余纳管企业有 60 余家，年配额总量约 5 000 万吨 CO_2 当量。

湖北、广东试点碳市场也有效推动了纳管企业实现碳减排。2014 年，湖北试点碳市场共纳管 138 家企业，其碳排放比 2013 年下降 767 万吨 CO_2 当量，纳管的 9 个行业均实现二氧化碳减排，二氧化碳排放下降最显著的是电力和钢铁行业。就广东试点碳市场而言，以 2013 年为基准，截至 2017 年年底，超过 58% 的纳管企业实现二氧化碳排放强度下降，纳管的六大行业二氧化碳排放总量下降 4%。

3. 第三类：天津、重庆试点碳市场

天津、重庆试点碳市场法规层级较高，政策法规体系较完善。天津、重庆碳交易主管部门发布了碳交易管理办法，同时还出台了分行业的碳排放核算、报告、核查指南，发布了对核查机构、配额分配的规范性文件等，初步构建了试点碳市场政策和技术规范体系。

天津、重庆试点碳市场的市场表现很不理想，企业和机构参与碳交易的积极性较低。例如，曾经在 391 个连续交易日中，天津试点碳市场"零交易日"[①]约占 79.5%，同期重庆试点碳市场"零交易日"约占 68.0%，分列 7 个试点碳市场第一位、第二位；而且天津、重庆试点碳市场配额流动性很低，配额换手率不足 5%，配额现货成交量、成交金额分列 7 个试点碳市场第六位、第七位，例如，天津、重庆试点碳市场配额成交量分别约为北京试点碳市场配额成交量的 1/4，不足广东试点碳市场配额成交量的 1/10。天津、重庆试点碳市场排放配额总量较宽松、多数纳管企业排放配额有盈余，且企业发展处于新常态等是天津、重庆试点碳市场配额供大于求、交易低迷的重要原因。

天津、重庆试点碳市场与全国碳市场计划覆盖范围重合度高。天津试点碳市场纳管企业几乎将全部纳入全国碳市场管理；符合条件的试点碳市场纳管企业纳入全国碳市场后，重庆试点碳市场剩余纳管企业约 120 家，年配额总量约 2 000 万吨 CO_2 当量/年，主要冶金、建材、化工行业企业未来被纳入全国碳市场管理的可能性较高。

---

① 没有排放配额成交的交易日。

表 1　七省（市）试点碳市场分析评估及分类

试点碳市场		政策法规效力	政策法规体系完整性	配额流动性	配额成交价及相关度	减排成效	与全国碳市场计划覆盖范围重合度
第一类	北京	高	较好	较好，年均换手率为 20%～30%，成交量第五位，成交额第四位	价格高，价格相关性较高，年均成交价为 40～50 元／吨 CO_2 当量	2013 履约年度，试点碳市场纳管企业二氧化碳减排综合成本平均降低了 2.5% 左右。初步核算，2013 年，纳管企业二氧化碳排放总量同比下降了 4.5% 左右。2014 履约年度，试点碳市场纳管企业 2014 年二氧化碳排放量同比降低了 5.96%，二氧化碳排放量同比下降率及绝对减排量均明显高于 2013 年，协同减排 1.7 万吨二氧化硫和 7 310 吨氮氧化物，减排 2 193 吨 PM_{10} 和 1 462 吨 $PM_{2.5}$	重合度较低，试点碳市场剩余纳管企业多且单个排放量小，多为第三产业企业，未来纳入全国碳市场的可能性较低
	上海	高	较好	较好，年均换手率为 30%～40%，成交量第四位，成交额第五位	价格较高、价格相关性较高，年均成交价为 20～30 元／吨 CO_2 当量	2013 年，试点碳市场纳管工业行业企业碳排放较 2011 年减少 531.7 万吨，降幅为 3.5%。2014 年纳管企业的二氧化碳排放比 2011 年减少 11.7%，提前一年完成了"十二五"节能减排目标	
	深圳	高	较好	较好，年均换手率为 30%～40%，成交量第三位，成交额第三位	价格较高、价格相关性较高，年均成交价为 20～30 元／吨 CO_2 当量	2013 年，试点碳市场纳管的 635 家工业企业，较 2010 年二氧化碳排放绝对量下降 383 万吨，降幅为 11.7%；同时，621 家管控制造业企业工业增加值增长 1 051 亿元，增幅为 42.6%。这 635 家企业万元工业增加值二氧化碳排放强度较基期呈现大幅下降，较"十一五"末下降幅度达到 33.5%，这些企业已超额完成了深圳市"十二五"二氧化碳排放强度下降 21% 的目标要求	
第二类	湖北	较高	较好	好，年均换手率为 40%～50%，成交量第一位，成交额第一位	价格较高，价格相关性较低，年均成交价为 20～30 元／吨 CO_2 当量	2014 年，试点碳市场共纳管 138 家企业，比 2013 年二氧化碳排放量下降 767 万吨，同比降低 3.14%。其中，81 家企业二氧化碳绝对排放量下降，26 家企业二氧化碳排放增长率同比降低 18.71%；在行业层面，纳管的九个行业实现二氧化碳减排，二氧化碳排放下降最显著的是电力和钢铁行业	重合度较高，试点碳市场剩余纳管企业较多且单个排放量较大，多为汽车制造、建材、制药等工业企业，未来纳入全国碳市场的可能性较高
	广东	较高	较好	好，年均换手率为 40%～50%，成交量第二位，成交额第二位	价格较高，价格相关性较低，年均成交价为 20～30 元／吨 CO_2 当量	截至 2017 年年底，超过 80% 的试点碳市场纳管企业实施节能减碳技术改造，超过 58% 的试点碳市场纳管企业实现二氧化碳排放强度下降，纳管的六大行业二氧化碳排放总量较 2013 年下降 4%。2018 年度，电力、石化、造纸、民航行业单位产品二氧化碳排放量同比分别下降 0.7%、2%、1.2%、3.1%	

试点碳市场		政策法规效力	政策法规体系完整性	配额流动性	配额成交价及相关度	减排成效	与全国碳市场计划覆盖范围重合度
第三类	天津	较高	较好	较差,年均换手率<5%,成交量第六位,成交额第六位	价格较高,价格相关性高,年均成交价为20~30元/吨CO_2当量	—	与全国碳市场计划覆盖范围重合度高,试点碳市场剩余纳管企业较少且单个排放量较大,多为冶金、建材、化工等重化工业企业,未来纳入全国碳市场的可能性较高
	重庆	较高	较好	较差,年均换手率<5%,成交量第七位,成交额第七位	价格较高,价格相关性高,年均成交价为20~30元/吨CO_2当量	—	

二、深化发展试点碳市场的可能途径

调研发现,各试点地区均希望在全国碳市场建设期间,可以保留试点碳市场并继续深化发展,为试点地区乃至全国温室气体排放总量控制、绿色低碳发展发挥重要作用。但是各类试点碳市场的政策法规体系、市场表现、减排成效以及与全国碳市场计划覆盖范围重合度不同。因此,为了确保顺利开展全国碳市场建设,充分发挥试点碳市场的作用,试点碳市场应结合自身的特点和试点地区的需求,选择切实可行的深化发展途径。

当符合条件的试点碳市场纳管企业逐渐纳入全国碳市场管理后,试点碳市场应以第一类试点碳市场为基础,不断深化发展,转型构建跨区域碳市场。

第一类试点碳市场具有较完善的政策法规体系,与全国碳市场计划覆盖范围重合度低,市场表现较好,减排成效显著。当符合条件的试点碳市场纳管企业纳入全国碳市场管理后,第一类试点碳市场剩余纳管企业数量较多,多数属于第三产业企业,未来被纳入全国碳市场的可能性小。因此,在全国碳市场建设期间,第一类试点碳市场与全国碳市场并存运行不会破坏全国碳市场的环境完整性;第一类试点碳市场可在避免与全国碳市场覆盖范围重复且减排领域侧重不同的前提下,进一步深化转型发展,探索构建跨区域碳市场。

第二类、第三类试点碳市场覆盖范围与全国碳市场计划覆盖范围重合度高;当符合条件的试点碳市场纳管企业纳入全国碳市场管理后,第二类、第三类试点碳市场剩余企业较少,多数属于高排放的工业企业,未来被纳入全国碳市场的可能性高。因此,在全国碳市场建设期间,一方面,第二类试点碳市场可为非试点地区的各类高排放工业企业纳入全国碳市场管理、参与全国碳市场交易提供示范和经验;另一方面,第二类试点碳市场应参照第一类试点碳市场的发展模式,积极转型构建跨区域碳市场。就第三类试点碳市场而言,除了上述原因外,其市场表现很不理想,因此第三类试点碳市场甚至可以停止运行,转而积极着手与其他试点碳市场建设跨区域碳市场。

北京和天津试点碳市场，上海、重庆和湖北试点碳市场，广东和深圳试点碳市场分别联合，构建立足试点地区，辐射京津冀、长江经济带、粤港澳大湾区的跨区域碳市场。以北京、上海、深圳试点碳市场为基础，以积极服务于京津冀、长江经济带、粤港澳大湾区、"一带一路"倡议的重大需求为目标，以服务于大城市率先达峰和低碳发展、绿色低碳"一带一路"为导向，在避免与全国碳市场覆盖行业企业重复的前提下，试点碳市场之间优势互补、联合构建跨区域碳市场，区域碳市场与全国碳市场相辅相成，逐渐构建多层次的全国碳交易体系。

三、深化发展试点碳市场的作用

建设试点碳市场是我国利用市场机制控制温室气体排放总量的有意义尝试，是应对气候变化的机制创新，也为建设全国碳市场提供了宝贵经验。在全国碳市场建设期间，持续深化发展试点碳市场，将试点碳市场建设为跨区域碳市场，也要充分运用市场化手段，完善资源环境价格机制，提高环境治理水平重要探索实践，必将为全国碳市场健康有序发展和地区绿色低碳发展发挥重要作用。

（一）建设试点碳市场是全国碳市场初期减排成效的重要补充

根据全国碳市场建设方案安排，全国碳市场初期仅覆盖发电行业，交易主体为发电行业重点排放单位，交易产品为配额现货。由此可见，全国碳市场初期，全国碳市场覆盖范围仅为发电企业，交易主体、品种和方式单一，市场化程度不高，对其他行业企业控制温室气体排放成效有限。试点碳市场覆盖行业企业种类相对较多，交易主体、交易产品和方式丰富，因此试点碳市场仍可继续推动纳管企业和试点地区实现碳减排目标，弥补全国碳市场对试点地区、未覆盖行业碳减排成效有限的遗憾。

（二）建设试点碳市场是全国碳市场建设的新试验田

全国碳市场建设设立了更高的目标要求，不仅要实现温室气体排放总量控制，还要发挥对大气污染治理的协同作用，同时还要推动社会经济高质量发展。此外，全国碳市场覆盖地域广，碳排放现状和减排潜力的地方差异性明显。因此，全国碳市场建设是更加复杂的系统工程，还会不断涌现出一系列新问题与挑战，需要试点碳市场针对全国碳市场建设的需求和存在的问题持续开展试点示范，如优化配额分配方法、创新交易产品和交易方式、探索与其他环境权益交易机制协同和政策协调等，试点碳市场应为稳中有序推进全国碳市场建设试验探索出"切实可行、行之有效"之路。

（三）建设试点碳市场是区域碳排放达峰和低碳发展的助推器

试点碳市场结合京津冀、长江经济带、粤港澳大湾区、"一带一路"倡议的重大需求，通过合理拓展覆盖范围、不断完善市场要素、创新发展碳金融和气候投融资机制、不断强化市场监管等途径，持续深化发展试点碳市场。例如，在覆盖范围方面，试点碳市场应纳入大城市主要的排放源（如建筑、交通、服务业等行业领域）。在市场要素方面，要不断丰富市场交易品种和方式，包括探索碳汇交易、推广碳中和活动、创新发展碳普惠机制等；除了开展现货交易，还要积极探索碳金融和气候投融资，积极探索多种环境权益交易机制协同等；由试点碳市场深化发展为区域碳市场，必将创新驱动试点地区产业绿色低碳发展转型，倡导试点地区低碳生活和消费等，推动大城市温室气体排放率先达峰，为构建生态环境保护和区域集约低碳发展的新格局发挥重要作用。

四、推动试点碳市场深化发展的政策建议

（一）尽快细化全国碳市场建设方案

国务院碳交易主管部门应尽快制定全国碳市场建设中长期建设规划，勾画以全国碳市场为核心、区域碳市场和自愿减排碳市场为补充的多层次的全国碳交易体系蓝图。特别是以已发布的《全国碳市场建设方案》为基础，尽快明确全国碳市场拓展覆盖范围、丰富市场要素的路线图和时间表，为试点碳市场深化发展提供清晰的目标、路径和时间指引。

（二）尽快制定试点碳市场深化发展方案

国务院碳交易主管部门应尽快制定科学、合理、可操作性强的评估指标体系和评估方法，组织相关部委和试点省（市）政府联合开展试点碳市场建设与发展情况评估。根据评估结果，结合试点地区情况，国务院碳交易主管部门应尽快明确试点碳市场发展方向，尽快制定既因地制宜、又与全国碳市场建设规划一致的试点碳市场深化发展方案，稳定建设碳市场的信心，避免引发试点碳市场的舆情风险和市场风险。

（三）尽快建立联合监管机制

全国碳市场建设期间，可能出现全国碳市场、试点碳市场、区域碳市场并存运行的格局。为了保障各类碳市场平稳有序建设与运行，国务院碳交易主管部门应尽快牵头联合试点省（市）政府建立分级联合监管机制，尽快出台相关政策法规和技术规范，明确国务院相关部门和相关省（市）政府在监管机制中的责任和权力，并充分利用现有监督管理体系开展切实可行、行之有效的联合监管。

总之，持续深化发展试点碳市场是建设全国碳交易体系的重要内容，有助于区域低碳发展，助力全国碳市场建设。为此，国务院碳交易主管部门首先应制定发布相关政策文件，明确试点碳市场的定位、发展模式和路径，然后再分阶段解决相关技术问题，为深化发展试点碳市场提供政策指引和技术指南。

（张昕供稿）

上海碳交易试点进展跟踪调研报告①

上海是全国的经济和金融中心，随着社会经济的快速发展，上海市能源消费总量一直保持快速增长，并且能耗总量和人均能耗量都处于较高水平。例如，上海市 1995 年能源消费总量为 4 465.87 万吨标准煤，到 2012 年时则上升到 1.14 亿吨标准煤，增长了 1.54 倍，年均增长率约为 5.6%。

上海市注重建设生态文明和节能减排工作，以相对较小的能耗增幅创造了经济的快速增长，为实现节能减排目标宁愿牺牲部分经济产值。1995—2012 年，上海市的单位地区生产总值能耗不断下降，从 1995 年的 1.78 吨标准煤/万元下降到 2012 年的 0.57 吨标准煤/万元，年下降率约为 7%。2007 年以来，上海市关停"三高一低"（高能耗、高污染、高危险、低效益）项目共计 4 700 多项。特别是 2012 年，在经济下行压力巨大的情况下，上海市调整关停企业和项目 900 项，减少产值近 270 亿元。2012 年，上海市单位地区生产总值能耗下降超过 6%，规模以上工业万元增加值能耗下降近 5.9%，均超额完成年度目标。

"十二五"期间，上海市将进一步加大节能减排力度；到 2020 年，上海市力争实现传统化石能源消费总量零增长，能源利用效率主要指标达到国际先进水平，人均能源消费量和碳排放量基本实现零增长，单位地区生产总值二氧化碳排放量比 2005 年下降 40%～45% 的总目标。

从 2012 年 8 月上海市启动碳交易试点工作以来，按照 "力争建成一个具有一定兼容性、开放性和示范效应的碳排放交易市场，为全国碳交易市场建设先行先试"的目标和原则，上海碳交易市场建设做了"既快又实"的准备工作。2013 年 11 月 26 日，上海碳交易市场正式启动。基于对上海碳交易市场的跟踪调研，将上海碳交易市场制度建设和运行特点及其存在的问题，以及相关政策建议总结如下。

一、制度设计和建设特点

1. 构建了较完善的碳交易政策法规体系，政府部门分工协调明确

上海市碳交易政策法规体系主要由地方政府规章和文件构成，涉及上海市碳交易的法律基础、指导性文件，以及关于配额分配、二氧化碳排放核算和报告、配额注册登记和管理、市场交易等领域的规章和技术标准，共计 21 份，如《上海市人民政府关于本市开展碳排放交易试点工作的实施意见》《上海市碳排放管理试行办法》《上海市温室气体排放核算与报告指南（试行）》《上海市 2013—2015 年碳排放配额分配和管理方案》《上海市碳排放配额登记管理暂行规定》《上海环境能源交易所碳排放交易规则》《上海市碳排放核查第三方机构管理暂行办法》《上海市碳排放核查工作规则（试行）》等规章和技术标准。

---

① 摘自 2014 年第 12 期《气候战略研究简报》。

2．形成了实际的排放总量控制目标，覆盖行业范围广泛

严格地说，上海碳交易市场碳排放总量目标仍是排放强度框架下的总量目标，但经过对参与碳交易的企业和单位二氧化碳排放量的盘查，实际上已经"自下而上"地形成了上海碳交易市场的排放总量控制目标，覆盖了17个工业和非工业领域行业，与其他试点碳市场相比，覆盖行业较多，特别是包括了航空、港口、机场、铁路等排放量较大但控排难度也较大的行业。

3．初步建立了一套统一的碳排放核算、报告和核查体系

上海市制定、形成并正式发布了《上海市温室气体排放核算与报告指南（试行）》以及钢铁、电力、热力、化工等九个行业的碳排放核算方法，形成了"9+1"的温室气体核算和报告模式，初步建立了一套统一的碳排放核算方法和报告体系。核算温室气体排放量可基于计算或测量的方法。同一排放主体的温室气体排放量可以选用上述两种方法获得，但如果采用测量的方法，则应通过计算法验证测量法的结果。

4．配额分配上采用历史法与基准线法相结合，免费分配配额为主，但将尝试拍卖配额，三年配额集中发放

根据行业排放特点，分别采用历史法和基准线法为不同的行业企业分配配额。工业（除电力行业外）及商场、宾馆、商务办公楼等建筑采用历史法分配配额，电力（到机组）、航空、港口、机场等行业采用行业基准线法分配配额。考虑企业先期减排的贡献，防止对采用历史法分配配额的企业产生"鞭打快牛"的现象，并对采用历史法分配配额的企业一次性发放2013—2015年各年度配额；对于采用基准线法分配配额的企业，根据其各年度排放基准，按照2009—2011年正常生产运营年份的平均业务量确定并一次性发放其2013—2015年各年度预配额。配额可以留存至下一年度使用，但是不能从未来年度预借。虽然采取一次性发放三年配额并参与交易有利于配额管理，增加了配额市场流通，但也可能面临因流通配额过多而压低配额价格的危险。试点期间，碳排放初始配额实行免费发放，并将在合适的时候推行拍卖等有偿配额分配方式，但尚没有拍卖配额的具体时间表。

5．更广泛地使用CCER用于配额抵消

上海市规定，参加碳交易的试点企业还可以使用CCER作为补充履行配额清缴抵消义务。届时，1吨CCER相当于1吨二氧化碳（CO_2）配额，CCER的清缴比例最高不超过该年度企业通过分配取得的配额量的5%。需要注意的是，参与试点的企业使用CCER履行清缴义务时，不能使用在其自身排放边界范围内的CCER。与其他试点碳交易市场相比，虽然可用于清缴的CCER比例低于广东的10%，与北京持平，但是上海碳交易市场没有规定使用的范围，而北京、广州则倾向使用试点地区行政辖区范围内产生的CCER。例如，北京要求CCER中北京市辖区内开发的减排量达到50%，广东则要求省内开发的减排量达到70%。

6．以激励机制推动企业参与碳交易

上海市主要采用政策支持和金融扶持措施激励碳交易试点企业积极参与碳交易，主动完成履约，减少碳排放量。在政策方面，碳交易试点企业如开展节能改造、淘汰落后产能、开发利用可再生能源等活动，可以继续享受上海市规定的节能减排专项资金支持政策，同时可以优先申报国家节能减排相关扶持政策和预算内投资的资金支持项目，还可享受上海市内减排相关扶持政策，申请项目时可获得优先支持。在金融手段方面，鼓励银行等金融机构优先为参与碳交易试点的企业提供与节能减碳项目相关的融资支持。

二、上海碳交易运行情况

上海碳排放试点交易于 2013 年 11 月 26 日正式启动。截至 2014 年 3 月 31 日，累计成交 20.36 万吨 CO_2 配额，成交金额为 761.29 万元（表 1）。启动首日，上海市碳排放 2013—2015 年年度配额对应成交价格依次为 27 元、26 元、25 元，成交量分别为 5 000 吨 CO_2、4 000 吨 CO_2、500 吨 CO_2。首日参与交易的企业为上海市高排放企业，如申能外高桥第三发电厂、中国石油化工股份有限公司上海高桥分公司、上海焦化有限公司、华能国际电力股份有限公司上海石洞口第一电厂、申能外高桥第二发电厂、中国石化上海石油化工股份有限公司。首个交易日之后，2014 年和 2015 年配额（SHEA14 和 SHEA15）就再无交易。

表 1 2013 年 11 月 26 日—2014 年 3 月 31 日上海碳交易市场交易情况

配额代码	成交量/吨 CO_2	成交金额/万元
SHEA13（上海市 2013 年配额）	197 630	745.79
SHEA14（上海市 2014 年配额）	5 000	13
SHEA15（上海市 2015 年配额）	1 000	2.5
总额	203 630	761.29

图 1 所示为上海市碳交易市场 2013 年 11 月 26 日—2014 年 3 月 31 日交易情况。开市以来只有 4 天没有成交，就 2013 年度而言，交易量和交易价格呈现平稳的势态。除去开市首日的 1.2 万吨 CO_2 交易量，整个 2013 年的日交易量在 100～600 吨 CO_2 浮动，仅有 5 天的成交量突破 1 000 吨 CO_2。就交易价格而言，首日 2013 年配额以 27 元/吨 CO_2 成交后，其价格缓慢上涨至 29 元/吨 CO_2，随后始终在 29 元/吨 CO_2 上下浮动。2013 年 12 月 12 日，价格上扬至最高价 31.80 元/吨 CO_2，但成交量只有 500 吨 CO_2。随后 2013 年 12 月 13 日价格又重回 28.5 元/吨 CO_2，再次进入盘整期，没有能够突破 30 元/吨 CO_2 的界限。2013 年上海整年累计成交 2.327 万吨 CO_2 配额，累计成交金额为 64.53 万元，其中 2014 年和 2015 年配额成交量 6 000 吨 CO_2，累计金额为 15.5 万元。

进入 2014 年后，上海碳交易情况可以大致分为两个阶段：春节前交易量继续 2013 年小额成交量的势态，每日成交量在 100～500 吨 CO_2，只有 2 天成交量突破 1 000 吨 CO_2，价格在 29～30 元/吨 CO_2 浮动。2014 年 1 月 17 日放量成交 1 300 吨 CO_2，价格冲上 32.5 元/吨 CO_2，此后价格趋于稳定并在 32.5～33 元/吨 CO_2 小幅盘整；春节假期后（2014 年 2 月 7 日起），交易局面开始发生变化，交易价格也在 2 月的基础上持续上扬，从 33 元/吨 CO_2 一路上涨至 44.9 元/吨 CO_2，随后在 39～40 元/吨 CO_2 附近上下浮动。与此同时，成交量呈现大幅增加的情况，有 3 天出现大额成交量，分别为 2.06 万吨 CO_2（2 月 13 日）、2.73 万吨 CO_2（3 月 3 日）和 4.5 万吨 CO_2（3 月 20 日）。除这三个交易日外，其他交易日日均成交量为 2 400 吨 CO_2，成交量在 1 000～5 000 吨 CO_2 波动，相比开市至春节前的日均 500 吨 CO_2，成交量翻了近 5 倍。

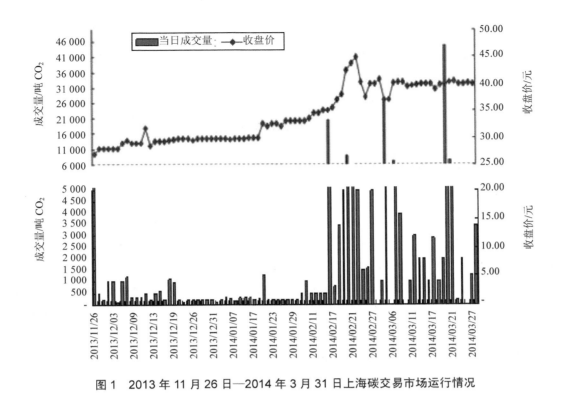

图1 2013年11月26日—2014年3月31日上海碳交易市场运行情况

　　导致这样的上升态势可能有以下几点原因：（1）随着年度排放报告和核查工作的开展，部分碳交易试点企业开始在碳交易市场上进行买卖，以满足自身配额履约的要求或者降低履约成本；（2）随着碳交易市场的发展和宣传工作的加大，碳交易试点企业对碳交易政策的信心增强，对碳交易有了更深入的了解，开始主动参与碳交易；（3）部分非履约机构对碳交易市场资本运作获利存在较高市场预期，开始主动进入碳交易市场。

三、上海碳交易市场存在的问题

1. 法律效力较弱

　　与深圳市和北京市出台的市级人大决定相比，上海市是以市长令的形式颁布《上海市碳排放管理试行办法》（以下简称《管理办法》），法律效力相对薄弱。受法律效力的制约，根据《管理办法》，对于违反规定的控排企业的处罚力度最高为10万元人民币（2014年2月24日，行政处罚上调至20万元人民币），这样的处罚力度对于一些年产值上亿元的大型控排企业而言仅仅只是九牛一毛，法律约束力明显不足。此外，与深圳碳交易试点出台的《深圳市碳排放权交易试点工作实施方案》相比，上海市的《管理办法》并没有将上海市的减排目标纳入，导致试点的具体实施工作缺乏相关法律支撑，也直接影响企业参与碳交易市场的积极性和碳交易市场的活跃度。

2. 配额分配尺度松紧不一，调整能力较弱

　　上海市对不同行业采用了不同的配额分配方法，对于电力企业采用行业基准法并以发电机组为基础进行分配，而对其他行业主要采用历史法分配。由于配额分配办法的差异，电力行业配额量较

紧张，履约难度大；而其他行业的部分企业的配额相对较充分，完成履约的难度较小。碳交易试点企业的配额是一次性发放的，企业在 2013 年就直接取得了 2013 年、2014 年、2015 年三年的配额。一次性发放配额的情况下，下年度的配额是基本没有调整的余地。虽然对于取得预配额的企业，每年会有一次配额的调整，但这个调整是基于企业的实际生产，与其他试点地区每年重新根据总体情况调整后重新分配相比，上海碳交易市场的这种一次性分配方法对试点企业的配额管理提出了更高的要求。

3．碳交易市场流动性受限制，市场活跃度不高

由于参加上海碳交易市场的控排企业所处行业不同且规模存在巨大差异，因此从配额分配的结果来看，上海的配额分布与湖北和广东相似，也存在配额垄断的现象。统计数据显示，目前上海 2013 年的配额中约 70%的配额掌握在宝钢集团、华能集团和申能集团等少数企业手中，即试点的大部分企业账户里的配额加起来还不到总量的 30%。加之上述几家大型企业排放配额本身就很紧张，如果在试点期间上述企业为保证自身所持有的配额能够进行履约，而仅将很少量配额投放市场甚至不进入市场交易，那么上海碳交易市场的实际交易量将会非常少，从而导致整个上海碳交易市场"天生"配额流动性不足，配额交易不够活跃。

4．尚未真正建成以市场为基础的价格机制

碳交易价格是碳市场的晴雨表，碳价格主要受减排政策、能源价格、减排技术水平、市场基本面等几个因素影响。目前，上海碳交易价格的波动并没有真实反映碳交易市场的供需情况，也没有反映真正的减排成本，多数情况是政策导向和人为操作的结果。

5．企业减排目标没有与节能考核目标直接挂钩，影响部分企业参加碳交易的积极性

上海企业减排目标与节能目标并不挂钩，相较于碳交易试点，大部分企业更愿意完成国家的节能目标以寻求更高的补贴，甚至部分企业认为参加碳交易将增加企业的负担和成本，从而消极对待碳交易。因此，如何将碳交易工作和目前的节能减排考核工作有机结合，如何提高企业参与碳交易的积极性，仍是一项艰巨任务。

四、可能的政策建议

1．加快碳交易国家政策法规体系建设

从上海碳交易试点的立法特点可以看出，对于一些无法完成减排目标的企业，由于地方法令的限制，相对于北京和深圳，上海的处罚力度相对较小。正如上海市发展改革委在启动会上所说，由于地方性的法规权力很有限，上海试点最高处罚额度是 10 万元人民币（目前已经调整为 20 万元人民币），对于一些大型企业来说起不到实质上的限制作用，只能依赖这些企业的社会责任意识。一旦真有企业愿意花 10 万元超排而不履约，除了将其曝光并将其放到征信系统中进行记录以外，依照现有法规，并没有非常行之有效的方式防止其违规。因此，在认真履行现有制度、保证碳交易市场正常运行的同时，碳交易市场更需要国家层面的立法支持，为碳交易制度提供强有力的法律保障。

2．加快和深化能源、资源、节能减排技术市场机制建设

碳交易市场与能源、资源、节能减排技术市场密切相关，碳交易价格与能效、能源和资源价格、环保成本、节能减排技术水平、节能减排成本密切相关。因此，必须深化能源和资源产品价格改革，培育市场竞争条件下的价格形成机制，建立和完善能源产品、环保产品、节能减排技术产品在经济市场化条件下的价格形成机制，建立有利于能源和资源节约与合理开发的价格激励机制和约束机制，从而推动形成基于市场的碳交易价格机制。

3. 在坚持"碳交易市场的核心是减排"的前提下，开拓多种渠道和方式增强碳交易市场的流动性和交易活跃度

可以采用政府预留配额、配额拍卖和回购、设立碳基金、设置价格下限、适量扩大 CCER 进入碳市场比例等方式适度调控碳交易市场的流动性和交易活跃度，更重要的是应积极尝试开发碳金融产品，并在适当的时间放开个人参与碳市场机制，这样不仅能够调动整个市场交易的积极性，增强碳市场的流动性，在纳入更多金融机构参与市场的同时，个人的参与也将极大地刺激市场的活跃度。

4. 尝试将减排目标和节能目标挂钩

相较于已经开展多年并拥有大量政策扶持的国家节能补贴政策，目前碳交易试点尚处于实施摸索和学习阶段。因此，从一些刚刚进入碳市场的企业角度来看，其往往无法分清节能目标和减排目标的区别，并花费相当多的时间进行研究和比对；而一些很早以前就参与国家节能工作的企业在面对两个目标时则更愿意选择前者，并获得更高的补贴效益，从而使碳交易试点的参与度和交易量大打折扣。同时，我们也应注意到，目前节能工作和碳交易工作在国家层面尚属于两个不同的主管部门分管，而碳排放控制和节能相似，都拥有极强的政策依赖性，需要政府的前期引导和培育。因此，建议政府在碳交易试点期间尽快明确两个目标之间的关系，并通过有效的协调机制使两个目标挂钩，减轻参与企业的负担，并进一步促进碳交易市场的快速、健康发展。

（张昕、范迪、桑懿供稿）

温室气体自愿减排交易体系建设调查与研究[①]

　　温室气体自愿减排交易既能体现交易主体的社会责任和低碳发展需求，又可推动实现温室气体控排目标，促进能源消费和产业结构低碳化。2012 年 6 月，国家发展改革委颁布了《温室气体自愿减排交易管理办法》（以下简称《管理办法》），该办法致力于构建统一、规范、公信力强的温室气体自愿减排交易体系。5 年来，温室气体自愿减排交易体系不断完善，市场已初具规模、运行基本有序，与此同时还推动了碳排放权交易试点工作的有效实施，为全国碳排放权交易市场在制度建设、技术储备和人才培养方面作了积极准备。本报告总结了我国温室气体自愿减排交易体系建设进展情况，梳理和讨论了交易情况与特点，分析了可能存在的问题，并为健康有序发展温室气体自愿减排交易体系提出了建议。

一、温室气体自愿减排交易体系建设进展情况

（一）政策法规体系不断完善

　　《管理办法》奠定了温室气体自愿减排交易体系的制度基础，明确了管理范围和主管部门，构建了交易原则和信息公布等基本规则，制定了自愿减排方法学、项目、减排量、交易机构、审定和核证机构申请备案的要求及程序。目前，国家发展改革委正在修订《管理办法》，修订后的《管理办法》将突出加强对温室气体自愿减排项目和减排量备案的事中和事后监管，减少行政审批和行政干预，提高温室气体自愿减排项目和国家核证自愿减排量（CCER）的质量，调控 CCER 总量和分布。

（二）技术支撑体系不断丰富

　　《温室气体自愿减排项目审定与核证指南》（以下简称《审定与核证指南》）、项目审定和减排量核证方法学、审定与核证机构等构成了温室气体自愿减排交易体系的技术支撑体系。依据《管理办法》，国家发展改革委制定了《审定与核证指南》，进一步规范和细化了温室气体自愿减排项目审定与减排量核证的技术要求及程序。经过一段时间的使用，针对项目开发和减排量核证中存在的问题，国家发展改革委目前正在修订《审定与核证指南》。修订后的《审定与核证指南》将简化备案流程、缩短备案时间，有助于提高项目和 CCER 备案管理效率，进一步改善 CCER 质量。目前，温室气体自愿减排项目审定与减排量核证方法学体系已拥有了约 200 个方法学，可用于开发常规项目、小项目和农林项目，涉及可再生能源利用、天然气利用、公共交通、建筑、碳汇造林、固体废物处理、甲烷利用、生物质利用、农业等十几个行业领域。此外，随着温室气体自愿减排项目开发领域的扩大，一批我国特有的新方法学（如电动汽车充电站及充电桩温室气体减排方法学、公共自

---

① 摘自《中国碳市场建设调查与研究》，北京：中国环境出版集团，2018 年。

行车项目方法学、蓄热式电石新工艺温室气体减排方法学等）也得到了备案。目前，现有方法学体系基本可以满足温室气体自愿减排项目开发和减排量核证的需要。与此同时，全国温室气体自愿减排项目审定和减排量核证机构已由 9 家增加到 12 家，包括中国质量认证中心、中环联合认证中心、中国船级社等权威机构。截至 2017 年 3 月，经公示审定的温室气体自愿减排项目已累计达 2 871 个，备案项目 1 047 个，实际减排量备案项目约 400 个，备案减排量约 7 200 万吨 CO_2 当量。

（三）注册登记管理能力不断加强

注册登记管理是温室气体自愿减排交易项目和 CCER 的核心工作。注册登记管理是通过注册登记系统确定 CCER 权属并详细记录备案的自愿减排项目基本信息和 CCER 签发、持有、交易、注销等流转过程。2015 年 1 月，国家温室气体自愿减排交易注册登记系统建成并上线运行。截至 2016 年 12 月，注册登记系统累计开户 814 个，其中项目减排账户（CCER 项目业主持有账户）295 个，一般持有账户 519 个；2016 年开户 443 个，明显高于 2015 年的开户数量。2015 年，在注册登记系统开户的主要是温室气体自愿减排项目业主和碳交易试点地区重点排放单位；2016 年，在注册登记系统中开户的非碳交易试点地区企业、机构的数量显著增加。2016 年，注册登记系统内共签发 CCER 约 3 840 万吨 CO_2 当量，较 2015 年签发的 CCER（约 2 961 万吨 CO_2 当量）增加了近 30%[①]。

截至 2016 年 12 月，注册登记系统除实现了与 7 个试点地区碳交易平台的对接外，还顺利实现了与四川联合环境交易所和海峡股权交易中心的交易系统对接。至此，注册登记系统已经基本实现全国范围内对 CCER 用户的开户和 CCER 流转登记管理。另外，注册登记系统运维管理办公室（中心）又进一步完善了注册登记系统内部管理流程，编制了账户开立及管理文件 25 件、注册登记系统日常管理规定 20 件，规范了开户、登记、对账管理的程序细节，并制定了应急处理预案等。经过两年多的实践，注册登记系统有力地支撑了温室气体自愿减排项目与 CCER 管理。

（四）交易平台网络逐渐形成

截至 2016 年 12 月，已经备案的 9 家温室气体自愿减排交易平台均开展了 CCER 交易，包括试点碳市场的 7 家交易平台以及四川联合环境交易所和海峡股权交易中心，辐射全国。通过这 9 家交易平台，场内、场外 CCER 交易得以进行。虽然各交易平台的 CCER 交易价格有所差异，但事实上基本形成了辐射全国的 CCER 交易网络，形成了跨区域的 CCER 交易市场，为活跃 CCER 交易、开发基于 CCER 的碳金融产品创造了契机。

二、温室气体自愿减排交易情况与特点

2015 年 3 月，广州碳排放权交易所完成了全国首单 CCER 线上交易，交易量为 20 万吨 CO_2 当量、交易额为 200 万元，拉开了我国温室气体自愿减排交易的帷幕。在之后，全国其他地区开始逐步跟进，CCER 市场已经初具规模。例如，2015 年，全国 CCER 成交量约为 3 569 万吨 CO_2 当量，略多于同期 7 个试点碳市场排放配额交易总量，成交额为 4.06 亿元；2016 年，全国 CCER 成交量为

---

① 由于个别项目业主尚未在注册登记系统中开户，因此系统内 CCER 签发量少于国家发展改革委气候司备案的 CCER 签发量。

4 542 万吨 CO_2 当量，较 2015 年增长 27%，成交额为 3.11 亿元，较 2015 年减少 23%。截至 2016 年 12 月，全国 CCER 累计成交量为 8 111 万吨 CO_2 当量，成交额约为 7.2 亿元，成交均价为 8.9 元/吨 CO_2 当量。

除了交易本身，更为重要的是 CCER 参与了部分试点碳市场 2014 履约年度和 2015 履约年度碳排放权的履约。通过用于试点碳市场的碳排放权履约抵消，不仅降低了重点排放单位的履约成本，而且 CCER 交易在某种程度上也影响了试点地区的排放配额交易。目前，我国 CCER 交易主要呈现以下特点。

（一）CCER 交易量呈现季节性变化，参与履约抵消或成交易最大驱动力

据不完全统计，截至 2016 年 12 月，CCER 交易换手率约为同期排放配额交易换手率的 4 倍，CCER 交易活跃度超过了排放配额交易活跃度。尽管如此，CCER 交易量仍呈现明显的"季节性"变化，即 CCER 的月成交量在年初时较低，但逐月缓慢升高，到试点碳市场履约前 2 个月时成交量会突然出现峰值，其后月成交量又大幅下降。同时，CCER 月成交额也呈现相似的变化趋势。例如，2016 年 1 月，CCER 成交量约为 210 万吨 CO_2 当量，成交额约为 3 500 万元；2016 年 5 月，CCER 成交量跃升到约 746 万吨 CO_2 当量，成交额约为 4 200 万元；2016 年 6 月，CCER 成交量继续飙升到约 1 309 万吨 CO_2 当量，成交额约为 8 800 万元；2016 年 7 月，试点碳市场履约结束后，CCER 月成交量迅速降低至 260 万吨 CO_2 当量，月成交额也跌至 2 000 万元左右。

此外，2014 履约年度（2014 年 8 月—2015 年 7 月）用于试点碳市场履约的 CCER 约为 195 万吨 CO_2 当量，2015 履约年度（2015 年 8 月—2016 年 7 月）用于试点碳市场履约的 CCER 近 800 万吨 CO_2 当量。截至 2016 年 12 月，用于"自愿减排注销"的 CCER（用于公益事业、碳中和等注销的 CCER）约 15 万吨 CO_2 当量，仅占总成交量的约 1.8%。由此可见，CCER 交易需求的最大动力仍是用于碳排放权履约抵消，用于"自愿减排注销"的 CCER 多依赖于企事业单位、机构团体和个人的低碳意识，交易和注销量都通常较小。

（二）CCER 市场理论上需求大，实则供远大于求

根据试点碳市场碳排放配额总量和 CCER 用于碳排放权履约抵消限制条件估算，7 个试点碳市场每个履约年度 CCER 最大市场需求量分别为 250 万～4 000 万吨 CO_2 当量，总计 CCER 年最大需求量约 1.1 亿吨 CO_2 当量。然而，截至 2014 履约年度履约期（2015 年 7 月底），已签发的 CCER 中，可用于各试点碳市场 2014 履约年度碳排放权履约抵消的 CCER 总计约 470 万吨 CO_2 当量。截至 2015 履约年度履约期（2016 年 7 月底），已签发的 CCER 中可用于各试点碳市场 2015 履约年度碳排放权履约抵消的 CCER 总计超过 3 000 万吨 CO_2 当量。由此可见，CCER 的供应量远远低于试点碳市场理论需求量。尽管如此，7 个试点碳市场均未出现 CCER 供不应求的情况。例如，2015 年 5—7 月，试点碳市场 CCER 月成交量分别约为 193 万吨 CO_2 当量、343 万吨 CO_2 当量和 373 万吨 CO_2 当量；除重庆碳市场未使用 CCER 履约外，其他 6 个试点碳市场用于 2014 履约年度的 CCER 总量仅约为 195 万吨 CO_2 当量。2015 履约年度（2015 年 7 月—2016 年 7 月）也出现了相似的情况；2016 年 5—7 月，试点碳市场 CCER 月成交量分别约为 746 万吨 CO_2 当量、1 309 万吨 CO_2 当量和

265 万吨 CO_2 当量，全年成交总量约为 4 500 万吨 CO_2 当量，其中仅约 800 万吨 CO_2 当量的 CCER 用于 5 个试点碳市场的碳排放权履约抵消（天津、重庆碳市场未使用 CCER 履约）。

从上不难看出，2014 履约年度和 2015 履约年度实际 CCER 市场供应量远远大于需求量。分析出现上述情况的原因，备案 CCER 过多可能是首要因素，其次是各试点碳市场不同程度地存在排放配额分配宽松的情况，最后由于近年来我国经济发展呈现新常态，部分试点地区重点排放单位由于去产能、减产、限产，使得排放配额有富余，故对 CCER 需求减小。

（三）CCER 交易量与交易额逆向变化，多种金融衍生品上市

与 2015 年相比，尽管 2016 年 CCER 交易量增加了近 1 000 万吨 CO_2 当量，但交易额反而减少了近 1 亿元，年平均价格降低约一半。另外，各试点碳市场基于 CCER 开发了一系列碳金融衍生品，如北京、上海、广东和湖北碳市场还开展了基于 CCER 的质押/抵押融资。2014 年 12 月，上海碳市场开展了国内首单 CCER 质押贷款项目，贷款金额为 500 万元。上海、湖北、深圳碳市场还发行了基于 CCER 的碳基金，上海碳市场还制定了基于 CCER 的碳信托计划以及 CCER 现货远期交易等。2014 年 5 月，深圳碳市场发行了碳债券——中广核风电附加碳收益中期票据，其发行利率为 5.45%，利率浮动范围为 5.45%~5.85%（同期中期国债的利率为 3.51%）。

CCER 交易量与交易额还呈现逆向变化趋势，且年均价格下降，同时 CCER 交易市场又出现多种金融衍生品，这些现象表明多数 CCER 交易参与者认为 CCER 是质量较好的碳信用产品，有助于其低成本地完成碳排放权履约，以及企业通过发展金融衍生产品进行套期保值、拓展企业的投融资渠道、降低碳交易的风险，同时又由于 CCER 管理政策和全国碳市场抵消机制政策不明朗，他们对 CCER 市场远期还是信心不足。

（四）CCER 价值发生分化，交易不透明，凸显市场风险

总体来看，7 个试点碳市场 CCER 用于履约抵消限制条件的差异直接导致了 CCER 价值发生分化。例如，可用于履约的 CCER 价格明显高于不能用于履约的 CCER 价格，可用于履约的 CCER 成交价格一般为 10~20 元/吨 CO_2 当量，最高成交价格为 33 元/吨 CO_2 当量，最低成交价格约为 3 元/吨 CO_2 当量。另外，全国 9 个独立的 CCER 交易平台割裂了温室气体自愿减排交易市场，进一步加剧了 CCER 价值分化。因为 9 个独立的交易平台的交易规则不同、服务地区不同，产生了 9 个不同的 CCER 交易价格，人为造成 CCER 同质不同价，进一步分化了 CCER 的价值。试点碳市场一般采用线上公开交易和线下协议交易的方式开展 CCER 现货交易，尽管不少试点碳市场规定了大宗 CCER 交易必须线上公开进行，但是多数 CCER 交易还是以线下协议交易的形式进行，且线上成交价格远高于线下协议成交价格，客观上造成了线上交易与线下交易脱钩、线上交易价格对线下协议价格不能发挥指导作用的情况；而且交易信息，特别是成交价格并不透明。

CCER 交易不透明既为主管部门监管 CCER 交易市场制造了障碍，也不利于交易参与方分析判断 CCER 供求趋势和价格变化以及识别 CCER 交易市场风险。加上 CCER 价值发生分化、各试点碳市场 CCER 价格不同且差异较大等都为一些机构过度投机 CCER 市场创造了时机和利润空间，增加了交易风险。例如，2015 年 11 月和 12 月，上海环境能源交易所 CCER 成交量分别约为 1 100 万吨

CO_2 当量和 680 万吨 CO_2 当量，两者之和约占当年全国 CCER 成交量的 50%，随后成交量和成交额均大幅降低。这种短期内 CCER 成交量呈"井喷式"增长，不仅使得 CCER 交易蕴含着较大的市场风险，还冲击了同期上海碳市场排放配额的价格，致使排放配额价格大幅降低。

三、温室气体自愿减排交易体系建设政策建议

建立碳交易市场是机制体制创新举措，是一项复杂的系统工程。当前出现的这些现象是 CCER 交易发展的必然，既与 CCER 的供给侧有关，也与 CCER 的需求侧有关。因此，虽然 CCER 交易是"自愿减排交易"，但是为推动 CCER 交易市场健康有序发展，必须明确 CCER 市场定位与发展趋势，还必须从创新管理机制、加强 CCER 备案管理、加强 CCER 交易监管、扩大 CCER 交易市场需求等多方面入手，创造良好的政策环境与市场环境，使自愿减排交易市场切实发挥促进温室气体减排的作用，从而为我国实现温室气体控排目标作出贡献。

（一）明确温室气体自愿减排交易的定位与发展方向

要使 CCER 健康有序发展，首先必须明确 CCER 交易市场的定位与发展方向。碳排放权交易试点经验表明，CCER 交易是碳排放权交易市场的补充形式，有助于纳入碳排放权交易机制的重点排放单位降低履约成本，有助于活跃碳排放权交易市场，同时在一定程度上增加了发展低碳能源、使用低碳技术的环境效益与经济效益，提高了企业、机构和个人的低碳意识。因此，仍需不断深化 CCER 交易机制建设，构建一个与全国碳排放权交易市场并行的 CCER 交易市场。在全国碳排放权交易市场建设初期，可以尝试以 CCER 为桥梁实现试点碳市场平稳过渡到全国碳市场，但是为了提高全国碳排放权交易市场温室气体排放总量控制成效、降低管理成本，全国碳排放权交易市场必须严格控制 CCER 参与碳排放权履约抵消的比例，必须严格监管 CCER 交易，杜绝由 CCER 交易引发碳排放权交易市场风险。当全国碳排放权交易市场处于成熟发展阶段，全国碳排放权交易市场可以尝试连接 CCER 交易市场，并鼓励发展基于 CCER 的碳金融衍生品，改善全国碳排放权交易市场的活跃度。

（二）正确发挥政府与企业的作用

政府在温室气体自愿减排交易体系的建立和发展中起着举足轻重的作用。在温室气体自愿减排交易体系建设中，政府应担当建章立制、监督指导的责任，通过建立完善的政策法规体系、构建坚实的技术规范体系，确保 CCER 作为具有国家公信力的优质碳信用，并确保 CCER 及其交易的有效性和公平性，确保对 CCER 管理机构和交易机构的依法有效监督。除此之外，政府还应保证相关政策法规的稳定性，充分发挥对减排项目的导向作用，避免 CCER 交易市场由于政策频繁变化导致的剧烈波动，避免减排项目领域过度集中，并合理引导资金和技术流向绿色低碳发展领域。另外，政府还应协调好温室气体自愿减排交易与碳排放权交易、绿色证书交易、用能权交易、节能量交易等政策工具的关系，防止政策工具重复，减少管理成本，提高企业参与的积极性。在温室气体自愿减排交易市场建设和管理中，大型企业是主要的参与主体。碳交易主管部门必须充分调动大型企业和行业协会的能动性，与企业、协会建立互动监管机制，充分发挥大型企业在资金、技术和管理方面

的优势，共同营造良好的市场环境，创造市场需求，提高市场监管效率。

（三）创新管理机制，加强项目和核证减排量备案管理

截至 2016 年年底，全国 70%以上的 CCER 来源于可再生能源项目，包括风力发电、水力发电、光伏发电、生物质利用和甲烷/沼气利用等，而来自造林和再造林、废弃物处置、交通运输、绿色建筑项目的 CCER 很少，不足总量的 8%。对于备案项目和 CCER 而言，来源主要是新疆、湖北、云南和内蒙古等中西部省（区）。由此可见，温室气体自愿减排备案项目和减排量在地域和领域分布上是不平衡的。另外值得注意的是，部分温室气体自愿减排项目产生的 CCER 收益率极不理想。例如，某些可再生能源项目的 CCER 价格为 50 元/吨 CO_2 当量时，其产生的 CCER 收益率仅为 5%左右，而通常 CCER 市场价格在 10 元/吨 CO_2 当量左右。要改变 CCER 及其项目质量参差不齐、分布不均衡的现象，一方面，必须深化 CCER 管理机制改革，创新管理机制，例如让 CCER 业主、交易参与方、交易平台等各方参与 CCER 管理，更好地发挥各方的能动性，使得 CCER 交易更好地服务于温室气体自愿减排的各参与方；另一方面，必须进一步严格项目和减排量备案管理，注重备案项目和减排量的经济性、导向性，调控 CCER 地区来源、项目来源和供给时间段过度集中等现象，改善市场长期预期不理想的局面。

（四）构建交易多元化、依法监管机制

CCER 来源、交易主体和交易目的具有多样性，为保障 CCER 交易市场顺利运行，必须构建一个多元化的监管体系。首先，借助全国碳市场建设契机，尽快出台 CCER 交易监管政策法规，细化监管内容、明确监管主体、加强监管措施、理顺监管关系。其次，依托全国碳市场监管体系，借助现有监管力量，构建一个由国家发展改革委牵头，银监会、证监会、认监委、质检总局、统计局等多部门组成的多元化监管体系，既可以发挥各部门专业化优势，对 CCER 产生和交易的全过程实施监管与执法，同时也可以做到相互监督。最后，在强化主管部门应依法严格监管的同时，还要建立 CCER 交易征信系统，并充分发挥重点排放单位、交易所、机构团体、公众、媒体等的监督作用，形成主体多元、形式多样的监管网络。

（五）建立交易信息披露制度

与其他大宗商品交易一样，CCER 交易相关信息也需要公开透明。可以借鉴的成功经验包括会计披露制度、证券交易信息披露制度等。为了构建 CCER 交易信息披露制度，建议建立直通的 CCER 交易信息披露平台，除强制要求披露交易信息外，交易各方还应主动、及时、准确、完整地公开非商业机密交易信息，定期发布交易信息报告等，并加强媒体对交易信息的披露作用。

（六）扩大 CCER 市场覆盖范围，创造 CCER 市场需求

通过有效组织市场，创新使用 CCER，不断扩大 CCER 市场的覆盖地域与领域，从而创造 CCER 市场需求。CCER 是基于项目的核证减排量，具有国家公信力、同质化、标准化、可分级（如分监测期、分项目）、易于与国际接轨［近 3/4 的方法学来源于清洁发展机制（CDM）方法学］等特点。

应立足于 CCER 的上述特点，借鉴 CDM、日本东京碳交易体系以及联合碳信用额度机制（JCM）的发展经验，充分发挥主管部门、行业协会和碳交易平台的合力，尝试通过三个途径创造 CCER 市场需求。一是将 CCER 与国内其他政策目标相结合，扩大 CCER 国内市场需求，尝试通过将 CCER 交易与企业减排目标、新上项目的碳排放评价、低碳产品标准与认证、增加森林碳汇、精准扶贫等结合起来，逐步扩大国内 CCER 市场需求。二是加强 CCER 与传统金融产品的结合，创造 CCER 碳金融市场需求。如将 CCER 适时发展为期货、绿色债券、基金、信托等金融产品，这将有助于吸引更多的企业、投资机构和个人参与 CCER 交易，活跃 CCER 交易市场，为 CCER 交易创造商机或利润，充分发挥资本市场优化配置碳排放空间资源的功能。三是加强 CCER 与国际合作交流相结合，拓展 CCER 国际市场需求。探索将 CCER 与南南合作、"一带一路"发展倡议相结合，提高发展中国家、"一带一路"沿线国家绿色低碳发展理念、要求和能力，搭建经济和环境互利共赢新平台，建立除政府合作之外的绿色低碳发展合作模式，拓展 CCER 国际市场需求。此外，应进一步挖掘 CCER 的公益属性，鼓励企业、团体和公众对相关排放活动进行碳中和。

总之，我国温室气体自愿减排交易体系建设取得了重要的进展，同时也暴露出一系列问题，面临新的挑战。因此，要不断完善 CCER 备案管理，杜绝制度风险；要构建 CCER 交易多元化监管机制，防止市场风险；要调动各方积极性，不断拓展 CCER 市场，探索 CCER 交易在气候融资中的作用，创新使用 CCER，从而建立有效服务于我国生态文明建设和绿色低碳发展的温室气体自愿减排交易体系。

（张昕、张敏思供稿）

广东碳普惠机制建设调查与研究①

一、碳普惠制内涵与政策背景

碳普惠制是指以识别小微企业、社区、家庭和个人的绿色低碳行为作为基础，通过自愿参与、行为记录、核算量化、建立激励机制等，达到引导全社会参与绿色低碳发展的目的。作为碳交易机制的一种制度创新，与高排放的重点排放单位通过参与碳交易机制实现低成本减排不同，碳普惠制的激励设计有利于调动全社会践行绿色低碳行为的积极性，树立低碳节约、绿色环保的消费观念和生活理念，同时扩大低碳产品生产和消费，加快形成政府引导、市场主导、全社会共同参与的低碳社会建设新格局。

目前，碳普惠制在我国还处于探索发展阶段，广东省是我国率先试点实施碳普惠制的省份。广东省是我国的碳排放大省。为控制工业领域碳排放，2013年，广东省碳交易试点启动，覆盖电力、钢铁、水泥、石化等重点工业企业。为缓解生活消费领域不断增长的碳排放趋势，推进全社会低碳行动，2015年，广东省启动了碳普惠制试点工作，提出以居民用水、用电、用气等为试点开展碳普惠制，并与碳交易衔接协调发展，以探索鼓励绿色低碳生产生活方式的体制机制。2017年，广东省制定出台《"十三五"控制温室气体排放工作方案》，提出深入开展碳普惠制试点的要求。经过两年多的发展，广东省碳普惠制在政策体系建设、试点运行、平台搭建、项目开发等方面取得了一定进展，并持续深化，初步探索出了以政策鼓励、商业激励和减排量交易为导向的碳普惠引导机制。

二、广东省实施碳普惠制的进展

（一）明确工作目标任务，完善政策体系

2015年，广东省发展改革委印发《广东省碳普惠制试点工作实施方案》（以下简称《实施方案》）和《广东省碳普惠制试点建设指南》（以下简称《试点建设指南》），明确了碳普惠制试点工作的意义、指导思想、工作目标、主要任务和组织实施，提出了分三个阶段发展碳普惠制的基本思路，即到2015年，选择并推动若干地市、县（市、区）启动首批碳普惠制试点；到2018年，根据试点地区经验和模式，在全省初步建立碳普惠制；到2020年，碳普惠制不断完善，为全国低碳发展和自愿减排交易工作提供有益经验。

在广东省碳普惠制试点的主要任务中，广东省明确了实施碳普惠制的省、市两级工作职责。省级主管部门负责制定碳普惠制试点总体方案，搭建省级碳普惠制推广平台，建立基于碳普惠制的省

---

① 摘自《中国碳市场建设调查与研究》，北京：中国环境出版集团，2018年。

内核证减排量交易及补充机制，指导碳普惠制试点工作；各地区根据省碳普惠制试点总体思路，结合本地实际，选择具有减碳潜力、可复制推广的领域开展试点工作。

在 2015 年印发《实施方案》的同时，广东省启动了市级政府申报碳普惠制试点的工作，并在 2016 年正式批复广州等 6 个市开展首批试点。2017 年，广东省制定出台了《碳普惠制核证减排量管理的暂行办法》《广东省碳普惠制核证减排量交易规则》等文件，为碳普惠制核证减排量的方法学开发、管理和交易等提供了法律依据，进一步完善了碳普惠制的政策体系。

（二）开展碳普惠制试点，探索运行经验

2016 年 1 月，根据各市碳普惠制试点申请情况，广东省批准首批在广州、东莞、中山、惠州、韶关、河源等 6 个地区开展碳普惠制试点工作，试点期为 3 年。各个试点按照《试点建设指南》中提供的碳普惠制建设试点模式（表 1），可以选择在社区（小区）、公共交通、旅游景区、节能低碳产品等绿色低碳领域，针对居民日常低碳生活、公交低碳出行、景区低碳行为、购买节能产品等具体的低碳行动，制定相应的减排量核算规则、设计激励机制，开展碳普惠制。

表 1　碳普惠制试点建设的主要模式

试点模式	建设思路	低碳行为数据来源
社区（小区）试点	以每户居民为普惠对象，选择节约用电、节约用水、节约用气、减少私家车出行、垃圾分类回收等低碳行为，制定减碳量核算规则、奖励政策	（1）用电信息从社区所属区供电局处获取；（2）用水信息从自来水公司获取；（3）用气信息从燃气公司获取；（4）私家车出行从物业管理处获取车辆进出记录；（5）垃圾分类信息来源为社区（小区）居民发放的垃圾分类积分卡
公共交通试点	以公交出行的市民为普惠对象，选择快速公交（BRT）、公共自行车、清洁能源公交、轨道交通等低碳行为，制定减碳量核算规则、激励政策	通过公交公司、交通卡发行公司、交通运营公司或者交通数据中心获取乘客出行信息
旅游景区试点	以游客为普惠对象，选择乘坐环保车（船）、购买非一次性门票等低碳行为，制定减碳量核算规则、激励政策	（1）购买非一次性门票、乘坐环保车（船）、景区周边酒店低碳住宿等可通过扫码获得信息；（2）植物认养由景区管理处提供认养信息
节能低碳产品试点	以低碳产品消费者为普惠对象，可选择购买节能冰箱、节能空调等节能电器或者购买低碳认证产品，试行"碳币+现金=产品+返碳币"模式	在节能产品包装上张贴二维码，扫码获取，或由销售员记录消费者的购买行为，并定期反馈给平台运营方

资料来源：根据《广东省碳普惠制试点建设指南》有关内容整理。

目前，6 个试点地区结合实际情况，在各领域探索出了基本适合本地区的碳普惠制模式。其中，广州以社区（小区）、公共交通和旅游景区试点模式为主，东莞和惠州以社区（小区）试点模式为主，河源以万绿湖景区为主，中山以节能低碳产品试点为主，开展了碳普惠制试点工作。韶关试点结合山区脱贫需求，依托当地山区商品林和保护林资源，选定了广东车八岭国家级自然保护区、国营刘张家山林场、联兴林场和翁源县沽坑村 4 处林业碳普惠制试点，开发了省级碳普惠制核证自愿减排量项目。

（三）完善激励机制设计，统一推广平台

在明确了纳入碳普惠的低碳行为以及低碳行为减排量核算方法的基础上，广东省进一步探索完善了后续的激励方式，建立了政策、商业、交易三种激励方式。其中，在政策和商业激励方面，低碳行为经核算减碳量后以"碳币"的形式进行赋值，可兑换政策指标、享受公共服务优惠、兑换商业企业的产品或者服务优惠等，以推动公众积累碳币、践行低碳；交易激励方面，符合条件的低碳行为减碳量经核证后可作为碳普惠核证自愿减碳量（PHCER）抵消控排企业配额，以利用市场配置作用动员公众积极参与节能减排。

为推广碳普惠制、协助推进试点工作，广东省于2016年6月设立了碳普惠创新发展中心，建立了碳普惠网站[①]、App程序、微信公众号等一系列碳普惠平台。碳普惠平台主要实现以下功能：一是记录并核算用户减碳量，通过获取注册用户的相关低碳数据，自动折算成碳币发放给用户，如节约1吨水可获得1.67个碳币；公交出行1次可获得1.35个碳币；二是认证注册低碳联盟商家或组织，联盟商家或组织用优惠、服务等换取公众减碳产生的碳币，履行减少碳排放的社会责任；三是发布PHCER的有关信息。目前，碳普惠平台的减碳量主要来源于企业赠送减碳量，即企业将节能减碳项目产生的减碳量捐赠到平台，赠送给注册用户。截至2017年10月，碳普惠平台共有会员4 657人，低碳联盟商家101家，累计减碳量为4 840吨。

同时，广东省积极推广碳普惠机制经验，目前已在河南、浙江、海南、河北、江西、内蒙古、青海7个地区设立了碳普惠运营中心，在北京、上海、四川、陕西、湖南、云南、香港、澳门等12个地区开展了碳普惠制的交流推广工作。

（四）建立PHCER管理制度，开发省级项目

为实现碳普惠制的交易激励，进一步规范PHCER管理，广东省发展改革委参照国家发展改革委温室气体自愿减排交易管理的有关规定，于2017年4月制定发布了《广东省碳普惠制核证减排量管理的暂行办法》，建立了PHCER的方法学开发、管理和使用等制度体系。

方法学开发。 广东省各地方主管部门负责选取具有广泛公众基础和数据支撑、充分体现生态公益和亟须政策措施支持的低碳领域及行为纳入碳普惠行为，组织开发成地方碳普惠行为方法学；在此基础上，通过广东省主管部门备案，可成为省级碳普惠行为方法学。2017年5月，广东省建立了碳普惠专家委员会，由该委员会承担省级碳普惠行为方法学的技术评估工作。截至2017年10月，广东省已备案林业、光伏发电、节能空调等省级碳普惠方法学5个（表2）。

表2　广东省省级碳普惠方法学备案情况

方法学编号	方法学名称	主要适用范围
2017001-V01	广东省森林保护碳普惠方法学	适用于碳普惠制下生态公益林管护、森林生态服务功能提升的行为所产生的林业碳普惠减排量的核算；适用于具备林业部门二类调查（或三类调查）数据基础且林种为生态公益林的林地。不适用于竹林和灌木林

① www.tanph.cn。

方法学编号	方法学名称	主要适用范围
2017002-V01	广东省森林经营碳普惠方法学	适用于碳普惠制下经营商品林过程中实施林业减碳增汇行为所产生的林业碳普惠减排量的核算；适用于具备林业部门二类调查（或三类调查）数据基础且林种为商品林的林地，但不包括以生产薪炭等生物质燃料为目的的林地。不适用于竹林和灌木林
2017003-V01	广东省安装分布式光伏发电系统碳普惠方法学	适用于碳普惠制试点地区的相关企业（控排企业除外）或个人安装并运行规模为 5 兆瓦及以下的分布式光伏发电系统的碳普惠行为
2017004-V01	广东省使用高效节能空调碳普惠方法学	适用于碳普惠制试点地区的相关企业和个人使用高效节能空调的碳普惠行为。高效节能空调需在动力源、能效标识、空调类型等方面满足一定的要求
2017005-V01	广东省使用家用型空气源热泵热水器碳普惠方法学	适用于碳普惠制试点地区的用户使用家用型空气源热泵热水器的碳普惠行为。对于项目活动涉及的家用型空气源热泵热水器，要求已通过能效标识备案，并且可提供包含电器型号和参数的产品说明书

资料来源：根据广东省发展改革委公布的三批省级碳普惠方法学备案清单整理。

核证减排量管理。碳普惠制试点地区的相关企业或个人按照自愿原则申请参与碳普惠制试点活动。地方主管部门依据地方或省级碳普惠行为方法学要求，将参与者的碳普惠行为核算为地方 PHCER，并发放至参与者账户中。采用同一省级碳普惠行为方法学产生的且累计达到 500 吨及以上的地方 PHCER，可申请转为省级 PHCER。广东省发展改革委是 PHCER 的省级主管部门，负责省级碳普惠行为方法学的审核备案和省级 PHCER 的备案管理工作。各地方发展改革部门是 PHCER 的地方主管部门，负责地方碳普惠行为方法学的组织开发和地方 PHCER 的备案管理工作。

截至 2017 年 10 月，广东省发展改革委共备案了两批 5 个省级碳普惠项目（均为来自韶关试点的森林保护和森林经营项目），减排量共计约 24 万吨。同时，广东省正在开发省级 PHCER 管理系统，将采用电子化方式进行申报、备案等流程，并对省级 PHCER 的创建、分配、变更、注销等进行详细记录和统一管理。

（五）深化碳普惠制发展，对接省内碳市场

为建立碳普惠制与碳交易机制的协调，深化碳普惠制交易激励发展，《广东省 2016 年度碳排放配额分配实施方案》以及《广东省碳普惠制核证减排量管理的暂行办法》中都提出，省级 PHCER 作为广东省碳交易市场的有效补充机制，可用于抵消纳入碳市场范围控排企业的实际碳排放。

2017 年 6 月，广州碳排放权交易所制定出台了《广东省碳普惠制核证减排量交易规则》，明确了省级 PHCER 的交易场所，交易参与人，交易标的与规格，交易方式，资金监管、结算和交收等交易规则，并举办了省级 PHCER 的首次竞价。首次竞价的项目为国营刘张家山林场林业碳普惠森林项目，共成交 3.76 万吨减排量，成交价格约 14 元/吨，略高于同期广东省碳配额线上成交价格。竞买人均为广东碳市场参与主体，成交的减排量将用于广东碳市场履约及碳中和。[1]据统计，在广东省碳市场 2016 履约年度中，用于配额抵消的省级 PHCER 量共有 23.9 万吨，占当年度用于抵消的减排量的 44%[2]。

---

① 数据来源：广州碳排放权交易所，《2017 年广东省省级碳普惠核证减排量（PHCER）项目首次竞价情况》，2017 年 6 月 9 日。
② 数据来源：广东省发展改革委，《关于广东省 2016 年度碳排放配额履约工作的公告》，2017 年 6 月。

三、结论与分析

目前，广东省是七省（市）碳交易试点中唯一明确实施碳普惠制并开展与本地碳交易体系对接的地区，在制度建设和实际运行过程中积累了经验，同时也面临一定的问题和挑战。

1. 广东省建立了较为完善的政策法规和技术体系，为碳普惠制的实施提供了基本保障。在政策法规方面，广东省制定了《实施方案》、《试点建设指南》、PHCER管理办法等一系列文件，明确了发展碳普惠制的总体思路、工作目标、主要任务、保障措施及进度安排，建立了碳普惠制试点的模式和范本，提供了政策、商业、交易三种激励方式。在技术体系方面，广东省按照统一规范、省市链接、资源共享的基本原则，建立了碳普惠行为的量化方法、推广平台，明确了碳币、PHCER的产生、开发和使用规则，初步探索出了市场化引导企业和公众低碳行为的机制。

2. 广东省碳普惠制试点的实践和推广，是推动全社会绿色低碳发展的有益尝试。《"十三五"控制温室气体排放工作方案》提出要倡导低碳生活方式，树立绿色低碳的价值观和消费观，弘扬以低碳为荣的社会新风尚。广东省通过碳普惠制的实施，在本地小微企业、社区、家庭和个人中推广、量化、激励绿色低碳行为，并在多地交流宣传、推广复制，有利于推动建立城市、园区、社区、企业、产品等多层次的绿色低碳试点示范体系，有利于提高全社会绿色低碳意识，同时也为全国低碳发展和自愿减排交易工作提供了有益的经验。

3. 碳普惠制实施的关键是低碳行为数据的量化与获取，社会各界的参与度仍有待提高。碳普惠制需要以大量公众、小微企业等社会各界的自愿参与为基础，关键是计量并核算公众、小微企业低碳行为的减碳量。在试点运行过程中，首先面临的问题就是如何收集获取公众和小微企业的低碳行为数据。由于低碳行为数据获取的途径分散、各级管理部门之间协调不畅，以及居民出于保护个人隐私等原因，在社区居民、公共交通等领域开展碳普惠制试点时，对于居民的用电、用水、用气、乘坐交通信息等量化数据的获取仍存在一定的困难。同时，由于碳普惠制还是新生事物，商家对碳普惠制的认知较少，参与碳普惠制试点的联盟商家数量仍较为有限。

4. 碳普惠制探索出精准扶贫的新路径，同时也面临一定的复制推广障碍。广东省韶关市林业碳普惠制试点结合新时期精准扶贫、精准脱贫的贫困村，开发了省级碳普惠制核证自愿减排量项目并实际交易，为当地薄弱的村集体经济带来了积极的改善，实现了碳普惠制与精准扶贫相结合，对提高当地农户收入、拓展精准扶贫路径起到了积极作用。但是由于碳普惠制还是新生事物，偏远地区基层决策者对碳普惠制的认知能力有限，如部分村干部担心实施碳普惠制后，对林地权属、合理砍伐等会产生影响；加上林业碳普惠项目开发的成本相对较高，目前试点开发的林业碳普惠项目以核查机构义务帮扶开发为主，仍需进一步探索商业化复制推广的模式。

（刘海燕、郑爽供稿）